第十届结构工程新进展论坛暨庆祝空间结构学术会议
四十周年大会文集

空间结构的创新与发展

罗尧治　刘　枫　主编

中国建筑工业出版社

图书在版编目（CIP）数据

空间结构的创新与发展 / 罗尧治，刘枫主编. — 北京：中国建筑工业出版社，2022.9
（第十届结构工程新进展论坛暨庆祝空间结构学术会议四十周年大会文集）
ISBN 978-7-112-27846-6

Ⅰ. ①空… Ⅱ. ①罗… ②刘… Ⅲ. ①空间结构—学术会议—文集 Ⅳ. ①TU399-53

中国版本图书馆 CIP 数据核字（2022）第 160091 号

责任编辑：刘婷婷
责任校对：董　楠

第十届结构工程新进展论坛暨庆祝空间结构学术会议四十周年大会文集

空间结构的创新与发展

罗尧治　刘　枫　主编
*
中国建筑工业出版社出版、发行（北京海淀三里河路 9 号）
各地新华书店、建筑书店经销
北京红光制版公司制版
天津翔远印刷有限公司印刷
*
开本：787 毫米×1092 毫米　1/16　印张：17　字数：414 千字
2022 年 10 月第一版　　2022 年 10 月第一次印刷
定价：**70.00** 元
ISBN 978-7-112-27846-6
　　　（39917）

前　言

"空间结构学术会议"于1982年3月在空间结构委员会成立之际首次举办，至今已有40年的历史。其后，在空间结构委员会带领下成功举办了十八次全国性空间结构学术会议，促进了我国空间结构的蓬勃发展。中国工程建设标准化协会空间结构专业委员会沿续了空间结构学术会议的学术传统，每两年举办一次空间结构学术会议。第十九届会议由中国建筑科学研究院有限公司、中国工程建设标准化协会空间结构专业委员会和中国土木工程学会桥梁及结构工程分会联合主办。

"结构工程新进展论坛"自2006年首次举办以来，已打造成为行业内颇有影响的交流平台。每届论坛都会选择一个在结构工程领域广受关注的主题，邀请国内外专家作全面、深度的阐述，旨在促进我国结构工程界对学术成果和工程经验的总结及交流，汇集国内外结构工程各方面的最新科研信息，提高专业学术水平，推动我国建筑行业科技发展。第十届论坛由中国建筑工业出版社、《建筑钢结构进展》编辑部、《结构工程进展》编委会和《空间结构》编委会联合主办。

为共同庆祝空间结构学术会议举办四十周年，第十届结构工程新进展论坛暨第十九届空间结构学术会议于2022年12月在杭州召开，并以"空间结构的创新与发展"为主题。本届论坛（会议）由浙江大学建筑工程学院和《空间结构》编委会联合承办。

空间结构包括空间网格结构、索结构、膜结构、薄壳结构与杂交结构，也包括张拉整体结构、开合结构、可展开结构等结构体系，以及贮液池、筒仓、塔架等特种结构。在老一辈空间结构专家的开拓引领与新一代中青年空间结构专家的接续努力下，我国的空间结构技术得到了长足的发展，逐渐从跟跑、并跑发展到局部的领跑，满足了我国不同发展阶段对大跨度建筑与工程结构的需求。进入新发展阶段，国家基础建设的新需求与人民对美好人居环境的更高追求对空间结构的创新与发展提出了新的要求，是当前空间结构科技人员需要共同思考与面对的挑战。本次论坛（会议）我们有幸邀请到多位院士、大师、专家作为特邀报告人，他们的报告主题涵盖了近年来空间结构相关领域的最新学术思想、结构体系、设计方法、施工技术、规范规程以及相应新型材料及构件的应用，阐述了最新的发展动态，并为与会者提供了一个与专家交流并获取宝贵经验的机会。

感谢特邀报告人，他们不仅在大会上作了精彩的主题报告，而且奉献了精心准备的论文，使得本书顺利出版。

感谢论坛自由投稿作者以及参加本次论坛的所有代表，正是大家的积极参与配合，才使得本次论坛能够顺利召开。

感谢中国建筑科学研究院有限公司、中国工程建设标准化协会空间结构专业委员会、中国土木工程学会桥梁及结构工程分会、中国建筑工业出版社、《建筑钢结构进展》编辑部、《结构工程进展》编辑部、《空间结构》编委会对本次论坛的指导、支持和帮助。

目 录

01 超长大跨度结构作用与效应研究的若干进展

范 重，张 宇

（中国建筑设计研究院有限公司，北京）

摘 要：为了在超长大跨度结构设计中合理确定温度、地震行波和爆炸等的作用以及引起的效应，本文对相关研究的一些进展进行了回顾。太阳辐射温度计算方法为确定外露钢结构温度提供了可靠依据。通过对航站楼温度进行全面测试，为准确估计室内大跨度钢结构在使用阶段的温度提供了可靠依据。基于简化力学模型研究温度内力沿结构竖向的变化规律，并宜考虑基础刚度对结构底层抗侧刚度的影响。确定基本气温的概率分布，考察温度作用分项系数与组合值系数的可靠指标。通过对地震波在单一土层和不同土层之间传播规律的研究，提出基于岩土层剪切波速的视波速计算方法，并给出多土层视波速简化计算公式。根据95％构件内力影响系数的最大值确定地震行波效应的放大系数，可以避免由于构件内力过小引起行波效应异常增大。根据航站楼结构的特点与可能遭遇爆炸的危险程度，合理确定大跨度钢结构抗爆关键构件的可能部位。通过对爆炸当量、爆炸距离与结构构件损伤程度关系的研究，确定关键构件及其相邻构件的损伤情况。采用多尺度模型分析，考察航站楼结构在爆炸作用下的抗倒塌性能。

关键词：超长结构，温度作用，可靠指标，视波速，爆炸，多尺度模型

Some Advances in the Study of Action and Effect of Super Long Span Structures

FAN Zhong，ZHANG Yu

(China Architecture Design & Research Group，Beijing)

Abstract：In order to reasonably determine the effects of thermal action, seismic traveling wave and explosion in the design of super long structures, some related research progress is reviewed in this paper. The calculation method of solar radiation temperature provided a reliable basis for determining the temperature of exposed steel structures. The comprehensive temperature test of the terminal provided a reliable basis for accurately estimating the temperature of indoor long-span steel structure in the service stage. Based on the simplified mechanical model, the distribution of internal forces under thermal action along the vertical direction of the structure was studied, and the influence of foundation stiffness on the lateral stiffness of the bottom layer of the structure should be considered. The probability distribution of reference air temperature was determined through statistical analysis, and the reliability indexes of partial coefficient and combined value coefficient of temperature effect were investigated. Based on the study of the propagation law of seismic waves in a single-layer soil and between different soil layers, a calculation method of apparent wave velocity based on shear wave velocity in rock and soil layers was proposed, and a simplified calculation formula of apparent wave velocity in multiple-layer soil was given. The amplification factor of seismic traveling wave effect is determined according to the maximum value of 95％ component internal force influence coefficient，which can avoid the abnormal increase of traveling wave effect caused by too small component internal force. According to the characteristics of building functions and the degree of possible explosion risk, the possible positions of key anti explosion components of long-span steel structures are reasonably determined. Through the research on the relationship between explosion equivalent, explosion distance and damage degree of structural members, the damage behavior of key members and their adjacent members were determined. The multi-scale model was used to analyze and simulate the collapse resistance of the terminal building structure under the action of explosion.

Keywords：super length structure, thermal action, reliability index, apparent wave velocity, blast, multi-scale model

1. 引言

1.1 超长大跨度结构的特点

近年来，随着我国社会经济的快速发展，在大型公共建筑建设方面也取得令人瞩目的成绩，建筑规模与数量均位居世界前列。与此同时，单体结构的长度与跨度不断被突破，超长大跨度结构在温度、地震以及爆炸作用下的受力性能受到高度关注。

对于体育场馆、铁路站房和机场航站楼等大型公共建筑，超长大跨度结构的内力与变形对温度变化敏感，温度作用是结构设计的主要控制工况之一。室外钢结构受气温变化影响显著，太阳辐射也会引起构件温度大幅升高，温度变化将在大跨度钢结构中引起很大的内力和变形，对结构的安全性与用钢量将产生显著的影响。太阳辐射引起结构温升的计算方法在结构设计规范中尚未规定，可以参考的工程经验较少[1]。对于机场航站楼等大型公共建筑，近年来普遍采用分层空调技术，高大空间垂直温度分布的研究主要着眼于室内分层空调气流组织分析与空调热负荷计算，对屋顶热滞留区附近的空气温度以及钢结构的温度缺乏系统研究[2]。在进行超长结构的温度作用分析时，对温度缝间距的相关规定未考虑设防烈度对结构抗侧刚度的影响，现有结构分析软件往往将竖向构件底部视为理想嵌固条件，无法考虑基础刚度对计算分析的影响，缺乏对多层超长结构各楼层温度内力变化规律的研究等。迄今，国内外针对温度作用分项系数和组合值系数方面的研究还很少，与之相应的可靠指标尚不明确[1,3-5]。

在进行结构抗震设计时，时程分析方法主要用于考虑发生地震时地面运动随时间变化的特征，通常假定所有竖向构件底部输入的地震时程记录完全相同，称为一致激励。地震波从震源向周边土体传播过程中，受到行波效应以及非均匀地形等地质条件的影响，场地各点地震动的同步性存在明显差异。因此，当结构单元长度很大时，地震传播速度的影响不能忽略，需要补充多点激励地震响应分析。随着近年来我国大型公共建筑的迅速发展，单体结构总长度已经突破400～500m，行波效应对结构整体变形与构件内力的影响不能忽略，多维多点激励已经成为超长结构抗震设计中重点关注的问题之一。在行波效应地震响应分析中，视波速大小对计算结果影响显著。迄今为止，在我国《建筑抗震设计规范》[6]等相关设计标准中，尚无对视波速取值的具体规定，对视波速取值并无统一认识，具体工程倾向于以建筑场地覆盖层的等效剪切波速为基础，计算结果偏于保守。

大型公共建筑容易成为恐怖爆炸袭击的重点目标。爆炸不仅直接造成人员伤亡，且结构受损引起建筑倒塌可造成继发重大人员伤亡与财产损失，因此航站楼等大跨度结构在爆炸作用下的安全性能备受关注。迄今，防连续倒塌设计主要采用概念设计法、拉结强度法和移除构件法[7]。在进行航站楼等大型公共建筑抗倒塌性能分析时，现有分析方法主要存在以下问题：①缺乏对爆炸当量、爆心距离与构件损伤程度相关性的深入研究，在确定失效构件时存在一定的盲目性；②难以考虑关键构件周边相邻构件损伤的影响；③对关键构件爆炸受损后的残余承载力及其对结构抗倒塌性能的影响难以准确判断。

1.2 本文主要内容

本文结合超长大跨度结构设计中的实际需求，对温度、视波速以及和抗倒塌等性能进行探索，以期研究成果可供结构设计人员参考。

结合外露大跨度钢结构设计，给出太阳辐射引起构件温度升高的计算方法，通过有限元方法计算得到构件的平均温度[8-10]。对厦门高琦机场 T4 航站楼屋盖的温度进行了全面测试，便于准确确定大跨度钢结构在使用阶段的温度作用[11]。建立了多层结构温度计算简化模型，研究温度内力沿结构竖向的变化规律。将桩基础作为具有水平刚度与竖向刚度的弹簧，考虑基础刚度对结构底层抗侧刚度的影响[12]，并考察了温度作用分项系数与组合值系数的可靠指标[13]。

通过对地震波在单一土层和不同土层之间传播规律的研究，提出确定视波速的精确与简化计算方法[14,15]，便于工程应用。在地震加速度时程积分过程中消除位移时程曲线基线的漂移，同时避免了超低频响应的影响。提出的行波效应计算结果的处理方法，能够有效避免极少数构件内力增幅过大的不利影响[16,17]。

根据建筑的特点与可能遭遇爆炸的危险程度，合理确定大跨度钢结构抗爆关键构件的可能部位。通过对爆炸当量、爆炸距离与结构构件损伤程度关系的研究，初步确定关键构件及其相邻构件的损伤情况[8,9]。为了解决精细模拟迎爆构件导致单元数量过多、在大型结构中难以实现的问题，通过运用多尺度模型的理念，采用壳单元模拟损伤严重的构件，采用梁柱单元模拟其他构件，建立航站楼非线性有限元分析模型，考察航站楼结构在爆炸作用下的抗倒塌性能[18]。

2. 超长大跨度结构温度作用研究

2.1 钢结构太阳辐射温升

2.1.1 太阳辐射吸收系数 ρ

太阳辐射吸收系数指材料吸收太阳辐射能量的性能。根据欧洲空中客车油漆太阳辐射吸收系数测量方法[19]，通过测试材料对指定波长的反射量，计算得到太阳辐射吸收系数。根据欧盟的规定，对于汽油储罐，地面以上的侧壁和顶面选用涂层的反射率应大于 70%。

太阳光穿过大气层，经过约 3mm 厚的臭氧层、约 20mm 厚的凝结水层到达地面后，其辐射能量随波长的变化情况如图 1 所示。可见光的波长范围为 360～740nm，占太阳辐射能量的 50% 左右。紫外线的波长范围小于 350nm，虽然紫外线的穿透能力很强，但其辐射量很低。产生热量的红外线的波长范围大于 750nm，是太阳辐射能量的主要部分。红外线的穿透能力较弱，玻璃等对其均有明显的遮挡作用。

根据 AITM 2-0018 标准[19]，太阳辐射波长的测试范围为 300～2300nm，波长精度为 ±5nm，测量精度为 ±2%，光谱带宽 4nm，用分光光度仪测试全光谱的反射分量，散射量小于 10%。在进行测试之前，应将试样置于温度为 23℃±2℃、相对湿度（RH）为 50%±5% 的环境中 15～72h。空气质量相当于大气透明度等级为 1 级。对试样的反射率在整个太阳辐射能量光谱进行积分，可以得到太阳辐射吸收系数为：

$$\rho = \frac{\sum\limits_{300}^{2300}\left(\dfrac{100-R_{\mathrm{m}}}{100}\right) \times E}{\sum\limits_{300}^{2300} E} \tag{1}$$

式中：ρ——太阳辐射吸收系数；

R_{m}——涂料的反射率（%）；

E——太阳辐射照度（W/m²）。

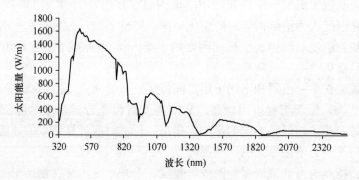

图 1　太阳辐射能量谱

不同颜色的太阳辐射吸收系数如表 1 所示[5]。从表 1 可以看出，面漆颜色越浅，太阳辐射吸收系数越小；钢板如果没有面漆涂层，其太阳辐射吸收系数很大。白色、铝灰色与黑色聚硅氧烷面漆在太阳辐射下的反射率曲线如图 2 所示。从图 2 可以看出，在波长为 960nm 位置的反射率，大体上可以代表在全波长范围内的反射率。

不同颜色的太阳辐射吸收系数　表 1

序号	颜色	太阳辐射吸收系数 ρ
1	白色	0.29
2	金属浅银灰色	0.34
3	铝灰色	0.47
4	黑色	0.96
5	无涂层的钢材	0.75～0.89

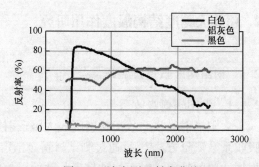

图 2　面漆实测反射率曲线

2.1.2　太阳辐射照度分区

根据国家体育场"鸟巢"夏季太阳照射的情况，将体育场屋盖结构划分为屋面区（含主桁架上弦及次结构）、屋架区（含主桁架腹杆及下弦）和立面区（含组合柱及组合柱间次结构）。

屋面区表面为鞍形曲面，上弦构件布置方向各异，箱形构件腹板的方位多种多样。为了简单起见，箱形构件侧面的太阳辐射照度取各朝向的平均值。

屋架区由于受到屋面区上弦层结构、排水天沟、膜材等的遮挡作用，太阳辐射的影响有所减弱，照度折减系数为 0.573。由于屋架总高度达 13.2m，上、下弦膜材之间的空间由于膜材的隔离效应，将导致屋架内部的温度明显高于室外气温，如图 3 所示。屋面区正午太阳总辐射照度 J，顶面为 $544W/m^2$，侧面为 $142W/m^2$，背面考虑适当的温度升高值。

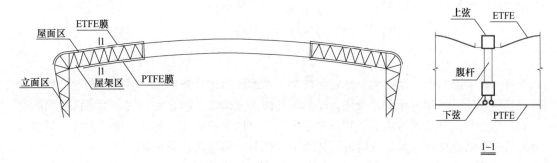

图 3　国家体育场钢结构膜结构布置示意

国家体育场平面呈椭圆形，在正午时刻立面区太阳辐射照度变化很大。由于立面区箱形构件的布置方向是逐渐变化的，故各表面的太阳辐射照度也不相同。为了简单起见，将国家体育场南半部外表面按其照度不同分为 11 个区域，如图 4 所示。S1～S6 区外表面照度为：

$$J_n = (448 - 162) \times \cos\theta_n + 162 \qquad (2)$$

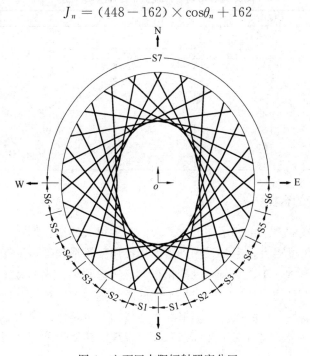

图 4　立面区太阳辐射照度分区

式中，θ_n 为各分区中点与原点的连线和 y 轴的夹角。在箱形构件的侧面、背面与体育场北半部的构件主要考虑日光漫反射的影响。S7 区为背面区，直接按照漫反射取值，$J = 162W/m^2$。

2.1.3 瞬时温升

根据《全国民用建筑工程设计技术措施　暖通空调·动力》和《民用建筑供暖通风与空气调节设计规范》GB 50736—2012[20]，围护结构外表面换热系数 α_w 一般取 18.6W/(m² · ℃)。室外平均风速为 $1.0 \sim 2.0$ m/s 时，$\alpha_w = 14.0 \sim 19.8$ W/(m² · ℃)。北京夏季室外平均风速为 1.9m/s，偏于安全取 1.0m/s，相应地 $\alpha_w = 14$ W/(m² · ℃)。考虑到体育场内部与被膜结构围合的区域空气流动性较小，该部位 $\alpha_w = 8.7$ W/(m² · ℃)。

箱形钢构件各个表面的瞬时辐射温度可由下式计算：

$$t_r = \frac{\rho \cdot J}{\alpha_w} \tag{3}$$

箱体内表面的传热途径主要是辐射传热，考虑辐射边界条件计算时的复杂性，在分析时将其等效为对流和传导边界条件。箱形构件内部充满几乎静止的空气，紧靠内表面的空气流动性很差，可以视为热阻；其余内部的空气可以形成对流，传热性能非常好，可以认为是热阻很低的导体。其余以对流传热为主的部分，其导热系数很高。

对于箱形构件□1200×1200×20(mm)，传热对壁厚不敏感。钢材的导热系数为 45.01W/(m · K)，比热为 465J/(kg · K)，密度为 7850 kg/m³。采用 ANSYS 软件中的 plane77 单元，单元长度控制在 0.01m 以内。国家体育场大跨度钢结构按太阳辐射照度分区计算得到的最高平均温度如表 2 所示。

钢结构太阳辐射照度分区最高平均温度　　　　表 2

位置	朝向	t_{max}（℃）	$t_{max} + \bar{t}_r$（℃）
屋面区	平均	40.6	57.72
屋架区	平均	40.6	54.81
立面区	S1	40.6	50.19
	S2	40.6	50.02
	S3	40.6	49.65
	S4	40.6	49.10
	S5	40.6	48.37
	S6	40.6	47.53
	S7	40.6	47.42

2.2　大跨度钢结构的合拢

迄今为止，合拢的概念主要用在桥梁等单向长度很大的结构形式。由于国家体育场大跨度钢结构的平面尺度很大，主要采用外露的焊接薄壁箱形构件，温度效应比较显著。由于钢结构施工工期超过一年，季节温度变化很大。考虑到本工程的特殊性，首次在大跨度屋盖结构设计中提出合拢的要求，同时提出明确的合拢温度。结构合拢的概念是将若干个独立的结构板块在满足合拢温度条件的情况下连接为一个整体，合拢温度指钢结构构件的平均温度。严格控制合拢温度对于保证结构具有合理的初始温度与使用期间的安全性具有非常重大的意义。

考虑到"鸟巢"结构的复杂性，构件数量很多，难以在合适的温度条件下一次完成合拢工作。在国家体育场钢结构施工过程中，与总包单位积极配合，经过多次协商，在许多方面进行了调整。

（1）合理控制合拢线数量与位置

由于国家体育场钢结构的最大周长近千米，温度效应很大，如果合拢前的板块过大，在板块内将会产生很大的温度应力，应将板块尺度尽量减小。但如果合拢线过多，需要合拢构件接口的数量将大大增加。故此，仅沿屋盖环向设置了4条合拢线，其中2条合拢线结合了A区与B区交界线的位置，如图5所示。

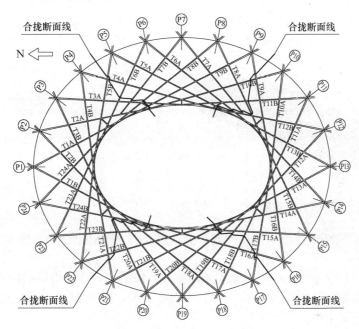

图5 国家体育场钢结构合拢线的位置

（2）允许在相近条件下分次合拢

为了减少同时合拢构件的数量，降低施工难度，主结构的4条合拢线可以在同等条件下，沿对角线方向分2次进行合拢，并允许次结构与主结构分次进行合拢。

由于国家体育场钢结构体量很大，构件数量很多，难以做到温度非常均匀，故此明确设计合拢温度为钢结构构件的平均温度，允许存在少量的温度偏差。合拢工作一般应在夜间进行，这是由于夜间的气温变化比较平缓，而且可以避免太阳辐射照度不同引起的不均匀温升。

2.3 大空间结构使用阶段钢结构温度取值研究

2.3.1 钢结构实测温度

厦门高崎国际机场 T4 航站楼总建筑面积为 $71685m^2$，出发大厅楼面标高为 8.0m，建筑三维示意、外墙与屋顶轮廓线以及金属屋面和玻璃天窗的范围如图6所示。温度测试分别针对金属屋面部位、钢桁架以及室内沿竖向的分布，测点沿竖向布置方式如图7所示。

测点 A、B、C、D 位于室内由金属屋面覆盖的部位，各测点沿竖向均布置 6 个分测点：1 点位于金属屋面板的外表面（标高均为 26.000m），2 点位于金属屋面板的内表面，3 点位于钢桁架上弦，4 点位于格栅吊顶位置，5 点与 6 点距离楼面标高分别为 3.0m 与 1.5m。

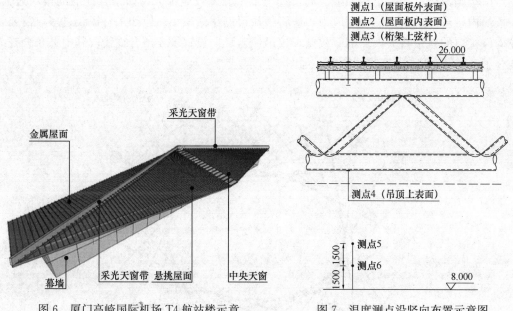

图 6　厦门高崎国际机场 T4 航站楼示意　　　图 7　温度测点沿竖向布置示意图

测点 G、H 位于室外悬挑屋盖金属屋面板覆盖的部位，各点沿竖向均布置 3 个测点：测点 1 位于金属屋面板的外表面（标高均为 27.000m），测点 2 位于金属屋面板的内表面，测点 3 位于钢桁架上弦。

金属屋面下表面到桁架上表面的距离为 0.4m，桁架总高度为 3.45m，桁架下表面到吊顶的距离为 0.5m。室外温度、湿度、风速、太阳辐射强度的测试设备均布置在屋面处，测点距屋面高度均为 1.5m。

测试在 2016 年 8 月 23 日 0：00 至 8 月 29 日 21：00 进行，记录间隔为整点 1h。金属屋面覆盖范围下的室内空调控制区和钢桁架各测点平均温度，以及室外气温的变化情况如图 8 所示。从图中可以看出，空调控制区的温度总体上比较平稳，受到夜间关闭空调系统的影响，期间温度会上升 2℃ 左右。钢桁架（A3、B3、C3 和 D3）温度呈昼夜周期性变化。钢桁架最高温度平均值为 34.0℃（8 月 23 日），日最高温度发生在每天 15 时左右，接近于室外最高气温；最低温度发生在 8 时左右，高于室外最低气温 2～3℃；钢桁架温度相对于室外气温存在明显的滞后现象。由于测试在夏季进行，钢桁架本体温度显著高于室内空气温度。钢桁架昼夜温差变化与室外气温正相关，在本次测试中钢桁架最大昼夜温差为 5.1℃，小于室外气温昼夜温差。

根据室外屋盖悬挑部位的测点（H3 和 G3），钢结构最高温度发生在每天 16 时左右，接近于室外最高气温；最低温度发生在 7 时左右，高于室外最低气温 2～3℃；与室内金属屋面覆盖部位的变化规律类似（图 9）。室外钢结构昼夜温差主要受室外气温变化影响，在本次测试中，最大昼夜温差为 4.7℃。

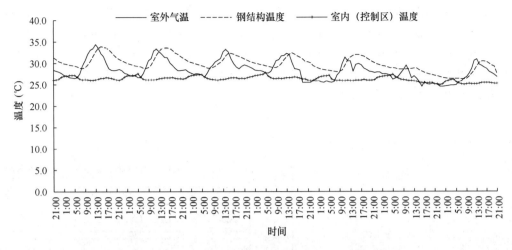

图 8 室内金属屋面部位钢结构的温度

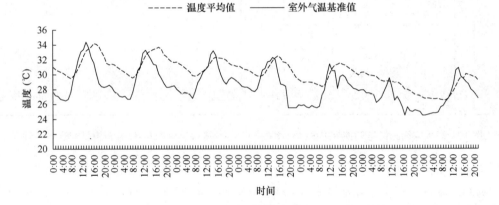

图 9 室外屋盖悬挑部位钢结构的温度

2.3.2 高大空间室内温度模拟分析

航站楼在大空间通常采用喷口侧送风、下回风的分区空调气流组织方式，大空间下部为等温空调区，上部为靠近屋盖的热滞留区，中间为主对流区，如图 10 所示。由于前述大空间钢结构实测温度的方法费时费力，且难以用于新建工程，因此本文尝试采用 CFD 数值模拟的方式预测高大空间钢结构的温度。

该工程采用风岛送风方式，送风岛间隔 20m 均匀分布，可近似认为每个空调控制区内气流组织相同。考虑到高大空间建筑平面尺度很大，屋面、钢桁架及吊顶布置简单、规则，因此可选取典型的空调控制分区作为简化分析模型。两侧进风口等效宽度为 10mm，风速 12m/s，送风温度 18℃，距地高度 2.5m。出风口设为自由出流边界，等效宽度为 100mm，距地高度 0.5m。地面设为常热流量边界，空调控制区内人员与设备的散热简化为热流密度 140W/m^2 的地面热源。

由于金属屋面部位与玻璃天窗部位进出风口的截面尺寸差异较大，为保证网格质量，进出风口处采用 1mm 的非结构网格，网格增长率 1.03；高大空间中部变温区采用结构网格，单元总数为 14 万个。

模型侧壁采用绝热边界条件。屋面设为常温壁面，温度分别采用最不利工况金属屋面与玻璃天窗外表面综合温度，以反映室外温度和太阳辐射对围护结构的共同作用。由于本文旨在探究极端条件下室内钢结构的温度，故此重点关注太阳辐射照度最强、室外综合温度最高时段的情况。由于忽略太阳辐射对室内环境的影响逐时变化，以及天气、朝向等因素，故上述假设与实际情况存在一定差异，会对计算结果产生一定误差。CFD 分析模型的边界条件如图 11 所示。

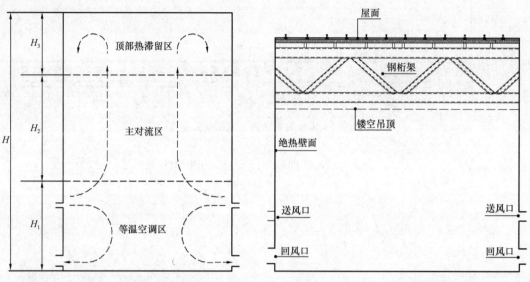

图 10　高大空间分区空调控制方法　　　　图 11　典型 CFD 分析模型与边界条件

本文采用雷诺时均模型（RANS k-ε model）进行 CFD 仿真分析，假设流体为不可压缩的稳态湍流，速度和压力方程通过 SIMPLEC method 求解。对于天窗部位，太阳辐射热直接透过玻璃进入室内，因此考虑附加辐射模型（DO model）。

大空间屋面的上表面采用铝镁锰合金直立锁边压型金属板，内设 80mm 厚玻璃棉保温层，沥青油毡隔汽层、岩棉板隔声层以及玻璃棉板吸声层，下表面为金属穿孔板。大跨度钢结构采用双向交叉平面桁架，在钢桁架下部设置金属格栅吊顶板条，板宽 200mm，间隔 100mm。在使用阶段，覆盖金属屋面的钢结构不直接受太阳辐射作用。

由于本文 CFD 模拟只针对高温时段内的平均状态，因此实测温度采用 12：00～16：00 时段的平均值。高大空间温度沿竖向的变化规律如图 12（a）所示。从图中可以看出，CFD 模拟结果与实测温度较为接近，钢桁架表面平均温度为 32.3℃，与实测值相对误差为 5%。

高大空间速度矢量及温度分布如图 12（b）所示。从图中可以看出，在距地面 3m 以内高度范围内，空气平均温度为 27.5℃，为典型的等温空调区；在距地面 3m 以上至格栅吊顶以下的空间内为对流主控制区域，空气温度变化范围为 27.5～28.5℃，空气温度随高度增大而略有升高。格栅吊顶上部的空气温度为 33℃左右，明显高于下部，说明格栅铝合金吊顶在一定程度上起到阻隔上部热空气与下部冷空气对流的作用。

2.3.3　室外悬挑部位钢结构温度模拟分析

室外悬挑钢结构位于上、下两层金属板围合而成的空腔内（图 13）。上层屋面为室内

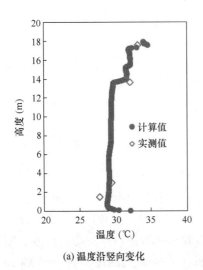

(a) 温度沿竖向变化

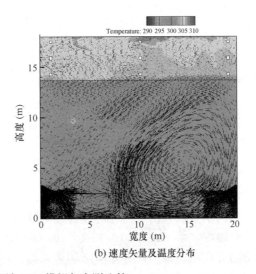

(b) 速度矢量及温度分布

图 12　金属屋面区域 CFD 模拟与实测比较

金属屋面的延伸，构造与室内区域相同，下层吊顶为 25mm 厚蜂窝铝板。

该围护结构具有较好的保温性能，中间形成封闭的空气间层。此悬挑部位（不考虑金属屋面外表面对流换热过程）的等效传热系数可根据下式计算：

$$K = \frac{1}{R_b + R_k + R_t \cos\theta} \qquad (4)$$

式中：K——金属屋面的传热系数；

R_b、R_t——分别为吊顶与屋面的热阻；

R_k——封闭空气间层的热阻，当空气间层厚度超过 60mm，R_k 取 $0.43(m^2 \cdot ℃)/W$。

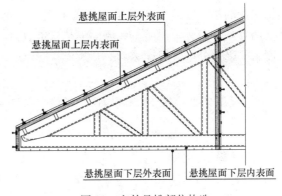

图 13　室外悬挑部位构造

根据式（3）确定金属屋面外表面的温度后，则 R_b 和 R_t 可由下式确定（不考虑金属屋面外表面对流换热过程）：

$$R_b = \frac{1}{\alpha_d} + \frac{\delta}{\lambda} \qquad (5)$$

$$R_t = \Sigma\frac{\delta_i}{\lambda_i} \qquad (6)$$

式中：α_d——吊顶下表面的对流换热系数，$\alpha_d = \alpha_w$；

δ——蜂窝铝板厚度；

λ——蜂窝铝板导热系数，本工程 $\lambda = 203W/(m^2 \cdot ℃)$；

δ_i——屋面第 i 层材料厚度；

λ_i——屋面第 i 层材料的导热系数。

对于稳态传热，各部分热流密度 q 相等，故此可得：

$$K(t_e - t_n) = \frac{t_e - t_{k1}}{R_t \cos\theta} = \frac{t_{k2} - t_n}{R_b} \tag{7}$$

式中，t_e 为金属屋面外表面的温度，考虑晴天金属屋面外表面辐射得热较大，本文采用室外综合温度代表屋面外表面温度；t_n 为吊顶下表面附近空气的温度，可认为与空气温度相同，即 $t_n = t_f$；t_{k1} 和 t_{k2} 分别为悬挑部位空腔上、下部的空气温度（图13）。钢结构置于空腔内，因此钢结构温度 t_k 可近似由下式计算：

$$t_k = \frac{t_{k1} + t_{k2}}{2} \tag{8}$$

为便于得到钢结构最高温度，选取 8 月 23～25 日天气晴好时段，钢结构温度如图 14 所示。从图中可以看出，空腔内部计算温度与室外空气实测温度比较接近，与金属屋面外表面综合温度关系不大。7：00～15：00 间，太阳辐射不断增强，导致综合温度、室外空气温度明显升高，钢结构表面温度随之升高，但略低于室外空气温度。15：00 到 19：00 间，太阳辐射逐渐降低，综合温度、室外空气温度也随之下降，钢结构温度由于空气间层的蓄热作用会高于室外空气。20：00～7：00 间，没有太阳辐射作用，加上空气间层的蓄热作用，钢结构温度高于综合温度和室外空气温度。结果说明，金属屋面可以有效阻隔太阳辐射热的透入。8 月 25 日虽为阴雨天气，但钢结构温度随室外空气温度的变化趋势与之前两日差别不大，说明金属屋面隔热性能良好，瞬时太阳辐射作用影响并不大，钢结构温度主要受室外空气温度影响。

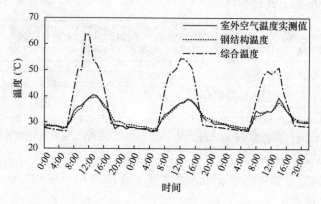

图 14　悬挑部位钢结构温度

2.4　多层超长结构温度效应

2.4.1　多层结构温度作用模型

本文建立了多层框架结构温度计算简化模型，研究温度内力沿结构竖向的变化规律。将桩基础作为具有水平刚度与竖向刚度的弹簧，考虑基础刚度对结构底层抗侧刚度的影响，如图 15 所示。结合多层超长结构算例，考察基础刚度与设防烈度对结构变形、楼板应力、框架梁和框架柱内力的影响。

（1）基本假定

多层框架结构的计算模型如图 16（a）所示，不失一般性，取 2 跨 3 层框架结构。为

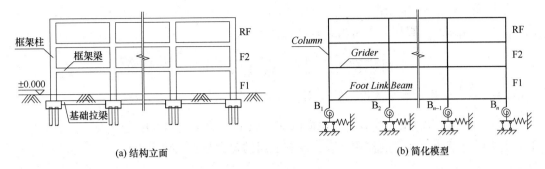

(a) 结构立面   (b) 简化模型

图 15 考虑基础刚度的分析模型

了研究框架结构在温度作用下内力与变形的主要规律，本文在简化模型中采用以下基本假定：

① 同一楼层所有竖向构件的抗侧刚度相同，反弯点位于楼层中点；

② 考虑到基础刚度的影响，首层竖向构件的抗侧刚度 K_1 可能与其上各层竖向构件的抗侧向刚度 K 不同；

③ 忽略水平构件弯曲变形的影响，各楼层水平构件的截面面积与弹性模量相同；

④ 各楼层的温度作用相同。

（2）温度作用模拟

对称结构在温度作用下中轴线上的节点水平变形为零，可利用对称性，仅考虑半结构。由于结构竖向未受到约束，框架柱的伸长或缩短不会产生内力，因此，可不考虑温度作用对竖向变形的影响。

为研究多层框架结构在温度作用下变形与内力的变化规律，计算可以分为以下两个步骤：

① 对楼层节点施加水平约束，如图 16（b）所示。在温差 ΔT 作用下，水平构件所受到的约束应力为 $\alpha_c \Delta T \cdot E$，相应的轴向力为 $\alpha_c \Delta T \cdot EA$。根据内力平衡条件，楼层端部水平约束力的大小与水平构件的轴向力相同，方向相反。

② 放松各楼层水平约束，在楼层边节点施加反向约束力，如图 16（c）所示，其中 $F = \alpha_c \Delta T \cdot EA$。利用节点内力的平衡条件，建立结构的位移方程。通过求解位移方程，最终可以得到各楼层节点的水平位移、竖向构件的剪力及水平构件的轴力。

（3）位移与内力求解

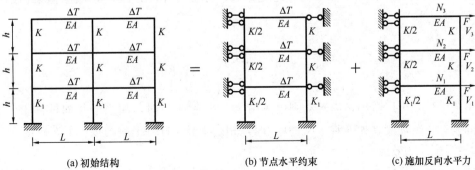

(a) 初始结构   (b) 节点水平约束   (c) 施加反向水平力

图 16 多层框架结构简化计算模型

根据图 16（c），对在温度作用下的内力平衡条件联立求解，首先得到各楼层的水平位移。在此基础上，首层剪力可由下式确定：

$$V_{11} = \frac{(3+\xi)(1+\xi)}{(1+K_1/K+\xi)(3+\xi)\xi+K_1/K} \cdot \frac{K_1}{K} EA\alpha_c \Delta T \tag{9}$$

式中，$\xi = \frac{EA}{LK}$，表示水平构件的轴向刚度与竖向构件的抗弯刚度之比。

从式（9）可以看出，随着首层侧向刚度与以上各楼层侧向刚度之比减小，温度作用下的剪力随之减小。在温度作用下，二层和三层的剪力与首层剪力之比，可表示为：

$$\frac{V_{12}}{V_{11}} = \frac{(2+\xi)}{(3+\xi)(1+\xi)} \tag{10}$$

$$\frac{V_{13}}{V_{11}} = \frac{1}{(3+\xi)(1+\xi)} \tag{11}$$

由式（10）、式（11）可知，温度作用下多层框架结构的温度内力在首层最大，随着楼层的增加，温度作用产生的内力迅速减小。因此，在进行超长大跨度结构设计时，对于温度效应的研究应主要集中于结构底部。

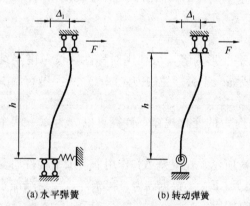

图 17　考虑基础有限刚度时
首层竖向构件模型

(a) 水平弹簧　　(b) 转动弹簧

（4）首层竖向构件抗侧刚度

为了考虑基础刚度对图 16（a）所示首层竖向构件抗侧刚度的影响，分别采用 K_h 和 K_θ 代表基础的水平刚度与转动刚度，竖向构件考虑基础有限刚度时的模型如图 17 所示。

从图 17 可知，当仅考虑基础的水平刚度时，在柱顶力水平力 F 作用下，首层竖向构件的顶点侧移由框架柱的侧向变形与基础水平弹簧的变形构成。因此，考虑基础的水平刚度时，底层框架柱的抗侧刚度 K_1 为：

$$K_1 = \frac{1}{\frac{h^2}{12i} + 1/K_h} \tag{12}$$

式中，$i=EI/h$；K 与 K_h 分别为框架柱的抗弯刚度与基础弹簧的水平刚度。

在柱顶侧向力 F 作用下，同时考虑基础转动刚度与水平刚度时，底层框架柱的抗侧刚度 K_1 为：

$$K_1 = \frac{1}{\frac{h^2}{12i}\left(\frac{4i+K_\theta}{i+K_\theta}\right) + 1/K_h} \tag{13}$$

由式（13）可以看出，当转动刚度无穷大（$K_\theta = \infty$）时，相当于竖向杆件上、下端均为固接；当转动刚度为零时（$K_\theta = 0$）时，相当于竖向杆件上端固接、下端铰接。

2.4.2　温度作用效应

框架结构总长度为 180m，总宽度为 72m，柱网尺寸为 18m×18m，地上 5 层，层高均为 5m，结构平面布置如图 18 所示。框架主梁截面尺寸为 0.8m×1.2m，跨度为 18m；

楼面次梁采用井字形布置，间距 4.5m，截面尺寸为 0.4m×1.0m。现浇混凝土楼板厚度为 120mm，混凝土强度等级均为 C40。

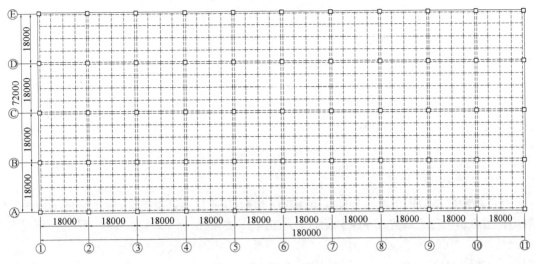

图 18　框架结构平面布置

设防烈度分别考虑 6 度、7 度和 8 度三种情况，场地类别为Ⅲ类，设计地震分组为第二组，特征周期 $T_g=0.55s$。随着设防烈度的提高，框架结构的抗震等级与框架柱的截面尺寸也随之提高，框架柱混凝土强度等级均为 C60。

（1）结构温度变形

6 度设防时，X 方向中间榀框架结构在 -15℃总温差作用下的变形如图 19 所示。从图中可以看出，位于结构端部的框架柱在温度作用下的侧向变形最大，内侧框架柱的变形较小，位于中间对称轴的框架柱变形为零。温度作用下，结构底层变形最大，其上各层变形迅速减小。不同设防烈度时，结构在温度作用下的最大层间位移如图 20 所示，从图中可以看出，随着设防烈度提高，最大侧向位移逐渐减小。当分别考虑 0.5 倍、1.0 倍、2倍基础刚度以及基础刚性无穷大（柱底刚接）时，结构在温度作用下，随着基础刚度增大，基础对框架柱的约束程度逐渐提高，最大层间位移角也逐渐减小。

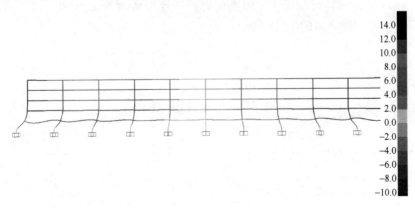

图 19　框架结构在温度作用下的变形

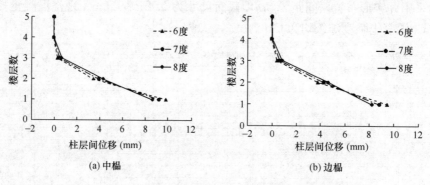

(a) 中榀

(b) 边榀

图 20　结构在温度作用下的最大层间位移

（2）楼板温度应力

6 度设防时，结构在−15℃总温差作用下楼板的应力分布如图 21 所示。从图中可以看出，楼板最大应力发生在框架柱附近，结构中部楼板应力分布较为均匀，端部楼板应力变化较大；二层顶板的温度应力远小于底层顶板，说明温度作用的影响较小；三层顶板的温度应力接近于零，可以忽略温度作用的影响。

(a) 首层顶板

(b) 二层顶板

图 21　6 度设防时结构在负温差作用下楼板的应力分布

在不同设防烈度时，楼板温度应力分布的趋势相同。随着设防烈度提高，结构侧向刚度增大，在相同温差作用下，楼板的温度应力逐渐增大。各层楼板最大温度应力的变化情况如图 22 所示，7 度设防时楼板最大温度应力为 6 度设防时的 1.37 倍，8 度设防时楼板最大温度应力为 6 度设防时的 1.65 倍。

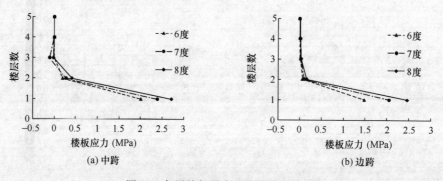

(a) 中跨

(b) 边跨

图 22　各层楼板最大温度应力的变化

随着基础刚度减小，温度作用得到一定程度的释放，楼板温度应力随之减小，1倍基础刚度时的最大温度应力约为刚性基础时的二分之一。

（3）框架梁的轴力

6度设防时，在−15℃温差作用下中间榀框架梁的轴力分布如图23所示。从图中可以看出，在负温差作用下，框架梁轴力的分布呈中间大、两边小的趋势，且首层轴力最大，二层及以上各层框架梁轴力很小。随着设防烈度提高，框架梁的轴力随之增大，7度设防时的轴力为6度设防时的1.16倍，8度设防时的轴力为6度设防时的1.30倍。三层框架梁轴力与首层框架梁轴力符号相反，如图24所示。随着基础刚度减小，框架梁的轴力随之减小，1倍基础刚度时框架梁的最大轴力约为刚性基础时的二分之一。

图23　6度设防时在−15℃温差作用下框架梁的轴力分布

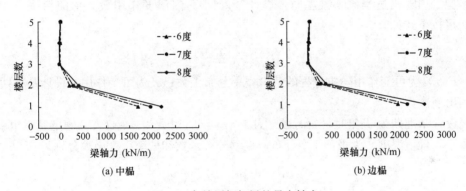

图24　各楼层框架梁的最大轴力

（4）框架柱的内力与变形

6度设防时，在温度作用下中间榀框架柱的内力如图25所示。从图中可以看出，框架柱的剪力与弯矩均由外向内逐渐减小，首层内力显著大于其他各楼层。随着设防烈度提

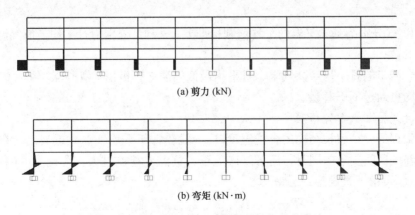

(a) 剪力 (kN)

(b) 弯矩 (kN·m)

图25　6度设防时在温度作用下框架柱的内力

高，框架柱内力明显增大，如图26所示。考虑基础刚度后，框架柱内力分布的特点与刚性基础相同，但是柱内力随着基础刚度的降低而减小，1倍基础刚度时框架柱的内力可以减小为50%左右。

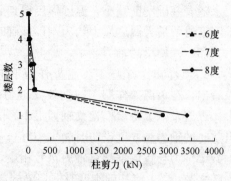

图26　框架柱在温度作用下的最大剪力

2.5　温度作用概率分布与可靠指标研究

2.5.1　温度作用概率分布

我国地域辽阔，可分为华北、华中、华南、西北、西南和东北六大区域，分别选取各区域内代表性的城市：北京、上海、广州、兰州、成都和哈尔滨作为研究对象，气温样本为1970～2019年这50年间每日的平均温度、逐时最高气温和逐时最低气温。

（1）基本气温的概率分布

根据《建筑结构可靠性设计统一标准》GB 50068—2018，当一年内温度作用极大值采用平稳二项随机过程概率模型时，设计基准期 T 内温度作用最大值的概率分布函数 $F_T(x)$ 可按下式计算：

$$F_T(x) = \left[F(x)\right]^m \tag{14}$$

式中：$F(x)$ 为可变作用随机过程的截口概率分布函数；m 为可变作用在设计基准期 T 内的平均出现次数。

当设计基准期为 T 年时，每时段 τ 为1年，则时段数为 $m = T/\tau$。假定基本气温（T 年的月平均最值温度）为极值Ⅰ型分布，概率分布函数和概率密度函数分别为：

$$F_T(T) = \exp\left\{-\exp\left[-\alpha\left(T - u - \frac{\ln m}{\alpha}\right)\right]\right\} \tag{15}$$

$$f_T(T) = \alpha\exp\left[-\alpha\left(T - u - \frac{\ln m}{\alpha}\right)\right]\exp\left\{-\exp\left[-\alpha\left(T - u - \frac{\ln m}{\alpha}\right)\right]\right\} \tag{16}$$

基本气温的平均值、标准差可由下式确定：

$$\mu_T = u + \frac{\ln m + 0.5772}{\alpha} , \ \sigma_T = \frac{\pi}{\sqrt{6}\alpha} \tag{17}$$

式中，μ_T 和 σ_T 分别为基本气温的平均值和标准差；u 和 α 分别为月平均最值气温的位置参数和尺度参数。

对六个城市的月平均最高气温、月平均最低气温进行极值Ⅰ型拟合，在置信区间0.05水平下，均可通过K-S检验。

（2）合拢温度概率分布模型

根据工程经验，超长结构的合拢温度 T_0 一般在常年平均气温附近波动，在便于合拢施工满足温度区间要求的同时，还可以避免正、负温差相差过大。合拢温度的下限 $T_{0,\min}$ 和上限 $T_{0,\max}$ 可由下式确定：

$$T_{0,\min} = \overline{T} - \lambda_T \Delta T_{\max}/2 , \ T_{0,\max} = \overline{T} + \lambda_T \Delta T_{\max}/2 \tag{18}$$

式中，$\overline{T}$ 为1970～2019年这50年间的平均气温；λ_T 为合拢温度波动系数（$\lambda_T = 0 \sim 1$）。

$\lambda_T = 0$ 时，合拢温度即为常年平均气温，$T_0 = \overline{T}$。合拢温度波动系数 λ_T 不宜过大，否则正、负温差相差过多，可能导致设计不合理。由于在确定合拢温度时，需要综合考虑工程结构的受力特点、所在地域气候条件和施工进度计划等多种因素，可以认为合拢温度在其上、下限之间近似服从均匀分布。因此，合拢温度的概率分布函数为：

$$F_{T_0}(T_0) = \begin{cases} 0 & T_0 < T_{0,\min} \\ \dfrac{T_0 - T_{0,\min}}{T_{0,\max} - T_{0,\min}} & T_{0,\min} \leqslant T_0 \leqslant T_{0,\max} \\ 1 & T_0 > T_{0,\max} \end{cases} \tag{19}$$

合拢温度的平均值 $E(T_0)$ 和方差 $D(T_0)$ 由下式确定：

$$E(T_0) = \frac{T_{0,\max} + T_{0,\min}}{2} = \overline{T}, \quad D(T_0) = \frac{(T_{0,\max} - T_{0,\min})^2}{12} = \frac{\lambda_T^2 \cdot \Delta T_{\max}^2}{12} \tag{20}$$

（3）温度作用的概率分布

将合拢温度作为结构受力的起始温度，正、负温差由下式确定：

$$\Delta T^+ = T_{T,\max} - T_0, \quad \Delta T^- = T_{T,\min} - T_0 \tag{21}$$

式中，$T_{T,\max}$ 和 $T_{T,\min}$ 分别为基本最高气温和基本最低气温，均服从极值 I 型分布。

合拢温度基于常年平均温度，其随机变量多是人为因素控制，而基本气温根据实测气象资料确定，两者相关性很小，因此可认为两个随机变量相互独立 $f(T,T_0) = f_T(T)f_{T_0}(T_0)$。

2.5.2　温度作用分项系数取值

（1）分项系数与组合值系数计算方法

由温度作用控制的效应设计值 S_d 应按下式计算：

$$S_d = \gamma_G S_{Gk} + \gamma_T S_{Tk} + \sum_{i=1}^{n} \gamma_{Qi} \varphi_{ci} S_{Qik} \tag{22}$$

式中：γ_G、S_{Gk}——分别为永久作用的分项系数和标准值的效应；

S_{Tk}——温度作用标准值的效应；

γ_{Qi}、S_{Qik}、φ_{ci}——分别为其他可变荷载的分项系数、标准值的效应和组合值系数（$i=1$，$2\cdots n$）。根据《建筑结构可靠性设计统一标准》GB 50068—2018，温度作用与活荷载等可变作用的分项系数均为 1.5。

由其他可变作用控制的效应设计值 S_d 应按下式计算：

$$S_d = \gamma_G S_{Gk} + \gamma_{Q1} S_{Q1k} + \psi_T \gamma_T S_{Tk} + \sum_{i=2}^{n} \gamma_{Qi} \psi_{ci} S_{Qik} \tag{23}$$

式中，γ_{Q1} 和 S_{Q1k} 分别为起控制作用可变荷载的分项系数和标准值的效应；ψ_T 为温度作用的组合值系数。根据《建筑结构可靠性设计统一标准》，温度作用的组合值系数为 0.6。

主导可变作用的设计值 Q_{1d} 相应于设计基准期内的最大值，为极限状态曲面上失效概率最大的点，可由下式表示：

$$Q_{1d} = F_{Q1}^{-1}[\Phi(\beta_T \alpha_{Q1})] \tag{24}$$

式中，$F_{Q1}(x)$ 为主导可变作用的概率分布函数；β_T 为目标可靠指标；α_{Q1} 为主导可变作用的灵敏系数。

非主导可变作用设计值 Q_i，对应于设计基准期内的时点或时段值，可以表示为：

$$Q_{id} = F_{Q_i}^{-1}\{[\varPhi(\beta_T \alpha_{Q_i})]^m\} \tag{25}$$

式中：$F_{Q_i}(x)$ ——非主导可变作用的概率分布函数；

$\quad\quad \alpha_{Q_i}$ ——非主导可变作用的灵敏系数（$i=2, 3\cdots n$）。

根据国际标准《结构可靠性总则》ISO 2394—2015[21]和欧洲规范 BS EN 1991：2003[3]的建议，$\alpha_{Q1}=0.7$，$\alpha_{Q_i}=0.4\times0.7=0.28$，其中 $i=2, 3\cdots n$。

可变作用分项系数为主导可变作用设计值 Q_{1d} 与其标准值 Q_{1k} 的比值，可由下式确定：

$$\gamma_{Q1} = \frac{Q_{1d}}{Q_{1k}} = \frac{F_X^{-1}[\varPhi(\beta_T \alpha_{Q_1})]}{Q_{1k}} = \frac{F_X^{-1}[\varPhi(0.7\beta_T)]}{Q_{1k}} \tag{26}$$

式中，Q_{1k} 为主导可变作用的标准值。

可变作用组合值系数为非主导可变作用设计值 Q_{id} 与主导可变作用设计值 Q_{1d} 的比值，可由下式确定：

$$\psi_T = \frac{Q_{id}}{Q_{1d}} = \frac{F_{Q_i}^{-1}\{[\varPhi(\beta_T \alpha_{Q_i})]^m\}}{F_{Q_1}^{-1}[\varPhi(\beta_T \alpha_{Q_1})]} = \frac{F_{Q_i}^{-1}\{[\varPhi(0.28\beta_T)]^m\}}{F_{Q_1}^{-1}[\varPhi(0.7\beta_T)]} \tag{27}$$

（2）分项系数与组合值系数计算结果

进行温度作用分析时，设计基准期 $T=50$ 年，可靠度 $\beta_T=3.2$。根据式（26），合拢温度波动系数 λ_T 与温度作用分项系数 γ_T 的关系如图 27 所示。由图可知，温度作用分项系数与合拢温度波动系数 λ_T 正相关，当 $\lambda_T < 0.15$ 时，γ_T 增长较为缓慢；当 $\lambda_T > 0.15$ 时，γ_T 近似直线增长。当温度作用分项系数 γ_T 为 1.5 时，与正温差相应的波动系数 $\lambda_T=0.28\sim0.33$，与负温差相应的波动系数 $\lambda_T=0.28\sim0.35$，且各大城市的差异不大，λ_T 的平均值略大于 0.3。

温度作用分项系数随着合拢温度区间加大而增大，各地正、负温差的分项系数差别很小。当合拢温度波动系数不超过 0.3 时，分项系数不大于 1.5。

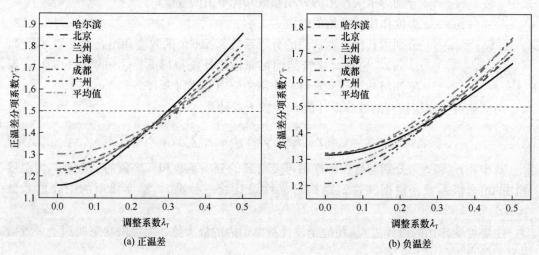

图 27　合拢温度波动系数 λ_T 与温度作用分项系数 γ_T 的关系

根据式（27），可以得到六个城市温度作用组合值系数 ψ_T 如表 3 所示。由表 3 可知，当 $\lambda_T=0$ 时，ψ_T 的平均值约为 0.7；随着 λ_T 值增大，合拢温度区间扩大，ψ_T 随之减小；当

$\lambda_T=0.3$ 时，相应的组合值系数 ψ_T 为 0.43 左右；除合拢温度非常接近常年气温的情况外 ($\lambda_T \leqslant 0.1$)，ψ_T 的值均小于《建筑结构荷载规范》GB 50009—2012[1] 中的温度作用组合值系数 0.6。当合拢温度波动系数 λ_T 相同时，六个城市正、负温差作用的组合值系数 ψ_T 差异不大。

温度作用组合值系数随着合拢温度区间加大而减小，各地正、负温差的组合值系数差异不大，当合拢温度波动系数为 0.3 时，相应的组合值系数为 0.43。

六个城市温度作用的组合值系数　　　　　　　　　　　表 3

λ_T	哈尔滨		北京		兰州		上海		成都		广州	
	ψ_T^+	ψ_T^-	ψ_T^+	ψ_T^-	ψ_T^+	ψ_T^-	ψ_T^+	ψ_T^-	ψ_T^+	ψ_T^-	ψ_T^+	ψ_T^-
0	0.791	0.633	0.712	0.685	0.731	0.688	0.645	0.630	0.684	0.736	0.718	0.626
0.1	0.678	0.582	0.631	0.620	0.650	0.619	0.585	0.570	0.615	0.651	0.632	0.572
0.2	0.545	0.511	0.526	0.532	0.546	0.528	0.503	0.486	0.523	0.543	0.522	0.497
0.3	0.425	0.437	0.425	0.444	0.445	0.438	0.419	0.402	0.432	0.440	0.418	0.420
0.4	0.320	0.366	0.333	0.363	0.354	0.354	0.341	0.323	0.347	0.347	0.323	0.347
0.5	0.227	0.299	0.250	0.288	0.271	0.277	0.268	0.251	0.270	0.264	0.239	0.278

2.5.3 温度作用可靠度分析

（1）结构极限状态方程与变量统计参数

在进行温度作用分项系数的可靠度验算时，考虑永久作用和温度作用的组合工况。此时，结构极限状态方程为：

$$Z = g_X(X_1, X_2 \cdots X_n) = R - S_G - S_T = 0 \tag{28}$$

式中，X_1，$X_2 \cdots X_n$ 为 n 个相互独立的随机变量；R 为结构抗力随机变量；S_G 为永久作用效应随机变量；S_T 为温度作用效应随机变量。

结构抗力 R 服从对数正态分布，各结构构件的抗力标准值按《建筑结构荷载规范》[1] 计算为：

$$\frac{R_k}{\gamma_R} \geqslant \gamma_G S_{Gk} + \gamma_T S_{Tk} \tag{29}$$

式中，R_k 为抗力的标准值；γ_R 为抗力分项系数。在进行温度作用组合值系数的可靠度验算时，考虑永久作用、楼面活荷载和温度作用的组合工况，结构极限状态方程为：

$$Z = g_X(X_1, X_2 \cdots X_n) = R - S_G - S_Q - S_T = 0 \tag{30}$$

式中，S_Q 为楼面活荷载效应随机变量。S_Q 服从极值 I 型分布，选取办公楼面活荷载，标准值为 $2.0 \mathrm{kN/m^2}$，均值 $\mu_Q = 1.288 \mathrm{kN/m^2}$，标准差 $\sigma_Q = 0.30 \mathrm{kN/m^2}$，均值系数 $K_Q = 0.524$，变异系数 $V_Q = 0.299$[7]。

构件抗力标准值按《建筑结构荷载规范》GB 50009—2012 计算，满足下式要求：

$$\frac{R_k}{\gamma_R} \geqslant \gamma_G S_{Gk} + \gamma_Q S_{Qk} + \psi_T \gamma_T S_{Tk} \tag{31}$$

式中，γ_Q 为楼面活荷载的分项系数；S_{Qk} 为楼面活荷载标准值的效应值。

（2）分项系数的可靠指标

普通钢构件和冷弯薄壁箱形构件在轴心受压和偏心受压受力状态下发生延性破坏，目标

可靠指标均为 $\beta_T=3.2$。钢筋混凝土构件在轴心受拉和受弯状态下发生延性破坏，目标可靠指标均为 $\beta_T=3.2$；在轴心受压和受剪状态下发生脆性破坏，目标可靠指标均为 $\beta_T=3.7$。当温度作用分项系数 γ_T 取 1.5，温度作用与永久荷载效应的比值在 0.1～0.5 之间时，采用一次二阶矩方法得到六个城市温度作用分项系数可靠指标的平均值与最小值见表 4。随着温度作用增大，其分项系数的可靠指标先增大、后减小，各类构件的可靠指标差异不大，延性受力状态构件的可靠指标均高于 3.2，脆性受力状态构件的可靠指标均高于 3.7。

结构构件温度作用分项系数的可靠指标　　　表 4

构件类型	受力状态	温度作用	平均值	最小值	限值
普通钢构件	偏心受拉	正温差	3.571	3.397	3.2
		负温差	3.605	3.488	
	偏心受压	正温差	3.361	3.271	
		负温差	3.383	3.292	
冷弯薄壁型钢构件	轴心受压	正温差	3.334	3.225	3.2
		负温差	3.358	3.272	
	偏心受拉	正温差	3.506	3.396	
		负温差	3.531	3.450	
钢筋混凝土构件	轴心受拉	正温差	3.687	3.432	3.2
		负温差	3.733	3.541	
	受弯	正温差	3.687	3.432	
		负温差	3.733	3.541	
	轴心受压	正温差	3.983	3.881	3.7
		负温差	4.005	3.935	
	受剪	正温差	3.942	3.869	
		负温差	3.959	3.880	

（3）组合值系数的可靠指标

《建筑结构荷载规范》GB 50009—2012 中，温度作用的组合值系数取为 0.6。为了研究温度作用组合值系数的可靠指标，以哈尔滨正温差为例，针对与永久荷载和楼面活荷载的组合工况，考察温度作用组合值系数对不同受力状态构件可靠指标的影响。普通钢构件、冷弯薄壁型钢构件和钢筋混凝土构件，活荷载与永久荷载效应比在 0.2～1.0 之间、温度作用与永久荷载效应的比值在 0.1～0.5 之间时，由一次二阶矩法得到组合值系数的可靠指标见表 5。由表可知，各类构件的可靠指标基本可以满足延性受力状态构件可靠指标不低于 3.2、脆性受力状态构件可靠指标不低于 3.7 的要求。

结构构件温度作用组合值系数的可靠指标　　　表 5

构件类型	受力状态	平均值	最小值	限值
普通钢构件	偏心受压	4.223	3.120	3.2
冷弯薄壁型钢构件	轴心受压	3.993	2.967	3.2
钢筋混凝土构件	轴心受拉	4.328	3.131	3.2
	轴心受压	4.553	3.657	3.7

3. 地震视波速与行波效应

3.1 视波速确定方法

3.1.1 单一土层视波速计算

地震波从震源出发，经过土层传播到地面，此时假设土层为均质、单一土层，地震波不发生折射、反射、耗散等情况，剪切波波速 v_s 保持恒定，如图 28 所示。对于某一总长度为 L 的结构，其左、右端点分别为 A 和 B，中点为 C，其震中距为 S。地震波到达 A、B 两点的时间差为 Δt，采用视波速表征在地面观测得到地震波在 A、B 点之间的传播速度，定义在 A、B 两点之间的视波速 v_{app} 为：

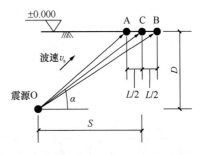

图 28　地震波在单一土层中传播示意

$$v_{app}^{AB} = \frac{L}{\Delta t} = \frac{L}{\dfrac{l_{OB}}{v_s} - \dfrac{l_{OA}}{v_s}} = \frac{L}{\sqrt{D^2 + (S + L/2)^2} - \sqrt{D^2 + (S - L/2)^2}} v \tag{32}$$

当结构单元长度 L 趋近于 0 时，A、B 两点之间的视波速逐渐趋于中点 C 的视波速。此时，建筑中点 C 的视波速可通过对式（32）取极限确定：

$$v_{app}^{C} = \lim_{L \to 0} v_{app}^{AB} \tag{33}$$

将式（33）的分子分母同乘 $\sqrt{D^2 + (S + L/2)^2} + \sqrt{D^2 + (S - L/2)^2}$，可得：

$$v_{app}^{C} = \lim_{L \to 0} \frac{\left[\sqrt{D^2 + (S + L/2)^2} + \sqrt{D^2 + (S - L/2)^2}\right]}{2S} v = \frac{v_s}{\cos\alpha} \tag{34}$$

由式（34）可知，对于均质土层来说，建筑中点的视波速即为土层的波速除以该点与震源水平夹角 α 的余弦。视波速以单一土层的剪切波速为下限，震中距减小、震源深度加大，视波速随之增大。

3.1.2 地震波在不同土层之间的传播

地震波传播到不同土层界面时会发生折射现象。设地震波以波速 v_{si}、入射角 α_i 传播，以波速 v_{si+1}、出射角 α_{i+1} 继续行进，地震波传播如图 29 所示。由斯奈尔定理[22]可知，入射角 α_i 的余弦与出射角 α_{i+1} 的余弦之比等于剪切波速 v_{si} 与 v_{si+1} 之比，即：

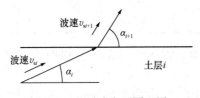

图 29　地震波在不同土层之间传播示意

$$\frac{\cos\alpha_i}{\cos\alpha_{i+1}} = \frac{v_{si}}{v_{si+1}} \tag{35}$$

定义折射前视波速为 v_{app}^{i}，折射后视波速为 v_{app}^{i+1}，由式（34）和式（35）可知：

$$v_{app}^{i+1} = \frac{v_{si+1}}{\cos\alpha_{i+1}} = \frac{v_{si}}{\cos\alpha_i} = v_{app}^{i} \tag{36}$$

由式（36）可知，当地震波在不同土层之间发生折射后，虽然地震波的波速发生改变，但各土层的视波速保持不变。

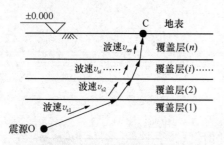

图30 多土层地震波传播路径示意

3.1.3 多土层视波速计算

地震波从震源到达地表需要穿过多个土层，当不考虑地震波反射的影响时，地震波的传播路径如图30所示，地震波由震源发出，以波速 v_{s1} 沿图示箭头方向传播，经过多个厚度为 D_i 的土层，在每层地质界面产生折射，折射后的传播角度与波速分别为 α_{i+1} 和 v_{si+1}，最终到达地表 C 点。

对于多土层地震波传播过程，假定在土层 1 中的视波速为 v_{app}，根据式（36），地震波从震源 O 传播至地表 C 点时，满足下列方程组：

$$\begin{cases} v_{app} = \dfrac{v_{s1}}{\cos\alpha_1} = \dfrac{v_{si}}{\cos\alpha_i} = \cdots\cdots = \dfrac{v_{sn}}{\cos\alpha_n}, \quad i = 1,2,3\cdots n \\ \sum_{i=1}^{n} \dfrac{D_i}{\tan\alpha_i} = \sum_{i=1}^{n} \dfrac{D_i\cos\alpha_i}{\sqrt{1-\cos^2\alpha_i}} = S \end{cases} \tag{37}$$

由方程组（37）可知，地震波在任意土层中的传播角度 α_i 均可由在第 1 土层中的传播角度 α_1 表示：

$$\sum_{i=1}^{n} \frac{D_i k_i \cos\alpha_1}{\sqrt{1-(k_i\cos\alpha_1)^2}} = S \tag{38}$$

式中，$k_i = v_i/v_1, i = 1,2,3\cdots n$。由于 k_i、$D_i > 0$，由式（38）可知，该方程左侧为关于 $\cos\alpha_1$ 的单调递增函数，可由二分法等数值算法求得传播角度 α_1 的解。

为了分析方便起见，基于大量工程经验以及软土地基地质勘探资料，结合《建筑抗震设计规范》GB 50011—2010 中建筑的场地类别，偏于保守地给出各类场地岩层厚度的范围，如表6所示。其中，Ⅳ类场地覆盖层总厚度为400m，基岩厚度统一取150m，地壳厚度均为30km。

建筑场地类别与岩土层厚度（km）　　　　表6

场地类别	软弱土	中软土	中硬土	基岩	地壳
Ⅰ₀	0.000	0.000	0.000	0.150	30.00
Ⅰ₁	0.003	0.000	0.000	0.150	30.00
Ⅱ	0.000	0.030	0.020	0.150	30.00
Ⅲ	0.020	0.030	0.030	0.150	30.00
Ⅳ	0.020	0.030	0.350	0.150	30.00

对于表6所示各建筑场地类别，当确定震中距 S 和震源深度 D 后，即可由式（36）与式（38）计算得到视波速。

各建筑场地类别的视波速随震中距和震源深度的变化情况如图31所示。由图可知，当震源深度很小（$D=5$km）时，在距震中30km范围内视波速显著增大；除Ⅳ类场在震中距小于20km范围内的视波速较大外，Ⅰ～Ⅲ类场地视波速的差异很小。当震源深度较大（$D=30$km）时，震中距较小处的视波速可达地壳剪切波速的数倍；随着震中距增大，视波速逐渐降低；场地类别对视波速的影响进一步减小。视波速的下限值为 3.80km/s，接近于地壳的剪切波速。

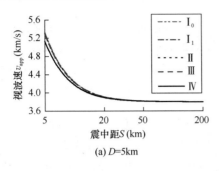
(a) D=5km

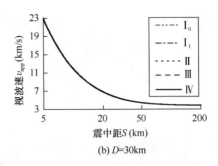
(b) D=30km

图 31　视波速与震中距和震源深度的关系

3.2　场地地质构造与视波速确定

3.2.1　地震波选取

航站楼结构设计基准期为 50 年。本文共选取 7 组地震加速度时程记录，包括 5 组天然波和 2 组人工波，将地震作用的主方向、次方向和竖向分别按照 1.0∶0.85∶0.65 的比例进行三向激励。

7 组地震波的反应谱曲线与我国《建筑抗震设计规范》反应谱曲线的对比如图 32 所示。根据计算结果，X 方向地震作用时，7 条波底部剪力的最小值为反应谱法的 90.85%，平均值为反应谱法的 104.5%；Y 方向地震作用时，7 条波底部剪力的最小值为反应谱法的 91.9%，平均值为反应谱法的 98.7%；7 条波反应谱曲线在结构前三个周期点与规范谱的最大偏差平均值为 -8%，满足相关要求。

图 32　地震加速度时程反应谱
与规范反应谱曲线对比

3.2.2　地震波输入方法

为了研究行波效应对下部多个混凝土结构单元及上部整体钢屋盖结构的影响，本文假定地震波沿建筑多个方向进行传播，分别采用三种视波速对结构柱底施加三向地震位移时程激励。

通过对 7 组地震加速度时程进行二次积分，得到地震位移时程。为了避免积分过程位移时程曲线发生基线漂移现象，本文采用 EMD 算法对位移时程进行基线归零处理，并通过控制初始条件避免超低频响应对位移时程的影响。行波效应分析采用的地震位移时程如图 33 所示。

3.2.3　地震波传播方向

考虑到一般情况下地震传播方向的不确定性，根据本工程的特点，在 360° 范围内共选取 8 个方向角，分别进行一致输入地震激励与多点输入地震激励，考察整体结构与各类构件位移与内力的响应。

将航站楼柱底沿 0° 方向间隔 18m 进行分组，共计 27 组，分别控制每组柱底地震波到

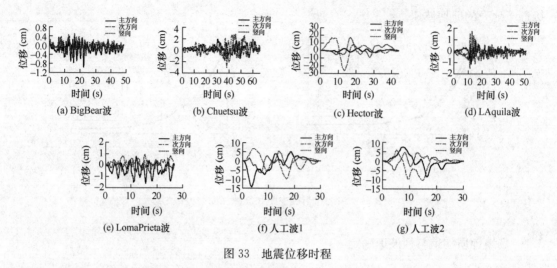

(a) BigBear波   (b) Chuetsu波   (c) Hector波   (d) LAquila波

(e) LomaPrieta波   (f) 人工波1   (g) 人工波2

图 33　地震位移时程

达时间，如图 34（a）所示；将航站楼柱底沿 90°方向间隔 18m 进行分组，共计 21 组，如图 34（b）所示；沿 45°与 135°方向每隔 12.72m 进行分组，分别为 38 组，如图 34（c）和图 34（d）所示。

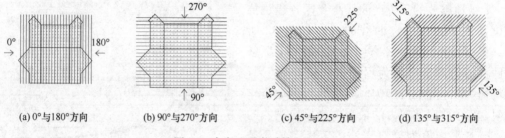

(a) 0°与180°方向   (b) 90°与270°方向   (c) 45°与225°方向   (d) 135°与315°方向

图 34　多点地震激励输入工况

3.2.4　计算结果处理方法

为了对多点激励和一致激励计算得到的地震作用、结构变形以及构件内力等进行比较，定义多点激励计算变量的影响系数 γ 为：

$$\gamma = \frac{F_{\mathrm{me}}}{F_{\mathrm{se}}} \tag{39}$$

式中：F_{me}、F_{se}——分别为在各地震波作用下多点激励与一致激励计算结果最大值的平均值。

在多点地震激励作用下，极少数构件的内力影响系数可能远大于 1.0，出现多点激励效应很大的情况。多点激励内力影响系数过大的主要原因，往往是极少数构件在一致激励时内力很小，多点激励可能引起内力变化幅度很大。

在进行超长结构设计时，难以针对单个构件考虑行波效应的影响。通常采用统一的内力影响系数对某类构件的地震作用进行放大。为了避免极少数构件内力影响系数过大造成设计不合理，可以根据结构抗震设计理念与大量工程经验，采用 95% 较小内力影响系数的最大值确定该类构件地震行波效应的放大系数。

3.3 结构的地震响应

在 7 条地震波作用下，与各激励方向相应的基底剪力影响系数见表 7，三种视波速的平均值分别为 0.997、0.998 和 0.999，各激励方向差别不大。

结构基底剪力影响系数 表 7

v_{app}（km/s）	激励方向							
	0°	180°	90°	270°	45°	225°	135°	315°
3	0.996	0.997	0.998	0.996	0.998	0.998	0.999	0.997
4	0.998	0.998	0.999	0.998	0.999	0.998	1	0.998
5	0.998	0.999	0.999	0.998	0.999	0.999	1	0.998

在 0°方向 BigBear 波激励时，框架柱剪力影响系数的分布如图 35 所示。由图可知，对于 3km/s、4km/s 和 5km/s 三种视波速，框架柱剪力影响系数大部分位于 1.0 附近；随着视波速增大，框架柱剪力影响系数变化范围逐渐缩小，剪力影响系数接近于 1.0 的框架柱的数量增多。

BigBear 波在 0°方向以 4km/s 的视波速进行激励时，剪力影响系数大于 1.05 的框架柱位置如图 36 所示。由图可知，对行波效应较为敏感的框架柱主要分布在各主体结构单元的周边，特别是平面的远端。

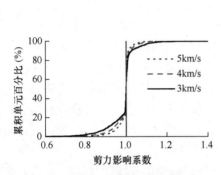

图 35 0°方向地震激励时框架柱剪力影响系数分布

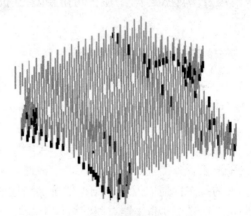

图 36 0°方向地震激励时剪力影响系数大于 1.05 的框架柱位置

BigBear 波在 0°方向进行激励时，大跨度钢屋盖杆件轴力影响系数的分布如图 37 所示。由图可知，对于 3km/s、4km/s 和 5km/s 三种视波速，轴力影响系数的平均值均略小于 1.0，其值域范围分别为 0.56~1.39、0.69~1.32 和 0.75~1.27。随着视波速增大，其峰值逐渐降低，值域范围缩小，轴力影响系数接近于 1.0 的构件数量增多。

需要考虑地震行波效应影响的超长结构，通常建筑规模很大，构件数量很多。为了避免极少数构件行波效应影响系数过大引起对整体结构地震作用不必要的放大，本文选取涵盖 95％构件内力影响系数的最大值作为地震行波效应放大系数，以保证设计结构的安全性。为说明这一做法的合理性，对计算结果进行验证。定义构件利用率 η 为在地震工况下构件的内力与其承载力之比。

在 0°方向 BigBear 波激励时，大跨度钢屋盖杆件轴力的影响系数与杆件利用率的关系如图 38 所示。由图可知，在地震作用工况，屋盖杆件的利用率均不大于 1.0，轴力影响系数与杆件利用率的关系呈喇叭形分布，且轴力影响系数小于 1.0 的杆件的数量多于轴力影响系数大于 1.0 的杆件的数量。5‰轴力影响系数较大的杆件，其构件利用率 η 均低于 0.2。由此可知，行波效应显著的杆件通常承载力冗余度很大，当统一取用较小的内力影响系数时，可以保证结构的安全性。

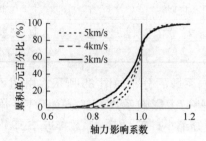

图 37　0°方向地震激励时大跨度钢屋盖杆件轴力影响系数分布

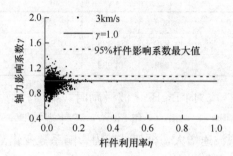

图 38　0°方向地震激励时大跨度钢屋盖杆件轴力影响系数与杆件利用率的关系

4. 大跨度结构在爆炸作用下的抗倒塌性能

4.1　航站楼结构爆炸作用分析方法

结构在爆炸作用下的损伤程度主要取决于爆炸的能量与构件或结构的抗力。可能进入大型规格建筑内部的手提箱炸弹、背包炸弹能量较小，很难对结构造成严重危害，爆炸能量较大的汽车炸弹构成对航站楼结构安全的主要威胁。航站楼下部混凝土框架结构的柱距较小，混凝土构件抗爆能力较强。支承大跨度屋盖的钢柱柱距较大，边柱及柱顶斜撑杆与车道的距离较近，爆炸的危险性较大。故此，本文重点针对航站楼邻近车道边大跨度屋盖支承构件的抗爆性能以及整体结构的抗倒塌性能进行研究。

采用 ABAQUS 非线性有限元软件中的 CONWEP 模块进行爆炸荷载模拟[23]，该模块可以综合反映 TNT 当量、爆心坐标、起爆时间和爆炸类型等参数的影响，得到加载面的最大超压、超压时间和指数衰减因子。该模块能够模拟自由空气场球面冲击波和半球面冲击波，并且可以考虑爆炸波入射角的影响，适用于爆炸作用时结构的动力响应分析。

由于爆炸作用时间极短，变形速度很快，应变率效应使得材料的强度明显提高。根据《人民防空地下室设计规范》GB 50038—2005[24] 的规定，钢材在爆炸动荷载作用下强度设计值可提高 1.35 倍。采用 Johnson-Cook 模型[7] 模拟钢材在爆炸作用时的本构关系。Johnson-Cook 强度模型遵循基于相关流动法则的 von-Mises 屈服准则，相对应的屈服应力 σ_y 可表达为：

$$\sigma_y = [A + B(\varepsilon_p)^N](1 + C\ln\dot{\varepsilon})[1 - (T_h)^M] \tag{40}$$

式中，A 为弹性极限应力；B 和 N 分别为塑性应变硬化系数和指数；ε_p 为有效塑性应变；$\dot{\varepsilon}$ 和 C 分别为应变率和应变率系数；T_h 和 M 分别为标准化温度和温度指数。

对于式（40）所描述的 Johnson-Cook 强度模型，第 1 部分表示材料进入塑性后的应力硬化，第 2 部分表示应变率引起的强度提高，第 3 部分表示高温情况下的强度软化。非接触爆炸情况下一般不考虑第 3 部分。

钢材的 Johnson-Cook 失效准则可以表达为：

$$\varepsilon_F = \left[D_1 + D_2 \exp\left(D_3 \frac{P}{\sigma_{eff}} \right) \right] (1 + D_4 \ln\dot{\varepsilon})(1 + D_5 T_h) \qquad (41)$$

$$D_F = \sum \frac{\Delta\varepsilon_P}{\varepsilon_F} \qquad (42)$$

式中，$D_1 \sim D_5$ 为材料破坏系数；σ_{eff} 为有效应力；P 为压强；$\Delta\varepsilon_P$ 为有效塑性应变增量；D_F 为材料破坏累计参数。当 $D_F = 1.0$ 时，材料失效。在数值计算中，D_F 的数值仅代表有限元的激活状态，与材料的实际物理损伤无关。对于工程中常用的 Q355 钢材[25]，计算模型中相应参数的取值如下：$A = 389.2$MPa，$B = 565.5$MPa，$C = 0.0263$，$n = 0.4218$，$m = 1$，$D_1 = 0.4641$，$D_2 = 1.1126$，$D_3 = -1.3072$，$D_4 = 0.0265$。

4.2 关键构件爆炸损伤分析

在航站楼大跨度结构中，角柱与边柱截面尺寸均为□1100mm×1100mm，壁厚为35mm，材质均为 Q355B。箱形柱采用壳单元 S4R，单元网格尺寸为 100mm×100mm。为了模拟箱形柱的实际受力特点，柱底采用固接边界条件，柱顶在竖向可以滑动。在考虑爆炸荷载作用时，在柱顶施加 3000kN 轴向压力（相当于轴压比 0.046）。

根据厢式货车的特点，统一取爆心至 3 层楼面的高度为 2.0m。计算采用的爆炸距离 R（爆心与箱形柱表面的垂直距离）、TNT 当量 W 和相应的比例距离 Z 见表 8。

爆炸距离、TNT 当量和相应的比例距离　　　　表 8

爆心距离 R（m）	Z（m/kg$^{1/3}$）			
	$W = 500$kg	$W = 1000$kg	$W = 2000$kg	$W = 4000$kg
4	0.504	0.400	0.317	0.252
6	0.756	0.600	0.476	0.378
8	1.008	0.800	0.635	0.504

在爆炸荷载作用下，箱形柱整体侧向弯曲显著，箱形构件的相对挠度与比例距离的关系如图 39 所示。从图中可以看出，以柱侧面的中轴线为基准，构件的相对挠度随比例距离的减小逐渐增大，TNT 当量越大，相对挠度随之增大。其中 2 个构件模型的相对挠度已超过 1/200，达到中度损伤程度；1 个构件模型的相对挠度已超过 1/45，超过严重损伤的限值[26]。

箱形柱在爆心距离 4m 和 8m、4000kg 当量 TNT 爆炸荷载作用下，构件的竖向变形与侧向变形时程曲线、破坏形态和塑性应变分布如图 40 所示。由图中可知，在爆炸荷载作用下，箱形构件迎爆面发生剧烈的内凹变形，最大变形达 1.177m，发生在中部对应爆心的位置，侧壁相应地向内侧弯曲，构件整体的侧向弯曲非常严重（侧壁轴线 0.25m）。整个构件已进入塑性，距离爆心最近处的最大塑性应变达 0.160，说明构件损伤非常严重。

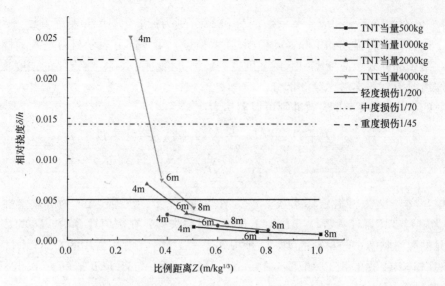

图 39　箱形构件的相对挠度与比例距离的关系

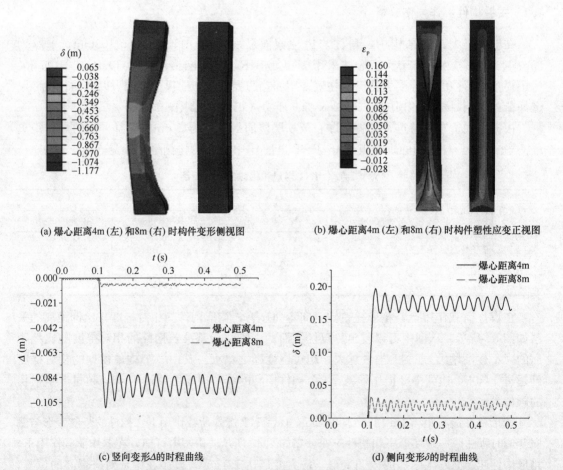

(a) 爆心距离4m(左)和8m(右)时构件变形侧视图

(b) 爆心距离4m(左)和8m(右)时构件塑性应变正视图

(c) 竖向变形Δ的时程曲线

(d) 侧向变形δ的时程曲线

图 40　爆心距离 4m 和 8m、4000kg 当量 TNT 爆炸荷载作用下箱形构件的破坏情况

在航站楼大跨度结构中，边柱顶部的斜撑杆的截面直径均为500mm，壁厚为20mm，材质为Q355B。圆钢管采用壳单元S4R，单元网格尺寸为100mm×100mm。为了模拟斜撑杆的实际受力特点，在考虑爆炸荷载作用时，施加400kN轴向压力。

由于航站楼柱顶的斜撑杆与箱形钢柱的相对关系保持不变，对其施加爆炸荷载时，采用与箱形钢柱相同的爆心位置。在爆炸荷载作用下，由于杆件的长细比较大，斜撑杆的整体侧向弯曲大于箱形钢柱。

4.3 多尺度模型结构抗倒塌性能分析

对于航站楼结构来说，爆炸荷载引起直接破坏的范围很小。为了准确模拟爆炸荷载对航站楼结构的影响，采用多尺度模型直接进行整体结构在爆心距离4m、4000kg当量TNT爆炸荷载作用下的抗倒塌分析。在上述结构整体计算模型的基础上，采用S4R壳单元模拟邻近爆心的箱形钢柱与斜撑杆，单元网格尺寸为100mm×100mm，钢柱底部采用固接边界条件，柱顶与斜撑杆之间铰接。钢材本构仍为前述Johnson-Cook模型，其余构件全部采用梁单元或杆单元进行模拟。

本文通过ABAQUS软件中的耦合（couple）功能，将壳元模拟箱形钢柱与斜撑杆端部的形心作为参照点与相邻杆端进行耦合，实现不同类型构件之间的连接。钢柱底部为刚接，钢柱顶部为铰接；相邻斜撑杆之间底部为刚接，顶部与屋盖杆件铰接，从而实现局部精细构件与周边杆单元之间的变形协调。上述多尺度模型可以准确模拟关键构件所在部位的边界条件，考虑爆心附近多个构件同时受损情况，还可以考察爆炸后受损构件残余承载力对结构抗倒塌性能的影响。与全部采用实体单元或壳单元的结构整体计算模型相比，计算效率大大提高。爆心邻近边柱C3时的多尺度模型如图41所示。

 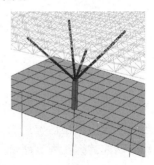

(a) 多尺度整体模型　　　　　　　　　　　　　　(b) 多尺度局部模型

图41　爆心邻近边柱C3时的多尺度模型

在4000kg当量TNT爆炸荷载作用下，爆心距离为4m时，屋盖的整体变形以及外侧斜撑杆所在纵向剖面（A轴）的变形情况如图42所示。从图中可知，屋盖变形主要集中在爆损构件附近。角柱C1爆损后，屋盖悬挑部位的最大竖向位移达0.33m；边柱C3爆损后，屋盖边缘的最大竖向位移达为0.28m；边中柱C5爆损后，屋盖边缘的最大竖向位移为0.25m。均远小于移除构件法得到的竖向变形。

支承大跨度屋盖在爆炸荷载作用下受损后，网壳最大竖向变形的时程曲线如图43所示。从图中可知，爆心相邻构件受损后，屋盖的竖向变形突然增大，经过多次震荡后，逐渐趋于稳定。

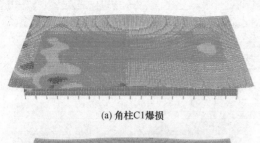

(a) 角柱C1爆损

(b) 边柱C3爆损

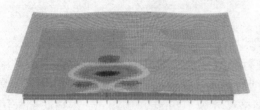

(c) 边中柱C5爆损

图 42　关键构件爆损后结构的变形

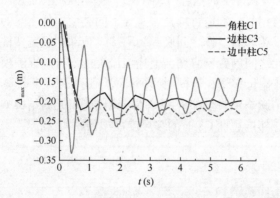

图 43　多尺度模型关键构件失效后屋盖最大竖向变形的时程曲线

在 4000kg 当量 TNT 爆炸荷载作用下，爆心距离为 4m 时，多尺度计算模型中箱形钢柱与斜撑杆的损伤情况见表 9。从表中可知，整体模型比单独计算构件时的边界条件更为准确，钢柱的损伤程度略低于单独计算，斜撑杆的损伤程度显著降低。

多尺度计算模型中箱形钢柱与斜撑杆的损伤情况　　　　　表 9

受损部位	构件类别	轴向变形 w (m)	横向变形 δ (m)	相对挠度 δ/h 或 δ/l
角柱 C1	钢柱	0.0550	0.1699	1/47
	斜撑杆	0.0881	0.1800	1/98
边柱 C3	钢柱	0.0675	0.1467	1/54
	斜撑杆	0.0389	0.0975	1/186
边中柱 C5	钢柱	0.0638	0.1532	1/52
	斜撑杆	0.0550	0.1360	1/151

采用多尺度模型后，在爆炸荷载作用下屋盖受损杆件的变形、塑性应变以及相邻杆件的应力见表10。从表中可知，邻近爆心构件受损后，相应部位屋盖的最大转角尚未达到轻度破坏的限值2°[26]，构件的最大塑性应变远小于移除构件法的计算结果，相邻钢柱、斜撑杆的弹性应力大幅度降低。对于航站楼结构，上部大跨度钢结构自重较轻，支承屋盖的钢管柱侧向刚度起主要控制作用，轴压比通常很小，其竖向承载力具有相当大的余量。与移除构件法相比，通过多尺度模型模拟爆炸荷载作用，可以确定构件爆损后的残余承载能力，继续发挥对屋盖的支承作用，从而避免结构变形过大发生倒塌。

多尺度模型结构的损伤情况 表 10

失效部位	屋盖杆件		相邻支承构件 von-ises 应力	
	变形 θ（°）	塑性应变 ε_p	钢柱（MPa）	斜撑杆（MPa）
角柱 C1	0.400	0.0076	17.66	10.21
边柱 C3	0.286	0.0142	77.78	39.00
边中柱 5	0.225	0.0147	61.95	28.31

5. 结论

针对超长大跨度结构在温度、地震与爆炸作用下的受力性能，通过理论分析、现场实测以及有限元分析，可以得到如下结论：

（1）根据太阳辐射照度和太阳辐射吸收系数，确定钢构件各表面的瞬时辐射温升，进而通过有限元数值模拟可以得到构件的平均温度。

（2）对于多层超长结构，温度作用引起首层结构内力与变形最大，二层及以上各楼层结构的温度效应迅速减小。

（3）结构底部嵌固条件对温度效应影响显著，考虑基础刚度后，结构的温度效应可以显著减小。

（4）温度作用分项系数受到合拢温度范围的影响，当合拢温度波动系数为0.3，温度作用分项系数不大于1.5。

（5）当温度作用分项系数为1.5、组合值系数为0.6时，各类构件的可靠指标基本满足延性受力状态构件可靠指标不低于3.2、脆性受力状态构件可靠指标不低于3.7的要求。

（6）在震源深度范围内，地壳厚度远大于覆盖层厚度，场地类别对视波速的影响很小，视波速的下限值接近于地壳的剪切波速。

（7）根据受多点激励影响较小的95%构件确定其内力影响系数，在保证结构安全的同时，可以避免由于构件内力过小引起行波效应异常增大。

（8）大跨度结构竖向支承构件具有较大冗余度，爆损后仍然具有一定的残余承载力，可以有效抑制屋盖变形的发展，采用多尺度模型得到的屋盖变形远小于移除构件法的计算结果。

参考文献

[1] 住房和城乡建设部. 建筑结构荷载规范：GB 50009—2012[S]. 北京：中国建筑工业出版社，2012.

[2] 建筑工程常用数据系列手册主编组. 实用供热空调设计手册[M]，北京：中国建筑工业出版社，2008.

[3] British Standards Institution. Actions on structures Part 1-5：General actions-thermal loads for buildings：BS EN 1991-1-5[S]. London，2003.

[4] ASCE. Minimum design loads for buildings and other structures：ASCE/SEI 7-10[S]. Reston：American Society of Civil Engineering，2010.

[5] 住房和城乡建设部. 建筑结构可靠性设计统一标准：GB 50068—2018[S]. 北京：中国建筑工业出版社，2018.

[6] 住房和城乡建设部. 建筑抗震设计规范：GB 50011—2010[S]. 北京：中国建筑工业出版社，2016.

[7] 李忠献，师燕超. 建筑结构抗爆分析理论[M]. 北京：科学出版社，2015.

[8] 范重，刘先明，范学伟，等. 国家体育场大跨度钢结构设计与研究[J]. 建筑结构学报，2007，28（2）：1-16.

[9] 范重，王喆，唐杰. 国家体育场大跨度钢结构温度场分析与合拢温度研究[J]. 建筑结构学报，2007，22（2）：32-40.

[10] 范重，李夏，刘家明，等. 超长大跨度结构施工阶段温度效应研究[J]. 施工技术. 2016，45（14）：9-16.

[11] 范重，李夏，晁江月，等. 航站楼使用阶段钢结构温度取值研究[J]. 建筑科学与工程学报，2017，34（4）：9-18.

[12] 范重，陈巍，李夏，等. 超长框架结构温度作用研究[J]. 建筑结构学报，2018，39（1）：136-145.

[13] 范重，吴雨璇，贡金鑫，等. 温度作用概率分布与可靠指标研究[J]. 工程力学，2022，39（S）：296-311.

[14] 范重，柴丽娜，张宇，等. 超长结构地震行波效应影响因素研究[J]. 建筑结构学报，2018，39（8）：119-129.

[15] 范重，张康伟，张郁山，等. 地震视波速确定方法与行波效应研究[J]. 工程力学，2021，38（6）：47-61.

[16] 范重，刘学林，张宇，等. 航站楼复杂超长结构行波效应分析[J]. 建筑科学与工程学报，2019，36（1）：56-66.

[17] 范重，高嵩，朱丹，等. 雄安站站台雨棚结构行波效应影响研究[J]. 建筑结构，2019，49（7）：94-101.

[18] 范重，陈亚丽，陈巍，等. 某航站楼在爆炸作用下抗倒塌性能研究[J]. 建筑结构学报，2020，41（9）：33-44.

[19] Airbus Industrie Test Method，Solar absorption of paints：AITM 2-0018[R]. Airbus Industrie，1998.

[20] 住房和城乡建设部. 民用建筑供暖通风与空气调节设计规范：GB 50736—2012[S]. 北京：中国建筑工业出版社，2012.

[21] International Standard Organization. General principles on reliability for structures：ISO 2394-2015[S]. Switzerland，2015.

[22] 胡聿贤. 地震工程学[M]. 2版. 北京：地震出版社，2006.

[23] ABAQUS Analysis user's manual I-V（Version 6.7）[M]. USA：ABAQUS，Inc. and Dassault

Systèmes，2011.

[24] 建设部 . 人民防空地下室设计规范：GB 50038—2005[S]. 北京：中国计划出版社，2005.

[25] 住房和城乡建设部 . 钢结构设计标准：GB 50017—2017[S]. 北京：中国建筑工业出版社，2017.

[26] 中国工程建设标准化协会 . 民用建筑防爆设计规范(CECS 标准送审稿)[R]. 北京，2018.

02 从《景区人行悬索桥工程技术规程》谈景区人行悬索桥结构设计关键技术

刘 枫，秦 格，马 明，张 强，宋 涛，严亚林，梁云东，张高明

（中国建筑科学研究院有限公司，北京）

摘 要：近年来，人行悬索桥以其外观新颖、线形优美和投资回报高等优点在旅游景区得到广泛应用。但在项目快速建设的同时，目前国内仍缺少相应的设计规范来指导设计。本文首先对人行悬索桥的常见结构体系及其特点进行介绍，然后结合报批中的《景区人行悬索桥工程技术规程》的相关规定，对景区人行悬索桥的设计关键问题提出了建议。给出了人行悬索桥抗风设计流程；分别选取主缆垂跨比、抗风缆倾角和空间主缆倾角三项参数，进行静动力特性研究，并以此确定了吊挂式悬索桥的合理设计参数取值范围；提出了适用的人致振动分析方法；总结了玻璃桥面板设计的关键点。上述研究可为今后景区人行悬索桥的设计提供参考。

关键词：人行悬索桥，结构体系，风效应，静动力特性，人致振动分析，桥面板

Key Technologies in Structure Design of Pedestrian Suspension Bridge from the *Technical Specification for Pedestrian Suspension Bridge Engineering in Scenic Spots*

LIU Feng，QIN Ge，MA Ming，ZHANG Qiang，SONG Tao，YAN Yalin，

LIANG Yundong，ZHANG Gaoming

（China Academy of Building Research，Beijing）

Abstract：In recent years, pedestrian suspension bridge has been widely used in tourist attractions for its novel appearance, beautiful line shape and high return on investment. However, with the rapid construction of the project, there is still a lack of corresponding design specifications to guide the design. Firstly, this paper introduces the common structural systems and characteristics of pedestrian suspension bridge. Then, combined with the relevant provisions of *Technical Specification for Pedestrian Suspension Bridge Engineering in Scenic Spots*, some suggestions on the key design issues of pedestrian suspension bridge are put forward. The wind resistant design flow of pedestrian suspension bridge is given; the static and dynamic characteristics of the bridge are studied based on three parameters including the vertical span ratio of the main cable, the inclination angle of the wind resistant cable and the inclination angle of the spatial main cable, and the reasonable ranges of design parameters of the suspension bridge are determined; a suitable method for human induced vibration analysis is proposed; the key design points of the glass bridge deck are summarized. The above research can provide reference for the design of pedestrian suspension bridge in the scenic spot in future.

Keywords：pedestrian suspension bridge, structural system, wind effect, static and dynamic characteristic, human induced vibration analysis, bridge deck

1. 引言

景区人行悬索桥是指以缆索作为桥跨上部结构主要承重构件，建设于景区供人行走的桥梁。这类桥梁一般采用钢结构作为桥面梁直接承受并传递荷载，多以钢化玻璃、钢板或木板等作为桥面板。

与公路悬索桥有所不同，景区人行悬索桥具有以下特点：①无交通等重荷载，设计荷载较小；②以缆索作为主要承重构件，能充分发挥材料强度，材料用量少，结构整体更轻柔；③结构自振频率低、阻尼小，人致振动和风振问题需要特别关注；④施工方便，无需大型吊装设备，能满足快速施工的要求。

景区人行悬索桥往往是景区的地标式建筑，具有相对经济投入少、吸引游客和经济回报高等优势，尤其随着张家界和天蒙山等地人行悬索桥项目的成功运营，使得景区人行悬索桥在全国范围内广泛兴起。然而，在景区人行悬索桥项目快速建设的同时，却没有正式实施的技术规范或行业标准来指导人行悬索桥的结构设计。现有的人行悬索桥项目在缺少适用规范的情况下，只能参考相关的公路桥梁设计规范、建筑设计规范或游艺设施设计规范进行设计，而这些规范中的许多设计规定并不统一和完整，也不适用于人行悬索桥，容易造成桥梁建设、运营期间的安全隐患。

本文以正在报批中的《景区人行悬索桥工程技术规程》（以下简称《规程》）的相关规定对人行悬索桥的常见结构体系及其特点进行介绍，再对人行悬索桥设计关键问题进行梳理并提出建议。

2. 景区人行悬索桥结构体系

根据《规程》定义，"景区人行悬索桥可采用吊挂式、索承式、单边支承等布置形式。桥面系统两侧宜设置抗风缆。采用吊挂式结构体系时，可分为单跨、多跨等结构形式，桥面梁宜连续布置；采用索承式结构体系时，桥面梁可分段固定于主缆；采用单边支承式结构体系时，桥面需采用弧线形布置。"景区人行悬索桥结构体系如图1所示。

2.1 吊挂式结构体系

吊挂式结构体系［图1（a）、（b）］的景区人行悬索桥最为常见，悬索桥由主缆、索塔、吊索、桥面系统及锚固系统组成，桥面系统通过吊索吊挂于主缆下方，主缆通过索塔悬挂并锚固在两端。这一类型的景区人行悬索桥建造时多借鉴现有的公路悬索桥的经验，同时结合民用建筑结构技术发展的最新成果。受建造地形的限制，该类景区人行悬索桥通常为单跨结构体系，但条件合适时，也可以建造为多跨悬索桥。景区人行悬索桥荷载小，桥面梁截面小，梁与塔桅之间宜采用简支或悬浮的连接方式，避免梁塔连接处产生过大弯矩。图2所示为山东沂蒙天蒙山悬索桥，采用吊挂式结构体系，主跨420m，宽4m，距谷底高度143m。

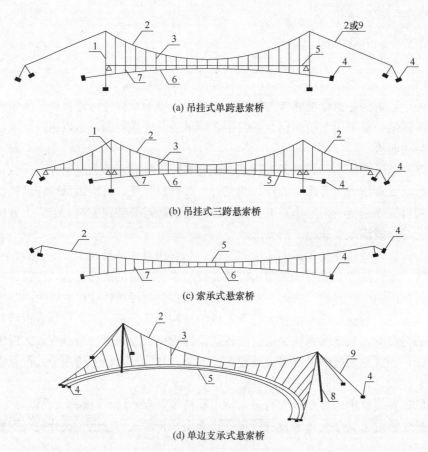

(a) 吊挂式单跨悬索桥

(b) 吊挂式三跨悬索桥

(c) 索承式悬索桥

(d) 单边支承式悬索桥

1—索塔；2—主缆；3—吊索；4—锚锭；5—桥面系统；6—抗风缆；7—抗风拉索；8—桅杆；9—背索

图1　景区人行悬索桥结构体系

图2　山东沂蒙天蒙山悬索桥

2.2　索承式结构体系

索承式结构体系 [图1（c）] 的悬索桥将桥面系统直接固定于主缆，桥面板需沿主缆的曲线布置，这样在桥面纵坡较大处需设置阶梯以便行人行走。这类结构体系历史悠久，曾经广泛应用于我国西南山区。为了让桥面体系只参与荷载传递，不参与主体结构的受力，桥面梁多采用分段结构体系；同时，由于索形为曲线，将桥面梁分段制作并固定于主缆可便于安装。图 3 所示为河北平山县红崖谷悬索桥,采用索承式结构体系,主跨 488m,桥面宽 2m,距谷底高度 218m。

图 3　河北红崖谷悬索桥

2.3　单边支承式结构体系

单边支承式结构体系 [图 1 (d)] 是近代发展起来的一种结构体系,多建于公园,景区也有建造。这一结构体系的桥面梁采用弧线形布置,主缆与吊索单边布置并通过索塔锚固,沿弧线内侧或外侧斜拉桥面,形成一种空间受力平衡系统。单边曲线人行悬索桥的受力原理是"一个圆弧形的桥面只需要沿着一条弧线有铰接的支座,就不会向下翻转[1]"。2003 年在德国波鸿建成的加仑索人行桥就是这种类型的悬索桥,如图 4 (a) 所示,其桥面为两段圆弧拼接而成的 S 形,两根斜柱索塔仅在圆弧的内侧通过单边布置的主缆承担桥面荷载。其受力简图如图 4 (b) 所示。

(a) 人行桥实景

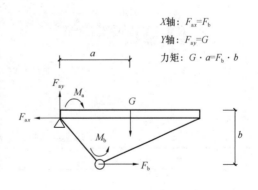

(b) 受力简图

图 4　德国波鸿加仑索人行桥

3. 景区人行悬索桥的合理设计参数

据不完全统计，全国范围内已建成超过 200 座景区人行悬索桥（不含玻璃栈道），其中绝大多数是近 5 年内建成并投入使用的。经过调研，获得其中 38 座建成桥梁的项目信息和工程参数。统计结果显示，吊挂式悬索桥有 32 座，占比 84.2%；索承式悬索桥有 3座，占比 7.9%；单边支承式曲线悬索桥有 3 座，占比 7.9%。在景区人行悬索桥中，吊挂式悬索桥处于绝对主导地位。有 29 座吊挂式悬索桥的主缆垂跨比在 1/14～1/9 之间，占吊挂式悬索桥的 90.6%，而主跨 100m 以上的吊挂式和索承式悬索桥全部设有抗风缆。

综合调研结果及相关研究文献可知[2]，现有人行悬索桥的主缆垂跨比一般在 1/17～1/9 之间。《公路悬索桥设计规范》JTG/T D65—2015 指出："主缆垂跨比应考虑经济性和全桥结构刚度的需要，宜在 1/11～1/9 的范围内确定。"但景区人行悬索桥有其自身特点，为了获得更为合理、经济的设计参数，本文以一座典型的吊挂式人行悬索桥为例，分别研究主缆垂跨比、抗风缆倾角和空间主缆倾角这几项参数对结构力学特性的影响，通过所得的规律总结出景区人行悬索桥主要设计参数的合理取值范围。

3.1 分析模型

选取一座典型的吊挂式人行悬索桥，其有限元模型如图 5 所示。原桥梁主跨跨度为 300m，垂跨比为 1/9.67，两边跨跨度为 71m，两侧桥塔高度为 36m；抗风缆对称布置，跨度为 272m，面内垂度为 29.75m，抗风缆垂跨比为 1/9.14，与竖直平面倾角为 40°。结构主要构件截面规格见表 1。

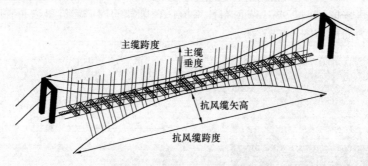

图 5　典型的吊挂式人行悬索桥有限元模型

结构主要构件截面规格	表 1
构件	截面规格
主缆	19 束 $\phi5\times127$
抗风缆	2 束 $\phi98$
吊索/抗风拉索	$\phi5\times37$
纵桥向主梁	□500×200×14×14
横桥向次梁	□500×200×14×14

对于人行悬索桥而言，静力分析结果主要比较缆索拉力及桥面位移。以下分别研究主

缆垂跨比、抗风缆倾角和空间主缆横向倾角的影响。对比某个参数时，其余设计参数均与原模型保持一致。

3.2 主缆垂跨比

考虑到人行悬索桥设计荷载较小，适当放宽对比范围，本研究涉及的主缆垂跨比在1/18～1/6之间（即垂度16.7～50m），垂度调整过程中，主缆最低点高度保持不变。不同主缆垂度下，成桥态主缆索力如图6所示，恒荷载与活荷载共同作用下的主缆跨中竖向位移如图7所示。

随着主缆垂度的增加，成桥态主缆索力与"恒＋活"作用下的竖向位移，均呈先陡后缓逐渐减小的变化趋势，下降斜率在垂跨比1/12附近出现转折。当垂跨比大于1/12时，主缆索力减小至20000kN以内。可见主缆垂跨比在1/12～1/10的范围内效率较高。

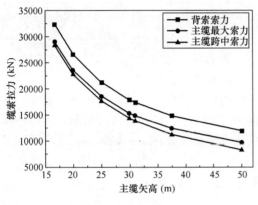

图 6　不同主缆垂度下主缆索力

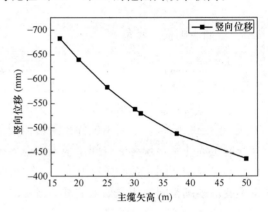

图 7　不同主缆垂度下主缆跨中竖向位移

3.3 抗风缆倾角

人行悬索桥一般需要设置抗风缆来增加结构刚度，提高抗风稳定性。本研究中将抗风缆平面与竖直平面的夹角定义为抗风缆倾角，并在0°～90°之间进行对比。不同抗风缆倾角下，成桥态主缆索力如图8所示，桥面最大水平位移如图9所示。

随着抗风缆倾角的增大，成桥态抗风缆索力基本保持不变，但抗风缆向桥面传递的竖向分力逐渐减小，因此成桥态主缆索力逐渐减小。抗风缆倾角从0°增大到90°，成桥态主缆最大索力减小9.6%，影响相对有限。

0°（完全竖直）抗风缆模型相较于无抗风缆模型，水平位移减小20.5%，也就是说，即使条件受限，抗风缆设置位置很不理想，抗风缆的设置依然可以较大程度地改善人行悬索桥结构的横桥向静动力性能。完全竖直的抗风缆在"恒＋活"荷载作用下虽然不提供水平拉力，但当桥面发生一定的水平位移时，抗风缆平面形成倾斜面，此时抗风缆便能产生水平拉力，从而参与抵抗风荷载。随着抗风缆倾角从0°增加到45°，水平位移减小62.6%；当倾角超过45°后变化趋平缓，继续增加倾角至75°，水平位移减小18.7%。倾角大于75°时，水平位移反而略有增加。

根据上述对比，抗风缆倾角取为30°～60°时受力性能较好。

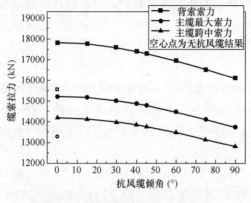
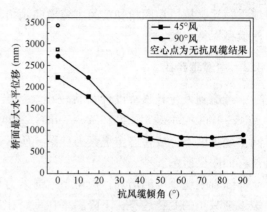

图 8　不同抗风缆倾角下主缆索力　　　　图 9　不同抗风缆倾角下桥面水平位移

3.4　空间主缆横向倾角

当人行悬索桥项目由于地形原因或景观要求，无法设置抗风缆时，也可采用倾斜的空间主缆承重，从而增加结构的横向刚度，同时承受风荷载。

平面主缆悬索桥的吊杆及主缆在一个竖向平面内，而空间主缆悬索桥则由主缆和吊杆组成一个三维索系。空间主缆体系又可以分为内倾式和外倾式两种，人行桥通常采用外倾式空间主缆体系，现有的空间主缆人行悬索桥的横向倾角分布在 $8°\sim42°$ 之间[3]。

本研究中空间主缆倾角在 $0°\sim45°$ 之间进行对比，主缆外倾过程中，其面内垂跨比保持不变。不同空间主缆倾角下的静力分析结果如图 10、图 11 所示。

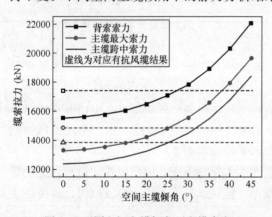
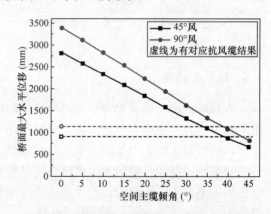

图 10　不同空间主缆倾角下主缆索力　　　　图 11　不同空间主缆倾角下桥面水平位移

成桥态主缆索力随空间主缆倾角的增加而增大，变化趋势呈先缓后陡，在 $0°\sim25°$ 区间，主缆最大索力增加 11.3%；在 $25°\sim45°$ 区间，主缆最大索力增加 32.9%；从 $0°\sim45°$，主缆最大索力增加 47.9%。当空间主缆倾角在 $25°$ 左右时，成桥态主缆索力与有抗风缆模型接近。

桥面最大水平位移随空间主缆倾角的增加而减小，变化趋势基本呈线性，$45°$ 模型较 $0°$ 模型减小了 75.9% 的水平位移。当空间主缆的倾角在 $35°\sim40°$ 之间时，桥面水平位移与有抗风缆模型接近。

根据上述对比，空间主缆倾角宜取 30°～40°，此时空间主缆所实现的平面外刚度与正常设计抗风缆的效果接近。

根据对人行悬索桥参数研究的对比，《规程》给出吊挂式悬索桥的一些合理设计参数。吊挂式景区人行悬索桥主缆垂跨比宜取 1/12～1/9，通过调整主缆的线形、刚度等，可使得桥梁在满足景观设计要求的同时，得到较好的结构稳定性及综合经济效益。若设置抗风缆，抗风缆与平行于纵桥向的竖直平面的倾斜角度宜取 30°～60°。若未设置抗风缆，在吊挂式悬索桥中将主缆沿平面倾斜布置，也可产生相同的作用，此时主缆与竖直平面的倾斜角度宜取 30°～40°。

4. 景区人行悬索桥风效应分析和抗风措施

景区人行悬索桥的结构特点是体型细长，刚度小，整体轻柔。因此，风荷载是人行悬索桥设计的控制荷载之一，除静风荷载分析外，风致稳定性也是人行悬索桥面临的重要问题。

4.1 抗风设计流程

根据《规程》规定，景区人行悬索桥及构件在风荷载作用下应进行以下分析：
（1）验算结构构件在风荷载作用下的承载力。
（2）设计风速条件下，验算桥面的静风横向稳定性、静风扭转稳定性、驰振稳定性及颤振稳定性，验算吊索的尾流驰振稳定性。
（3）运营风速条件下，验算桥面的静风横向稳定性、静风扭转稳定性、驰振稳定性、颤振稳定性及涡激振动位移幅值。
景区人行悬索桥及构件可按图 12 所示流程进行抗风设计。
由上文可知，风荷载取值可分为设计风荷载（可参考现行《建筑结构荷载规范》GB 50009 确定）和运营阶段的风荷载。风速过高时，行人行走会出现一定的困难，且容易造成行人恐慌。为保障运营安全，《规程》建议"天气恶劣或桥面风速大于 6 级风时，应停止运营"，同时，建议"运营阶段桥面处的设计基准风速可取 15m/s"。
《规程》对设计风和运营风分别采用不同的荷载组合，同时也有不同的设计控制要求。例如"人群荷载仅与运营阶段风荷载组合"；"在风荷载标准值下（设计风），桥面梁的最大横向位移不宜大于计算跨度的 1/150；在运营阶段风荷载作用下，桥面梁的最大横向位移不宜大于计算跨度的 1/500。"

4.2 抗风结构体系

对于大跨度景区人行悬索桥，桥面系统两侧宜设置抗风缆，以调整竖向、水平刚度，防止风荷载作用下变形过大，抗风缆对提高桥梁的风致稳定性有一定帮助。实际工程中也有未设置抗风缆，而采用主缆空间倾斜布置的方式解决抗风稳定性问题的方案。人行悬索桥抗风结构体系如图 13 所示。

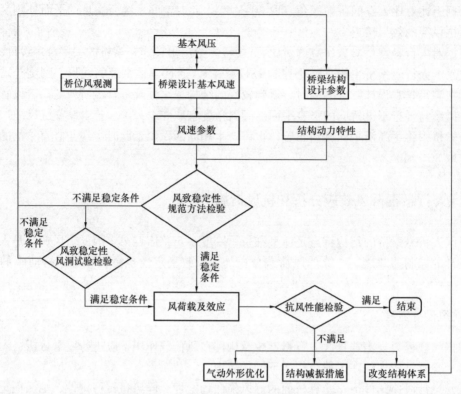

图 12 抗风设计流程

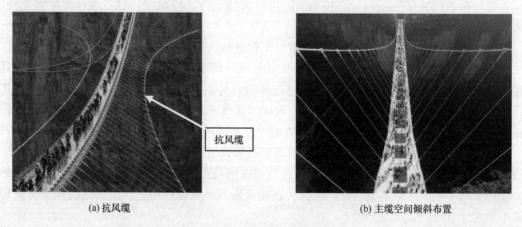

(a)抗风缆   (b)主缆空间倾斜布置

图 13 人行悬索桥抗风结构体系

5. 景区人行悬索桥的人致振动分析

5.1 人行悬索桥的自振特性

人行悬索桥结构自振频率低、阻尼小，人致振动分析也是设计的关键环节。频率无疑是反映结构刚度的重要参数，我国现有规范从限制自振频率下限的角度对人行桥振动舒适度提出了规定：《城市人行天桥与人行地道技术规范》CJJ 69—1995 规定人行桥的竖向频率不应小于 3Hz；《建筑楼盖结构振动舒适度技术标准》JGJ/T 441—2019[4] 则要求连廊和室内天桥的第一阶横向自振频率不宜小于 1.2Hz，同时条文说明指出"大量工程实测和数值分析也表明，当连廊和室内天桥的第一阶竖向自振频率小于 3Hz、横向自振频率小于 1.2Hz 时，需要采取减振措施"。

为了了解景区人行悬索桥的自振特性，这里对两座景区人行悬索桥进行分析。

河北省某景区人行悬索桥采用索承式结构体系，跨度为 442m，垂跨比为 1/20，采用玻璃桥面，桥面宽 2m，其前 3 阶自振特性如表 2 所示，前 3 阶振型如图 14 所示。江西某吊挂式悬索桥主跨跨度为 300m，矢高 31m，垂跨比为 1/9.67，采用玻璃桥面，其前 3 阶自振特性如表 3 所示，前 3 阶振型如图 15 所示。

河北某索承式悬索桥主要自振频率及振型　　　　　　　表 2

阶数	频率（Hz）	周期（s）	振型描述
1	0.262	3.82	1 阶对称横弯
2	0.279	3.58	1 阶反对称竖弯
3	0.309	3.24	2 阶对称竖弯

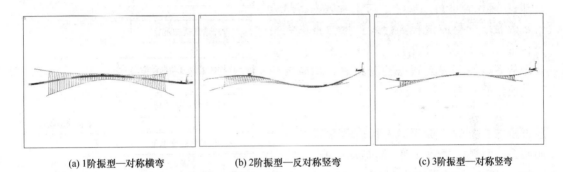

(a) 1 阶振型—对称横弯　　　　(b) 2 阶振型—反对称竖弯　　　　(c) 3 阶振型—对称竖弯

图 14　河北某索承式悬索桥主要振型

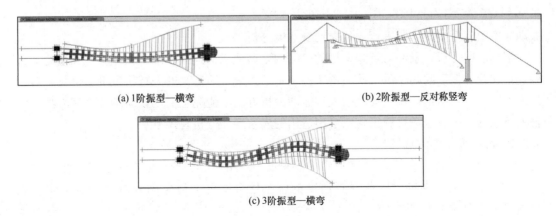

(a) 1 阶振型—横弯　　　　　　　　　(b) 2 阶振型—反对称竖弯

(c) 3 阶振型—横弯

图 15　江西某吊挂式悬索桥主要振型

振型	频率（Hz）	周期（s）	振型形态
1	0.180	5.56	结构横向
2	0.237	4.22	结构竖向
3	0.283	3.54	结构横向

江西某吊挂式悬索桥主要自振频率及振型　表3

通过上述分析可知，景区人行悬索桥结构体系轻柔，自振频率极低，无论结构横向还是竖向频率均远低于规范限值，因此采用限制频率的方法去控制此类人行桥振动舒适性，显然是不合适的。

5.2　景区人行悬索桥人致振动分析的方法

参考《德国人行桥设计指南》EN 03—2007（以下简称《指南》）的主要流程，人致振动设计的主要流程如图16所示[5,6]。

5.2.1　计算自振频率

首先计算人行悬索桥的自振频率。《指南》指出，当行人的模态质量大于桥梁模态质量的5%时，建议考虑行人质量。对于景区人行悬索桥，因为结构整体很轻，行人重量通常占到桥梁自重及恒荷载总和的10%以上，因此在计算自振频率以及开展人致振动分析时，均应考虑行人质量的影响。

值得一提的是，在《指南》中，考虑人行悬索桥可能由第2阶简谐人行荷载激励产生竖向共振，而横向振动仅受1阶振动影响。对于1阶竖向自振频率满足 $1.25\text{Hz}\leqslant f\leqslant 2.3\text{Hz}$，2阶竖向频率满足 $2.5\text{Hz}\leqslant f\leqslant 4.6\text{Hz}$，横向频率满足 $0.5\text{Hz}\leqslant f\leqslant 1.2\text{Hz}$ 的桥梁，认为其处于人致振动频率敏感范围内，应进行人致振动舒适度分析。

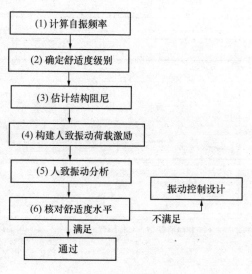

图16　人致振动设计流程

根据前述分析，景区人行悬索桥的自振频率远低于上述频率限值，但我们知道此类桥梁仍存在人致振动问题，只是此类桥梁超出了《指南》所定义的人行桥范围。可见，对于景区大跨人行悬索桥，现有规范的人致振动分析方法不能完全套用，需参考现有方法，结合人行悬索桥的特点进行修正，以给出适用的人致振动分析建议方法。

5.2.2　舒适度指标的选择

对于景区人行悬索桥，没有必要按照屋盖楼盖的振动舒适度进行要求，此时行人上桥对振动是有预期的，因此对舒适度的敏感性会降低。但考虑到景区人行悬索桥人行密度大，且多数位于高空，因此《规程》的舒适度"合格"标准比《指南》有所提高，避免因人行振动过大出现行人摔倒等安全问题。《规程》规定的行人舒适度评价标准如表4所示。

行人舒适度评价标准 表4

舒适级别	舒适度	竖向峰值 加速度范围（m/s²）	侧向峰值 加速度范围（m/s²）	使用要求
CL1	良好	<0.5	<0.1	正常使用
CL2	合格	$0.5\sim1.0$	$0.1\sim0.3$	正常使用

5.2.3 结构的阻尼

阻尼比与结构的荷载状态密切相关，在正常使用状态下，人行悬索桥的阻尼比非常低。《规程》参考《指南》，纯钢桥的阻尼比可取 $0.2\%\sim0.4\%$。若桥面板采用混凝土板或木板，阻尼比可适当加大。

5.2.4 构建人致振动荷载激励

人致振动荷载激励可表达下式：

$$P(t) = P_b \times n' \times \psi \times \cos(2\pi f_s t) \tag{1}$$

式中，$P(t)$ 为单人行走时产生的作用力；n' 为等效同步行人数，当行人密度大于 1.5 人/m² 时，行人将难以行走，因此动力作用明显减小，所以行人密度不大于 1.5 人/m²；f_s 为人行步频，在《指南》中取为人行桥的基频，但对于景区人行悬索桥，因为基频过低，若按照基频构造的人行荷载过于缓慢，如频率为 $0.3\mathrm{Hz}$，则每分钟仅走 18 步，这不符合实际人行的步频，也不会引起较大的动力响应。陈政

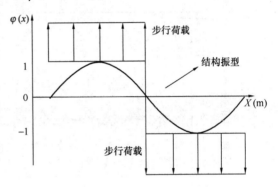

图17 行走激励按结构振型加载

清针对我国行人进行观测统计得到的步频均值为 $1.825\mathrm{Hz}$[7]。因此《规程》建议改为按实际步行频率，在 $1.5\sim2.5\mathrm{Hz}$ 区间中取值，步频激励符合实际且振动更大；ψ 为考虑频率的荷载折减系数。

《指南》指出，行走激励应按结构振型加载，这样较容易激发较大的动力响应。如图 17 所示。

对某景区人行桥开展"人群激励按振型加载对桥梁加速度响应的影响"研究。

激励频率为 $1.8\mathrm{Hz}$ 时，由于 $1.8\mathrm{Hz}$ 与该桥的第 14 阶反对称竖弯振型（自振频率 $1.774\mathrm{Hz}$）最为接近。如果按照第 2 阶振型（反对称竖弯）加载，计算得到的竖向峰值加速度分布与第 14 阶反对称竖弯振型基本吻合，最大竖向峰值加速度较大；而按全桥同向加载或按第 3 阶振型（对称竖弯）加载，由于激励分布不是反对称，因此不容易激发激励频率对应振型的有效整体振动。如图 18（a）所示。

以 $1.9\mathrm{Hz}$ 激励频率进行同样的激励分布对比。不同激励分布下的桥面峰值加速度沿纵桥向分布情况如图 18（b）所示。$1.9\mathrm{Hz}$ 与结构第 15 阶对称竖弯振型频率相同。按激励对称分布加载时获得的峰值加速度远大于按第 2 阶振型（反对称竖弯）加载时的峰值加速度，对比得到的结果符合上述规律。

因此，《规程》规定"人群荷载的加载方向可按结构振型确定"。实际设计中，为获得

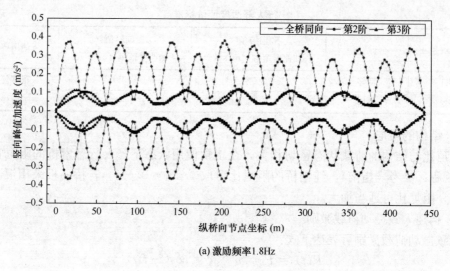

(a) 激励频率1.8Hz

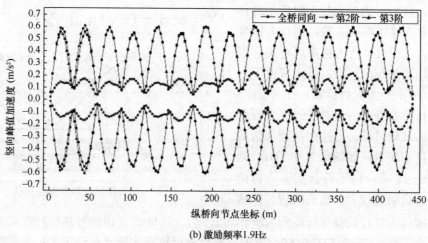

(b) 激励频率1.9Hz

图18　不同激励分布下的竖向峰值加速度沿纵桥向分布

最不利的人致振动响应，可首先根据激励频率估计结构预期的整体振动振型，当激励频率与结构某一阶对称竖弯振型频率接近时，人群行走激励取为全桥同向分布；当激励频率与结构某一阶反对称竖弯振型频率接近时，人群行走激励则按悬索桥的第1阶反对称竖弯振型分布即可。

5.2.5　人致振动分析

　　采用构造的人致振动荷载激励，按确定的分布形式进行加载，采用时程分析法开展人致振动动力分析。由于景区人行悬索桥自振周期长，在进行人致振动分析时，达到振动响应峰值需一定时间，因此《规程》建议动力分析激励时长不宜小于30s。

5.2.6　核对舒适度水平及振动控制

　　《规程》指出，当人致振动响应不能满足要求时，宜优先考虑采用增加结构刚度、增加结构阻尼、设置调频质量阻尼器等减振措施减小振动加速度。

6. 玻璃桥面板设计

人行悬索桥的桥面材料一般可选用玻璃、木材、混凝土板、钢板等，为了追求美观与刺激的娱乐效果，景区人行悬索桥常常采用玻璃桥面板。在调研的 38 座已建成人行悬索桥中，68.4％的桥梁采用了玻璃桥面板。对于玻璃桥面板，《规程》中有如下设计建议：

（1）"玻璃面板宜采用四边支承方式。"点支承玻璃面板在支承点会产生应力集中，增加玻璃面板破坏风险，因此应采用四边支承的方式。

（2）"玻璃面板应采用夹层玻璃，宜选择三层及以上的玻璃进行夹层。"玻璃为脆性材料，易破裂，钢化玻璃有自爆现象，而且有局部破坏时整体立即爆裂的破坏特点。因此，应当考虑有一层玻璃破坏时，玻璃面板仍然有足够的承载力，应采用夹层玻璃。

（3）"玻璃面板挠度不应大于短边长度的 1/200。"人走在玻璃面板上需要一定的安全感，所以对桥面板玻璃挠度变形应严格限制。

（4）"夹层玻璃中任意一片玻璃发生破损后，应验算玻璃面板的承载力。"为保证游客安全，桥面板采用玻璃地板时，玻璃地板设计遵循两状态设计法：玻璃面板完整，可以整体受力，在承受设计荷载作用时，桥面板变形及承载能力均满足规定；当玻璃面板任意一片出现破损时，玻璃面板不会完全破坏，作为一种偶然情况，可以适当放大其变形限制，并取长期荷载作用下玻璃强度设计值的 1.5 倍来验算玻璃面板的承载能力，以保证玻璃面板上的人员可以及时安全转移到安全区域。

（5）"对于采用玻璃材质的桥面，应有防止尖锐物体直接接触玻璃的措施。"例如在景区运营时宜要求游客穿上鞋套以防止玻璃桥面出现划痕，造成玻璃破碎的隐患。

（6）"构成夹层玻璃的玻璃宜采用均质钢化玻璃或半钢化玻璃。"为降低钢化玻璃自爆风险，应对钢化玻璃进行均质处理，或采用半钢化玻璃面板。在工程实践中，可以通过选择超白玻璃、均质处理等方式降低玻璃自爆的风险。

7. 总结

大跨度景区人行悬索桥通常是景区的地标式建筑，由于人行悬索桥自身特点，其设计具有特殊性，但目前却没有正式实施的规程或标准来指导此类桥梁的结构设计。本文对人行悬索桥的常见结构体系及其特点进行介绍，并结合报批中的《景区人行悬索桥工程技术规程》的相关规定，对景区人行悬索桥的合理设计参数选用、风效应分析、人致振动分析及玻璃桥面板设计四个方面的设计关键问题提出了建议，希望为工程设计人员提供参考和借鉴。

参考文献

[1] 博格勒，施马尔，弗拉格．轻·远——德国约格·施莱希和鲁道夫·贝格曼的轻型结构[M]．陈神周，葛彦龙，张晔，译．北京：中国建筑工业出版社，2004.

[2] 周青松．人行悬索桥参数分析与优化设计[D]．杭州：浙江大学，2010.

[3] 刘玉辉．人行玻璃悬索桥静动力特性分析[D]．石家庄：石家庄铁道大学，2017.

［4］ 住房和城乡建设部. 建筑楼盖结构振动舒适度技术标准：JGJ/T 441—2019［S］. 北京：中国建筑工业出版社，2019.

［5］ Research Found of Coal and Steel. Design of footbridges, Guideline：EN03［S］. Aachen, Germany，2008.

［6］ 陈政清，华旭刚. 人行桥的振动与动力设计［M］. 北京：人民交通出版社，2009.

［7］ 陈政清，刘光栋. 人行桥的人致振动理论与动力设计［J］. 工程力学，2009，26(S2)：148-159.

03 北京冬奥场馆的传承与创新

薛素铎

（北京工业大学空间结构研究中心，北京）

摘 要：本文针对北京冬奥场馆的传承与创新，论述了北京冬奥场馆总体概况、既有场馆的升级改造，以及绿色办奥，实现低碳、可持续的做法。针对既有场馆的传承利用与再创新，介绍了国家体育场、国家游泳中心、国家体育馆、五棵松体育中心、首都体育馆和云顶滑雪公园的升级改造。围绕冬奥场馆的绿色、低碳和可持续发展，介绍了国家速滑馆、五棵松冰上运动中心、国家游泳中心、国家体育馆、首钢滑雪大跳台及滑雪胜地的实践做法。最后，对 2022 年北京冬奥会的成功经验进行了概括总结。

关键词：冬奥场馆，传承，创新，升级改造，绿色，低碳，可持续

Heritage and Innovation of Beijing Winter Olympic Venues

XUE Suduo

（Spatial Structures Research Center，Beijing University of Technology，Beijing）

Abstract：Aiming at the heritage and innovation of Beijing Winter Olympic venues，this paper discusses the general situation of Beijing Winter Olympic venues，the upgrading and reconstruction of existing venues，as well as the practices for Green Olympic，low-carbon，and sustainable. In view of the inheritance，utilization and re-innovation of the existing venues，the upgrading and renovation of the National Stadium，National Aquatics Center，National Indoor Stadium，Wukesong Sports Center，Capital Indoor Stadium and Genting Snow Park are introduced. Focusing on the green，low-carbon and sustainable development of winter Olympic venues，the practices for the National Speed Skating Oval，Wukesong Ice Sports Center，National Aquatics Center，National Indoor Stadium，Big Air Shougang and ski resorts are presented. Finally，the successful experience of 2022 Beijing Winter Olympic Games is summarized.

Keywords：Winter Olympic Venues，heritage，innovation，upgrading and reconstruction，green，low-carbon，sustainable

1. 北京冬奥场馆总体概况

备受瞩目的北京 2022 年冬奥会已经圆满落幕，各种精彩瞬间仍然历历在目。这是一次非常成功的冬奥会，其成功不仅仅在精彩的开幕式、圆满的闭幕式、各种赛事的精心策划、疫情期间的安全组织、各种高科技手段的运用，还体现在北京冬奥场馆建设的方方

面面。

　　本次冬奥会分为北京、延庆、张家口三个赛区，共计 25 个场馆，其中竞赛场馆 12 个、非竞赛场馆 13 个。25 个场馆中 10 个为现有，6 个为计划建设，4 个为冬奥会建设，还有 5 个为临时建设。北京赛区有 6 个竞赛场馆，分别为国家游泳中心、国家体育馆、五棵松体育中心、首都体育馆、国家速滑馆、首钢滑雪大跳台，有 7 个非竞赛场馆，分别为国家体育场、首都滑冰馆、首体综合馆、首体短道速滑馆、北京奥运村、国家会议中心、北京赛区颁奖广场。延庆赛区有国家高山滑雪中心、国家雪车雪橇中心 2 个竞赛场馆，3 个非竞赛场馆为延庆奥运村、延庆山地媒体中心、延庆赛区颁奖广场。张家口赛区包含 4 个竞赛场馆，分别为国家冬季两项中心、国家越野滑雪中心、国家跳台滑雪中心、云顶滑雪公园，以及 3 个非竞赛场馆，分别为张家口奥运村、张家口山地媒体中心、张家口赛区颁奖广场。三个赛区的主要场馆情况及所承担的功能或比赛项目如表 1～表 3 所示。

北京赛区主要场馆　　　　　　　　　　　　　　　　　表 1

场馆名称	场馆实景	功能/比赛项目
国家体育场		开幕式 闭幕式
国家速滑馆		速度滑冰
国家游泳中心		冰壶

场馆名称	场馆实景	功能/比赛项目
国家体育馆		冰球
五棵松体育中心		冰球
首都体育馆		短道速滑 花样滑冰
首钢滑雪大跳台		自由式滑雪 单板滑雪

延庆赛区主要场馆 表2

场馆名称	场馆实景	功能/比赛项目
国家高山滑雪中心		高山滑雪
国家雪车雪橇中心		雪车 钢架雪车 雪橇

张家口赛区主要场馆 表3

场馆名称	场馆实景	功能/比赛项目
国家冬季两项中心		冬季两项
云顶滑雪公园		自由式滑雪 单板滑雪

54

场馆名称	场馆实景	功能/比赛项目
国家跳台滑雪中心	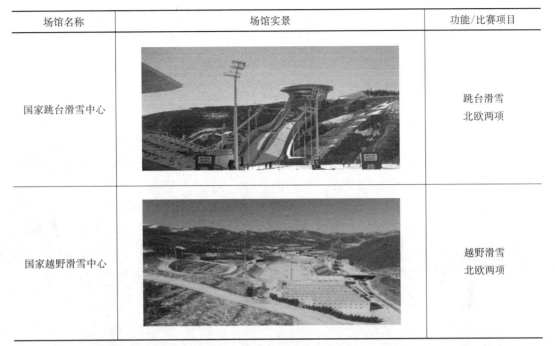	跳台滑雪 北欧两项
国家越野滑雪中心		越野滑雪 北欧两项

2. 既有场馆的升级改造、传承与创新

北京是世界上首个"双奥之城"，2022年冬奥会场馆建设的一大特点就是最大程度上利用2008年夏季奥运会的成果，通过对既有场馆的升级改造，打造一批"双奥场馆"，实现绿色、低碳、可持续发展。因此，奥运场馆的传承利用与再创新成为本次冬奥会场馆建设的核心。通过改造北京夏季奥运会场馆，满足冬奥会项目的需求功能，使一些老场馆重新焕发了生机。

2.1 国家体育场"鸟巢"——全球第一个"双奥体育场"

国家体育场（图1）是2008年北京夏季奥运会主体育场，本次作为2022年北京冬奥

图1 国家体育场

会的开幕式、闭幕式场馆，是全球第一个"双奥体育场"。体育场的改造围绕绿色办奥、节俭办奥理念，主要对无障碍设施系统、景观照明系统、观众服务设施系统及其他设施设备系统四大方面共计 37 个分项进行提升，以满足冬奥会开幕式、闭幕式活动和场馆的可持续发展需求。

2.2 国家游泳中心——"水立方"变"冰立方"

国家游泳中心"水立方"（图 2）是 2008 年北京夏季奥运会主游泳馆，本次作为 2022 年北京冬奥会的冰壶比赛场馆，是世界上唯一一个水上运动项目和冰上运动项目可自由转换的大型比赛场馆。冰壶比赛需要极其稳固的场地，对冰面的光滑度和平整度要求极高，之前的冬奥会都是在永久混凝土地板上的冰面进行。本次"水转冰"场馆改造，建设团队对多种方案进行了对比和实验，最后选定了钢骨架和轻质混凝土预制板组合的结构体系，形成可拆装的比赛场地（图 3）。通过"水冰转换"，建造出 4 条冬奥标准的冰壶赛道，"水立方"成功变身为"冰立方"，是冬奥会历史上最大体量的冰壶场馆（图 4）。

图 2　国家游泳中心

图 3　钢骨架-混凝土预制板转换体系

图 4　"冰立方"内景

2.3 国家体育馆——变身冰球圣殿"冰之帆"

国家体育馆（图 5）是 2008 年北京夏季奥运会三大主场馆之一，本次作为 2022 年北京冬奥会的冰球比赛场馆，变身为冰球圣殿"冰之帆"。主场馆、副场馆为改建建筑，北侧训练馆为扩建建筑，改建后场馆总面积约 9.8 万 m²，形成了主场馆、副场馆和训练馆共同组成的新建筑格局。国家体育馆的升级改造，在外观尽可能保持原有风貌基础上，新建训练馆外立面采用863块压花玻璃垒砌出"冰堡"造型玻璃幕墙，凸显冬奥会冰雪元素（图6）。为提高结构抗震性能，减小温度效应，在新建训练馆柱顶设置了摩擦摆隔震支座和电涡流阻尼器组合隔震系统。为解决训练馆高度受限问题，将训练冰场上方的结构桁架层与赛时运行的功能房间相结合，集约利用结构桁架层空间，减小建筑空间体量，降低建筑能耗，节省造价。场馆改造后，实现了具有运营冬季和夏季运动项目的"两栖"能力，8h可实现冰球和篮球的场地转换。

图5　国家体育馆　　　　　　　　　　　　　　　图6　"冰堡"造型

2.4　五棵松体育中心——篮球胜地变冰球赛场

五棵松体育中心（图7）是2008年北京夏季奥运会篮球比赛馆，本次作为2022年北京冬奥会的冰球比赛场馆，是国内首个可在一块比赛场地同时举办篮球、冰球两种职业体育赛事的场馆，可在6h内实现冰球、篮球两种比赛模式的转换，改造后的冰球赛场如图8所示。本次场馆改造充分利用新理念、新材料、新科技，在场馆综合高效利用、节能降耗、竞赛观赛环境等方面实现突破。场馆新建了电动伸缩看台系统，满足不同赛事、文化活动的观看需求。重点对现有照明设施和显示系统进行了改造，大幅提升了观赛体验。改造后的场馆可作为篮球、冰球、短道速滑、花样滑冰、文艺演出、健身娱乐通用型场馆，成功实现了多功能型场馆的升级改造。

图7　五棵松体育中心　　　　　　　　　　　　图8　改造后的冰球赛场

2.5　首都体育馆——老场馆新变化

首都体育馆（图9）初建于1968年，是20世纪60年代中国规模最大、设备最先进的综合性多功能体育场馆，是2008年奥运会排球比赛主赛场，本次作为2022年北京冬奥会短道速滑和花样滑冰比赛场馆。本次场馆的升级改造秉承"修旧如旧"的理念，充分利用现有场馆设施，主要改扩建内容为比赛场地设施的改造。对于围护墙体的改造，在外形不变的基础上于内侧增加保温材料，提高建筑的节能性。对于内部设施的改造，核心在于功能技术和使用体验方面满足冬奥赛时要求，主要包括照明系统、灯光系统、无障碍座席、制冰系统、场馆恒温恒湿等。另外，在场馆的升级改造中充分利用了各种高科技手段，如先进环保的制冰技术、CFD 环境模拟技术、设备楼宇自控系统、全程可视化监控系统、5G 网络覆盖等，充分实现了"科技办奥"。改造后的场馆内景如图 10 所示。

图 9　首都体育馆 图 10　改造后的场馆内景

2.6　云顶滑雪公园——既有滑雪场的绿色升级改造

云顶滑雪公园（图 11）是 2022 年北京冬奥会雪上项目中唯一一个对既有滑雪场地的升级改造项目，其余雪上项目场馆均为新建。升级改造的核心是通过可持续的场馆设计来衔接冬奥赛事和雪场的长期运营，将大部分既有设施纳入冬奥的整体运行。场地内不设置永久性体育场馆设施，而通过大量临建设施来满足功能需求。场馆配套功能空间有 87%通过临时设施提供，形成灵活装卸的集装箱式房为主、帐篷和其他结构为辅的临建形式。为确保赛道赛时风速不超过 3.5m/s 的比赛要求，由石家庄铁道大学刘庆宽教授团队研发的防风网系统（图 12），在比赛中发挥了重要作用，受到运动员的好评。云顶滑雪公园赛后将作为奥运遗产永久保留，成为国际赛事和大众冰雪运动推广基地。

图 11　云顶滑雪公园 图 12　防风网

3. 绿色办奥，实现低碳、可持续

北京冬奥会的办会理念是：绿色、共享、开放、廉洁。根据我国提出的 2030 年前实现"碳达峰"、2060 年前实现"碳中和"的"双碳"目标，绿色办奥成为本次冬奥会的核心。北京冬奥组委会承诺，要在北京冬奥会上实现碳中和。从赛区规划、场馆设计、基础设施建设、遗址保护、竞赛细节等多方面践行了绿色、低碳、可持续的发展理念。

　　首先，开幕式的点火方式就是绿色办奥的一大创新（图 13）。使用小的"微火炬"，而非传统的火炬塔，这是百年奥运史上的首次。以"微火"取代熊熊燃烧的大火，真正实现了低碳环保。火炬采用氢气作燃料，无任何碳排放，向世界充分展示了中国绿色低碳的发展理念。

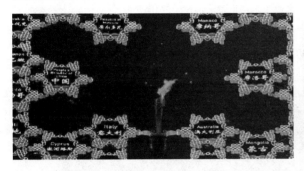

图 13　低碳环保的点火方式

3.1　国家速滑馆首次使用二氧化碳作为制冷剂

　　国家速滑馆（图 14）是 2022 年北京冬奥会主场馆，是冰上项目唯一一个新建的比赛场馆，屋面采用 198m×124m 马鞍形双曲抛物面索网，是目前世界上最大的单层索网屋盖。为实现绿色办奥，将控制制冰运行能耗作为可持续策略的重要目标，在世界上首次采用跨临界二氧化碳直冷制冰技术，将二氧化碳作为制冷剂。二氧化碳具有良好的制冷性能和优秀的环保性能，相对于传统的氟利昂，二氧化碳制冷更绿色环保，在制冷效率、制冷均匀性、热量回收等方面更有优势。使用二氧化碳制冷，不仅避免了氟利昂制冷产生的"强温室气体"，而且将二氧化碳作为资源利用，对于"碳中和"来说意义非凡。使用二氧化碳制冷比传统方式效能提升 30%，在全冰面模式下，每年制冷可节电约 200 万 kW·h，制冷系统碳排放趋于零。

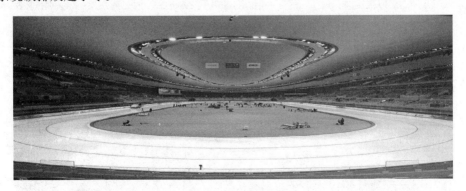

图 14　国家速滑馆

3.2 五棵松冰上运动中心"冰菱花"采用超低能耗技术

五棵松冰上运动中心（图15）是为2022年北京冬奥会新建的冰球训练馆，其特殊设计的多彩格栅外幕墙体系，让场馆得名"冰菱花"。冬奥会期间，"冰菱花"的地下冰场是运动员的训练场地，冬奥会后，将作为冬奥遗产，在赛后常年运营。为实现场馆的绿色、环保及赛后的可持续利用，采用了超低能耗专项技术建造。按照北京市规定，超低能耗公共建筑的节能率要比普通公共建筑降低60%。不同于混凝土结构的住宅，体育场馆等大型公共建筑要实现超低能耗的指标面临很大的技术挑战。为此，五棵松冰上运动中心采取了"房中房"的设计方案，冰场与其他区域之间采用了三玻两腔充氩气的玻璃幕墙，以更好地维持室内温度，隔热保温，节省能源。

图15　五棵松冰上运动中心"冰菱花"

3.3 国家游泳中心"水立方"通过多种途径实现绿色办奥

国家游泳中心（图16）针对传统场馆的改造利用，采取多种途径实现绿色办奥。在温度控制方面，通过"水立方"内、外两层膜结构气枕中间的"空腔通风"手段，使空腔内的温度降低10～15℃，大大减少了空调的利用，每年可节约百万级的用电费用。针对更衣间数量不足问题，使用了集装箱式运动员更衣间，对旧集装箱进行低碳环保的功能模块化改造，通过"快闪"模式进场安装，满足赛事运行时的运动员更衣间需求。赛后，集装箱模块可以无痕移除。针对"双奥"场馆的可持续运维，在满足冬奥会场地要求的同时，可实现赛后冬夏"冰水"双轮驱动。

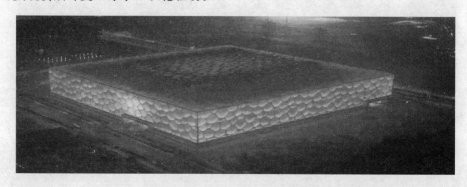

图16　国家游泳中心"水立方"

3.4　国家体育馆的绿色低碳实践

国家体育馆（图17）的改造过程遵循"绿色、低碳、节能、安全"的理念，充分体现了节能减排、绿色办奥。内幕墙使用最新型双银Low-E钢化玻璃，提高红外反射率，减少紫外线，从而提高隔热保温及隔声作用。场地照明设计采用节能环保、高效的LED光源，减小灯具发热量，降低热辐射对冰面及环境的影响，节能达70%。采用装配集装箱式更衣室，可循环利用率达到95%以上。

图17　国家体育馆

3.5　首钢滑雪大跳台实现旧有工业区的可持续利用

首钢滑雪大跳台（图18）是世界首例永久性保留和使用的滑雪大跳台场馆，在首钢工业遗址上建造，也是冬奥历史上第一座与工业遗产再利用直接结合的永久性场馆。赛后成为向公众开放的北京冬奥会标志性景观地点和休闲健身活动场地，变身服务大众的体育主题公园，很好地实现了旧有工业区的可持续利用，与城市的可持续发展紧密结合，充分体现了奥运会与区域协同发展以及与人的全面发展相结合的理念。

图18　首钢滑雪大跳台

3.6　滑雪胜地的生态环境保护、绿色节能

2022年北京冬奥会雪上项目场馆的建设，始终秉承绿色、可持续发展理念，将生态环境保护、可持续发展与冬奥工程建设一体推进，最大限度减少工程建设对既有自然环境

的扰动，使建筑景观与自然有机结合，力图建设一个融于自然山林中的绿色冬奥赛区（图19）。国家雪车雪橇中心研发"地形气候保护系统"，加盖遮阳篷降低气候因素对冰面的影响，降低能源损耗（图20）。国家高山滑雪中心采用装配式看台系统，赛后可整体拆除、循环利用，并恢复山体自然风貌（图21）。云顶滑雪公园采用装配式集装箱作为临建，实现绿色办奥（图22）。

图19 滑雪胜地的生态环境保护

图20 国家雪车雪橇中心"地形气候保护系统"

图21 国家高山滑雪中心装配式看台

图22 云顶滑雪公园装配式集装箱

4. 结束语

北京2022年冬奥会取得了巨大成功，国际奥委会主席巴赫评价为"这是一届真正无与伦比的冬奥会"。北京作为世界上首个"双奥"城市，成功经验值得总结和推广。本文针对北京冬奥场馆的传承与创新，论述了北京冬奥场馆总体概况、既有场馆的升级改造，以及绿色办奥，实现低碳、可持续的做法，成功经验可概况为：

（1）北京冬奥会秉持"绿色、共享、开放、廉洁"的办奥理念，最大特色在于努力实现精彩办赛和节俭办赛的有机统一。

（2）作为承办过夏季奥运会的城市，北京冬奥会很好地实现了奥运遗产的传承利用与再创新。通过升级改造北京夏季奥运会场馆，在最大化利用现有场馆和设施的基础上，增加冬奥会项目的需求功能，使一些老场馆重新焕发了生机。

（3）场馆建设要注重综合利用和低碳使用，应集合体育赛事、群众健身、文化休闲、展览展示、社会公益等多种功能，充分考虑赛事需求和赛后利用。

（4）场馆建设要与城市的可持续发展相结合，要从赛区规划、场馆设计、基础设施建设等多个方面综合做好生态环境保护、工业遗址利用、遗址保护、奥运遗产传承、节能环保和绿色低碳。

（5）绿色、低碳、可持续发展是北京冬奥会的一大亮点，作为在确立了"双碳"目标之后举办的国际体育赛事，绿色的北京冬奥向世界展示出了一个大国的责任与担当。

04 新型铝合金结构节点承载力性能的理论和试验研究

张其林，谭俨珂，李欣烨

（同济大学土木工程学院，上海）

摘 要：本文针对一种新型铝合金网格结构节点的承载力性能进行了试验研究和数值计算，分析了在构件轴力、平面内和平面外剪力作用下节点的承载力性能。理论和试验研究表明，与 TEMCOR 传统板式节点相比，这类新型节点具有更好的刚度和更高的极限强度，实现了板式节点轴向刚度和平面内外受剪、受弯刚度的连续性，应用于平面屋面时具有较大的安全储备。

关键词：铝合金结构，新型节点，承载力性能，理论和试验研究

Theoretical and Experimental Studies on a New Type Joint of Aluminum Structures

ZHANG Qilin，TAN Yanke，LI Xinye

(College of Civil Engineering，Tongji University，Shanghai)

Abstract：In this paper the bearing capacity of a new type joint of aluminum structures is investigated based on the experiments and numerical analysis. The relationships between the loads and deflections of this new type joint under axial，in plane and out of plane loads are studied and obtained. Theoretical and experimental studies show that this new type joint has much better stiffness and much higher ultimate strength than the traditional TEMCOR joint. The new type joint behaves the continuous resistance stiffness under axial，flexural and shearing forces and has very high safety when it is adopted in the flat roof structures.

Keywords：aluminum structures，new type joint，bearing capacity，theoretical and experimental studies

1. 前言

铝合金材料具备轻质、比强度高、耐腐蚀、装饰效果好、无磁等优点，因此特别适用于潮湿腐蚀环境下或外观要求高的大跨度空间结构，如游泳馆、会展中心、航天零磁实验室等[1-3]。自 1996 年起铝合金空间结构在我国就已经开始得到了应用，结构体系包括双层网架、焊接桁架以及单层网壳等[4]。由于铝合金材料表面存在一层熔点较高（2050℃）的氧化层，而母材熔点只有 657℃，如果没有充分清理氧化层，在母材熔融状态下未熔解的氧化层将在焊缝内部形成夹渣，在表面形成褶皱，从而产生显著的初始缺陷，影响焊缝

的力学性能。此外，铝合金材料还存在显著的焊接热影响效应，即在焊接过程中伴随大量热量输入，铝合金材料的弹性模量和强度会显著降低[5]。所以，与钢结构采用大量焊接连接相比，铝合金结构主要的连接手段是螺栓连接。自 2010 年以来，国内新建的铝合金单层网壳结构均采用了 TEMCOR 螺栓连接板式节点[6]。铝合金结构的螺栓连接中，一般不宜采用高强度螺栓，TEMCOR 板式节点中最常用的螺栓是 HUCK 环槽铆钉。HUCK 铆钉是一种承压型连接件，其极限承载力与板件厚度、螺孔排布、板材料性能有关，受力性能和破坏机理复杂。传统的 TEMCOR 板式节点采用上、下两个圆盘覆盖于铝合金网格结构节点交汇处的工字形截面构件的上、下翼缘上，通过 HUCK 螺栓连接构件翼缘板与圆盘，节点处构件腹板是截断、互不相连的。这类节点轴向刚度连续，但节点域剪切刚度较小，节点域弯曲和剪切变形对结构体系的变形影响机理复杂，所以采用 HUCK 铆钉盘式节点的传统铝合金空间网格常做成以承受轴力为主的球形网壳。但随着近年来铝合金空间结构的推广应用，出现了越来越多的采用 TEMCOR 板式节点的异形曲面、自由曲面甚至平板屋面铝合金网格结构，这类结构的广泛应用，对其适用的新型节点的研究和应用提出了迫切需求。

本文以上海世博温室实际工程为背景，对一种适用于承受轴弯剪的新型板式节点承载力进行了试验和数值计算方法的研究，研究成果有助于进一步拓展铝合金网格结构的应用范围。

2. 新型节点的构造设计

图 1 所示为上海世博温室花园效果图。温室花园秉承绿色、低碳的建设理念，对老厂房进行改造，呈现出独特新颖的建筑风格，以及丰富的景观效果。温室花园包含三个温室：云之花园、热带雨林和多肉世界馆。热带雨林和多肉世界馆屋面结构体系为双向拉索支承平面铝合金网格结构，云之花园的平面铝合金网格屋面悬挂于上部钢结构桁架。温室墙面为钢立柱支承的玻璃幕墙结构。为了增强节点平面内外抗弯和抗剪刚度及承载能力，设计单位创新设计了图 2 所示新型节点，这一节点在传统 TEMCOR 板式节点基础上增加了 π 形连接件、I 形加劲短杆、三向芯、L 形腹板连接件等，其功能如表 1 所示。

图 1　上海世博温室花园效果图

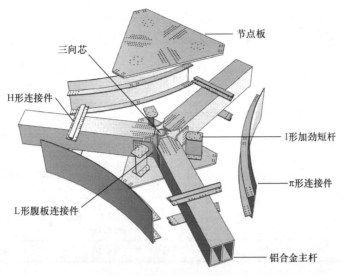

图 2　新型板式节点构造

新型节点组件功能　　　　　　　　　　　　　　　　　　　表 1

组件	作用
节点板	节点板连接所有杆件以协同工作
三向芯	与传统节点相比，是一种新增的中心连接件，能够传递轴向力和剪力
L形腹板连接件	在三个铝合金杆之间传递剪切力
I形加劲短杆	放置在三向芯与π形连接件之间的空区，以避免节点板局部屈曲
铝合金主杆	铝合金箱形主杆是主要的受力构件
π形连接件	通过增设π形连接件扩展节点域截面，并由节点板与H形连接件将其与节点中心域连接。π形连接件做平滑处理，以避免应力集中
H形连接件	将铝合金主杆与π形连接件连接在一起，为铝合金主杆提供横向支撑

3. 新型节点的数值计算模型

本文进行了典型的三根杆件相连的新型板式节点的试验研究。其中，两根杆件远端端部固定连接于试验架上，另一根杆件远端端部通过三个千斤顶分别施加轴力 N、平面内垂直于构件轴向的荷载 V 以及平面外荷载 V_z。图 3(a) 所示为加载试验装置，图 3(b) 所

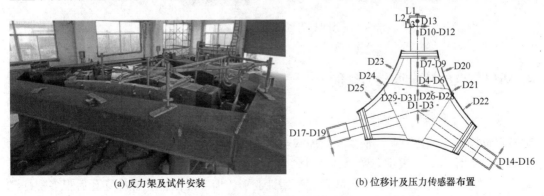

(a) 反力架及试件安装　　　　　　　　　　(b) 位移计及压力传感器布置

图 3　加载试验装置及测点布置

示为三个千斤顶压力传感器 L_1、L_2、L_3 和杆件上的位移传感器 $D_1 \sim D_{25}$ 的布置。表 2 所示为试件加载方案，其中，非破坏性试验中所施加的荷载均大于实际工程中的内力设计值。

试件加载方案   表 2

试件序号	试验序号	加载情况	复杂工况
S1	S1-1	N: 0~300kN	无
	S1-2	V: 0~100kN	无
	S1-3	V_z: 加载至破坏	无
S2	S2-1	V: 0~100kN	N: 300kN
	S2-2	V_z: 加载至破坏	N: 300kN
S3	S3-1	V_z: 加载至破坏	V: 70kN
	S3-2	V_z: 加载至破坏	N: 300kN；V: 70kN

采用 ABAQUS（2016）有限元软件进行试件的数值计算与分析，计算模型如图 4 所示，模型中考虑 747 个实体螺栓，包括 M10、M12 普通螺栓和环槽铆钉三种类型。螺栓与孔壁之间的空隙按实际情况建模。铝合金构件单元以 8 节点单元 C3D8R 为主，在不易划分网格的地方以 6 节点单元 C3D6R 细化布置。数值分析中所有材料参数均由同批次铝合金和紧固件试件按规范方法[7]试验得到。

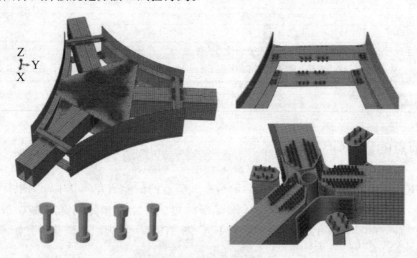

图 4　有限元模型网格划分

4. 新型节点的轴向承载力性能

试件 S1-1 在轴向荷载作用下的位移，其试验和数值计算结果如图 5 所示。数值计算时假定螺杆位于螺孔中央，轴力自 0 加载至 N_f 时螺栓摩擦面受力，自 N_f 至 N_s 轴力克服摩擦力产生了滑移，N_p 表示孔壁承压发生变形至加载杆件上共同受力的 H 形连接件破坏，自 N_p 至 N_u 轴力直接传至节点区域发生弹塑性变形。但实际试件在螺栓穿孔后很多螺杆已经与螺孔紧密接触了，所以轴力一旦加载孔壁即承压，加载至 300kN 时螺栓连接并不产生滑移，而是在摩擦力和孔壁承压作用下产生弹性变形。数值计算所得节点轴向刚度很接近。由图 5 右侧还可见，轴力一开始是传递到 H 形连接件和 3 个 π 形件上的，降低了另两根杆件所承担的荷载。当直接承受轴力的 H 形连接件螺栓断裂后，荷载才通过节点板传递到另两根杆件上，使其受压而远端 π 形件受拉，形成了一个加劲拱结构，使节点具有较好的刚度。而当轴力超过 N_u 后，拉杆拱破坏，节点丧失承载能力。

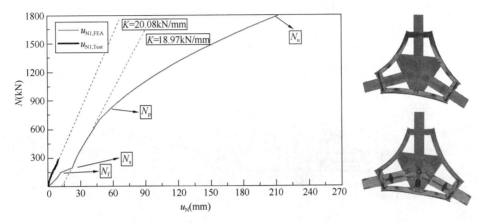

图 5　试件 S1-1 在轴向荷载作用下的位移曲线

5. 新型节点的平面内受弯承载力性能

5.1　平面内受弯作用

在加载端作用平面内集中力的试件 S1-2 的节点域弯矩和转角关系曲线如图 6 所示，其中 M_{in} 表示荷载 V 对节点板中心点的平面内弯矩，转角 φ_{in} 表示加载点至节点板中心点连线所产生的转角变形。

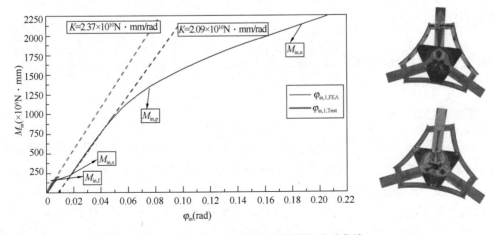

图 6　试件 S1-2 节点域弯矩和转角关系曲线

由图 6 可见，试验所得 M_{in-f}—φ_{in} 曲线呈现较好的线弹性性能，而数值计算结果表明曲线也经历了摩擦变形（$0 \sim M_{\mathrm{in,f}}$）→滑移（$M_{\mathrm{in,f}} \sim M_{\mathrm{in,s}}$）→H 形连接件共同受力（$M_{\mathrm{in,s}} \sim M_{\mathrm{in,p}}$）→节点域直接受力（$M_{\mathrm{in,p}} \sim M_{\mathrm{in,u}}$）四个阶段[8, 9]。由图 6 右侧还可见，平面内集中力 V 作用下，加载杆件面内弯曲，其上 H 形连接件将荷载部分传递至左、右 π 形件上，与传统板式节点相比明显增强了节点平面内的弯曲刚度。当 H 形连接件及左、右 π 形件与节点板处的连接失效时（对应于面内弯矩 $M_{\mathrm{in,p}}$），节点域因直接受力而变形。随荷载的增加，加载杆件在节点连接根部形成塑性铰（对应于面内弯矩 $M_{\mathrm{in,u}}$），节点失效。

5.2　平面内受压弯作用

图 7 给出了新型节点平面内压弯作用下的弯矩和转角关系曲线的试验（试件 S2-1）和数值计算结果，图中同时给出了受弯曲线的对比（试件 S1-2）。

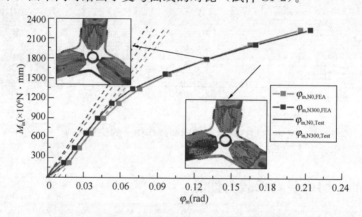

图 7　节点平面内压弯作用下弯矩和转角关系曲线

对 S2-1 试件加载时，首先施加轴力至 $N = 300\mathrm{kN}$，再加载平面内荷载至 $V = 100\mathrm{kN}$。数值计算时，加载 V 至节点破坏。由图 7 可见，轴力对节点平面内性能有一定影响，但对节点在平面内荷载作用下的极限承载力影响不大。数值计算表明，在 N 作用下部分螺栓与孔壁已经接触或压紧，在剪力作用下沿 V 方向的进一步滑移量较小，节点刚度稍大于无轴力作用下的刚度。

6. 新型节点双向压弯承载力性能

6.1　平面外受弯作用

图 8 给出了 S1-3 试件平面外受弯试验所得 M_{out}-φ_{out} 关系曲线，其中节点所受面外弯矩 M_{out} 为荷载 V_{z} 对节点板中心点的弯矩，面外转角 φ_{out} 为加载点至节点板中心点连线在平面外的转角。图中也给出了有限元数值计算结果，试验与数值计算结果吻合较好。

由图 8 可见，节点在平面外受弯时无明显的集中滑移变形现象，滑移变形是在整个变形过程中缓慢和分布式发生的，所以试验和计算所得 M_{out}-φ_{out} 关系曲线呈现一定的非线性特征。由图 8 右侧可见，在杆件端部 V_{z} 作用下，H 形连接件将部分荷载传递至左、右 π 形件上，左、右 π 形件将进一步向另两个杆件传递荷载，使连接于节点上的各个杆件均会

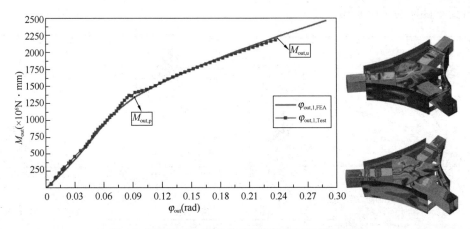

图 8   节点平面外受弯作用下弯矩和转角关系曲线

参与平面外抗弯。当 H 形连接件随 V_z 的增加而破坏时（对应的平面外弯矩为 $M_{out,p}$），荷载将直接传递至杆件与节点连接的根部、节点板与另两根杆件，节点平面外抗弯刚度明显减小，直至面外弯矩为 $M_{out,u}$，节点域发生弹塑性破坏。

6.2   节点双向压弯作用

图 9 给出了双向压弯作用下 S2-2、S3-1、S3-2 三种试件试验所得的 M_{out}-φ_{out} 关系曲线，相应的有限元数值计算结果也列于图中。

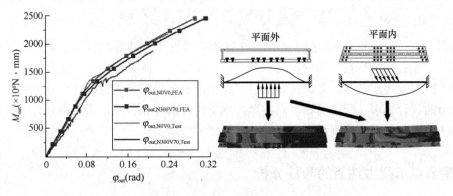

图 9   节点双向压弯作用下弯矩和转角关系曲线

由图 9 的试验和数值计算结果可见，轴力设计值 N 和平面内荷载设计值 V 对新型节点平面外抗弯刚度影响不大，但会导致节点域提前进入塑性。节点的极限承载力很大，在超过数倍设计值的最大试验千斤顶加载能力下，部分螺栓断裂，板件发生塑性变形，但节点仍具有继续承载的能力。

7. 新型节点与传统节点的力学性能比较

为进行改进的新型铝合金板式节点与传统 TEMCOR 板式节点的力学性能比较，本文进行了这两种节点类型的数值计算与分析。图 10 给出了两类节点的轴向、平面内受弯和平面外受弯性能的对比曲线。

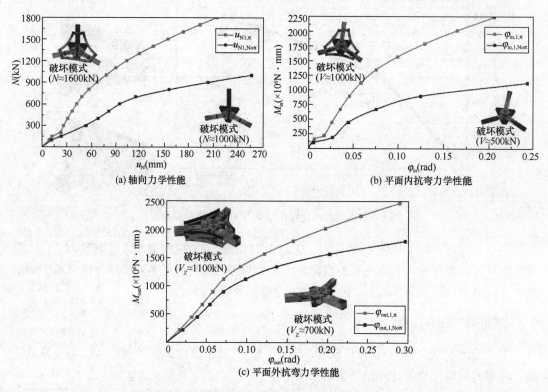

(a) 轴向力学性能

(b) 平面内抗弯力学性能

(c) 平面外抗弯力学性能

图10 新型节点与传统节点的力学性能比较

由图10可知，新型节点中的 π 形件和 H 形连接件等辅助部件对节点起到了明显的加强作用，显著提高了节点的轴向刚度和平面内、外的抗弯刚度，也大大提高了节点的极限承载力。同时也应注意到，无论是新型节点还是传统节点都能满足杆件承载力对节点域极限承载力的设计要求，所以新型节点类型为承受较大弯曲和剪切作用的铝合金空间网格结构提供了较大的节点抗弯刚度和充分的节点域强度保障。

8. 新型节点承载力性能的参数分析

依据参数化设计的思路[10-12]与经验[13-15]，建立了节点参数化模型。在此基础上，本文分别针对不同轴力 N 和不同平面内剪切力 V 作用下的新型节点，进行了平面外荷载 V_z 与相应 Z 向位移关系曲线的参数分析，如图11所示。

由图11可见，新型节点平面外弯曲极限荷载随轴向荷载的增大而明显减小，也随平面内弯矩的增大而减小。

9. 结论

（1）本文针对一种改进的铝合金新型板式节点进行了足尺加载试验，得到了在杆端三向荷载作用下的节点刚度和节点极限承载力，试验表明，与传统 TEMCOR 板式节点相

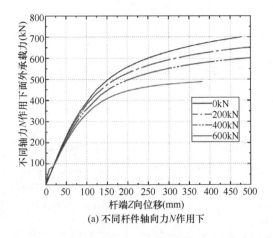
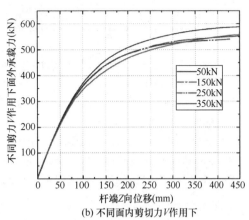

(a) 不同杆件轴向力N作用下 (b) 不同面内剪切力V作用下

图11 不同轴力和平面内弯矩作用下节点平面外荷载-位移曲线

比,改进后的新型节点具有更高的刚度和更大的承载能力。

（2）本文建立了新型节点的精细化有限元计算模型,对节点承载力性能进行了数值计算与参数分析,试验与有限元计算结果吻合较好。参数分析表明,节点平面外极限承载力随所受轴力的增大而明显减小,随平面内弯矩增大而减小。

（3）通过引入各辅助连接件,改进后的新型板式节点大大提高了节点域的轴向刚度以及平面内和平面外的弯曲刚度,能完全适用于包括上海世博温室平面形状屋盖在内的各类形状的铝合金网格结构。

参考文献

［1］ BULSON P S. Aluminium Structures—A Guide to their Specifications and Design［J］. Engineering Structures,1996,18(1):90.

［2］ MAZZOLANI F M. 3D Aluminium structures［J］. Thin-Walled Structures,2012,61:258-266.

［3］ MAZZOLANI F M. Competing issues for aluminium alloys in structural engineering［J］. Progress in Structural Engineering and Materials,2004,6(4):185-196.

［4］ 杨联萍,韦申,张其林. 铝合金空间网格结构研究现状及关键问题［J］. 建筑结构学报,2013,34(02):1-19+60.

［5］ HIYAMA Y,TAKASHIMA H,IIJIMA T,et al. Buckling behavior of aluminium ball jointed single layered reticular domes［J］. International Journal of Space Structures,2000,15(2):81-94.

［6］ MA H H,YU L W,FAN F,et al. Mechanical performance of an improved semi-rigid joint system under bending and axial forces for aluminum single-layer reticulated shells［J］. thin-walled structures, 2019,142:322-339.

［7］ 国家市场监督管理总局. 金属材料 拉伸试验 第1部分:室温试验方法:GB/T 228.1—2021［S］. 北京,中国标准出版社,2021.

［8］ ZHU P H,ZHANG Q L,LUO X Q,et al. Experimental and numerical studies on ductile-fracture-controlled ultimate resistance of bars in aluminum alloy gusset joints under monotonic tensile loading ［J］. Engineering Structures,2020.

［9］ XIONG Z,GUO X N,LUO Y F,et al. Numerical analysis of aluminium alloy gusset joints subjected to bending moment and axial force［J］. Engineering Structures,2017.

［10］ 徐卫国. 数字建筑设计理论与方法［M］. 北京：中国建筑工业出版社，2020.

［11］ ROLVINK A，STRAAT R，COENDERS J. Parametric structural design and beyond［J］. International Journal of Architectural Computing，2010，8(3)：319-336.

［12］ WARD A，LIKER J K，CRISTIANO J J，et al. The second Toyota paradox：how delaying decisions can make better cars faster［J］. Sloan Manage，1995，43-61.

［13］ PARRISH K D. Applying a set-based design approach to reinforcing steel design［D］. Berkeley，University of California，2009.

［14］ RASMUS R，ALEXANDRE M，DAVID T R. Automatic structural design by a set-based parametric design method［J］. Automation in Construction，2019，108.

［15］ ANH C N，PETRAS V，YVES W. Design framework for the structural analysis of free-form timber plate structures using wood-wood connections［J］. Automation in Construction，2019，107.

05 空间结构节点的衍生式智能设计：方法与实例

杜文风[1]，韩乐雨[1]，夏　壮[1]，高博青[1]，董石麟[2]

(1. 河南大学钢与空间结构研究所，开封；2. 浙江大学土木工程系，杭州)

摘　要： 空间结构节点的性能和成本取决于其构型的合理化设计。本文采用衍生式设计方法自动生成具有合理构型的空间结构新型节点。首先，概述了空间结构节点设计的发展历程以及衍生式设计的基本原理。其次，对受力形式不同的两类空间结构节点进行了衍生式设计分析，自动生成了多个创新的节点模型，并根据设计目标和成本指标选取了代表性衍生节点模型进行数值计算模拟。最后，将代表性衍生节点模型与传统设计节点和拓扑优化节点进行了受力性能比较。研究结果表明：利用衍生式设计方法自动生成的空间结构节点形态具有多样性和创新性，而且代表性衍生节点模型具有更轻的重量和更佳的受力性能，基于人工智能技术的衍生式设计方法应用于空间结构节点设计是可行、有效的。

关键词： 空间结构节点，衍生式设计，智能设计，数值分析

1. 引言

　　节点是连接杆件、传递荷载的重要组件，是大跨度空间结构成形的关键，其性能关系到结构整体的安全与稳定[1]。由于空间结构节点的性能和成本取决于结构材料的有效使用及构型的合理设计，因此，其设计工作一直都是大跨度空间结构发展的重点。根据相关研究，可将空间结构节点的设计发展历程概括为三个阶段：基于经验的简单构造设计、基于经验的改进设计以及借助优化算法的找形设计[2]。

　　早期工程中应用的节点往往仅依靠设计师的经验进行简单的构造设计，由于结构未经过系统的计算分析，出于安全考虑，工程师通常会赋予节点过量的材料，导致设计成形的节点构型不合理、造价较高等问题，如板式节点、焊接实心球节点[3]。

　　随着有限元技术的发展和力学理论的完善，通过借助仿真工具计算结构的受力性能可在一定程度上提高节点的材料利用率，从而控制设计成形节点的刚度和经济成本。数值模拟计算为空间结构节点的设计方式带来了革命性转变，其与工程师经验的有机结合构成了现阶段节点普遍采用的基于经验的改进设计方法，即首先根据工程师经验设计出一个节点的初始模型，利用有限元技术详细计算初始模型的力学性能，然后基于数值模拟分析的计算结果对节点初始模型的材料分配和结构构型进行调整，经过多次计算和调整的循环过程才能够确定节点的最终设计形态，有必要的还需进行节点模型试验。虽然基于经验的改进设计方法在空间结构节点的设计工作中取得了不错效果，但是其周期长、能耗大，而且设计的节点模型在工程实践中常反映出自重大、几何形状优化不足以及应力集中现象明显等问题，如深圳大运会主体育场在网架的肩谷处所采用的铸钢节点最大质量达到了

　　基金项目：国家自然科学基金项目（U1704141），河南省高校科技创新团队支持计划项目（22IRTSTHN019），浙江省空间结构重点实验室开放基金（202106）资助项目。

98.6t[4]；2014年青岛世园会主题馆树状柱的两个支管连接处和主分管交界处局部应力均超过300MPa[5]。因此，在保证空间结构节点受力性能的条件下，具有合理经济性的最佳结构设计已经变得愈发重要。

近些年，国内外学者借助优化算法对空间结构节点进行了先进设计研究，以寻求受力形式合理及轻质的节点形态，其中发展较完善和应用较多的当属拓扑优化算法。拓扑优化是一种根据给定的负载情况、约束条件和性能指标，对所给设计区域内的材料进行合理布置的结构优化方法[6]。澳大利亚皇家墨尔本理工大学的研究团队[7]利用BESO对某大跨度顶棚结构的节点进行了拓扑优化设计的探索。Wang等[8]利用拓扑优化方法对三分叉铸钢节点进行了分析，并详细讨论了不同密度阈值下的优化结果，得到了最优节点模型。Zhang等[9]提出了一种基于仿生子结构的拓扑优化方法，并应用该方法得到了悬臂板和十字交叉节点的最佳拓扑构型。从目前的研究现状来看，将拓扑优化应用于空间结构节点的设计中，可在保证节点受力性能良好的同时最大化减轻自重，获取供概念设计阶段参考的节点初始构型。但当前的拓扑优化算法需建立结构的优化区域，限制了算法的设计探索空间，而且优化结果只是优化结构某种性能的单一设计，如果拓扑收敛解不能满足美学或其他性能要求，还需进行大量的人为调整工作，智能化程度不高。

随着人工智能技术的快速发展，可以通过引入更智能化、更自动化和更高效化的方法来实现空间结构节点的先进设计。衍生式设计是一种融合机器学习和云计算等技术的新设计范式，其不依赖结构的初始几何特征，可根据结构的边界条件、制造方式和性能需求，在云端自动生成多种可行设计方案以供设计师选择应用。衍生式设计的思想最早是在20世纪70年代提出[10]，但一直没有取得实质性突破，直到2014年Goodfellow等[11]提出了一种生成式深度学习模型——生成式对抗网络（GAN），生成样本的速度与质量才有明显提升。近年来，衍生式设计在多个领域得到了研究和应用，例如葛海波[12]利用衍生式设计方法生成了双足机器人大腿及小腿的轻量化模型，进一步提升了机器人的运动性能；王宏宇等[13]将衍生式设计应用于汽车起重机转台的设计中，新转台模型质量减小12%，侧向变形减小55.6%，最大变形减小30.2%，实现转台轻量化创新的同时提高了其设计刚度；Bright等[14]对直升机机架进行衍生式设计，得到了具有更佳抗断裂性能和抵抗变形能力的衍生机架模型；Rajput等[15]通过采用衍生式设计和拓扑优化相结合的方法达到了假肢重量最小化目的。Wu等[16]利用衍生式设计方法对风力机叶片翻转机滚轮座进行优化研究，优化结果在保证强度和刚度的同时，质量降为原模型的44.4%。从衍生式设计的应用实例和方法原理分析，若将衍生式设计方法应用于空间结构节点的设计中，有望提升节点设计优化水平和智能化程度，进而有效解决节点在工程实践中反映出的自重大、几何形状优化不足及应力集中现象明显等问题。

本文采用衍生式设计方法对受力形式不同的两类空间结构节点的合理构型进行了智能化自动设计研究。首先，概述了衍生式设计的基本方法和数学模型。其次，对平面受力形式的十字交叉节点模型进行了衍生式设计分析，在云端自动生成了多个具有新颖性的节点构型，并根据设计目标和成本指标选取了代表性衍生节点模型进行数值模拟，验证了衍生式设计结果的合理性。最后，结合某实际工程给出空间受力形式的四分叉铸钢节点的设计优化算例，并将代表性衍生节点模型与焊接空心球节点和拓扑优化节点进行了受力性能比较。基于平面十字交叉节点和空间分叉形节点两个算例验证衍生式设计应用于空间结构节点设计的可行性和有效性。

2. 衍生式设计的基本原理及数学模型

2.1 基本原理

衍生式设计是一种基于机器学习和云计算等技术的新设计方法，其将客观工程需求整合到主观设计中，并通过模仿自然进化的方式，可在相对较短的时间内创造无穷多个新的设计方案，以供设计师选择[17,18]。衍生式设计不依赖结构的初始几何形状，只需明确结构的设计条件和目标性能，衍生程序便可在云端进行材料的智能分配，自动生成多个具有创新性的可行设计选项[19,20]，且设计出的结构构型往往重量更轻、性能更佳及成本更低，无需后处理便可直接应用[21-23]。各生成结果的相关数据会在云端实时给予反馈，以便评估筛选出适用于实际工程的最佳结构形态[24-27]。整个设计过程中，衍生式设计可自动完成结构设计的各项内容，有效避免了传统设计优化方法中大量反复的人为计算调整工作，显著提高了结构设计效率和智能化程度[28]。

2.2 数学模型

衍生式设计是在进化算法的基础上从问题解的串集开始探索，同时对设计空间中的多个解进行分析评估，以最大限度提高生成模型的质量[29-31]。其用数学语言可表示为：

$$x_w = \{x_{(w,k)}, k = 1, 2, \cdots n\} \in Z \subseteq R \tag{1}$$

设计空间 Z 是由一系列的解决方案 w 组成，使用 x_w 表示。

$$Z = \{x_w^l \leqslant x_{(w,k)} \leqslant x_w^u, \forall k \in \{1, 2, \cdots n\}\} \tag{2}$$

Z 是 R 的子集，受几何参数的下限 x_w^l 和上限 x_w^u 的限制。

衍生式设计的目标是探索 Z 并生成由 N 个不同方案组成的集合 m，$m = \{x_1, x_2, x_3 \cdots x_n\}$ 且 $M \in m$。N 为自定义参数，Z 中的每个特定位置代表 m 中的每个方案。为了获取集合 m，引入空间填充准则 $G(m)$ 来求解方案：

$$G(m) = \sum_{p=1}^{N-1} \sum_{q=p+1}^{N} \frac{1}{D(x_p, x_q)^2} \tag{3}$$

$$D(x_p, x_q) = \left(\sum_{k=1}^{n} (x_{p,k} - x_{q,k})^2\right)^{\frac{1}{2}} \tag{4}$$

$D(x_p, x_q)$ 是设计值 p 和 q 之间的欧氏距离。$G(m)$ 的最小值有利于 N 个方案在 Z 中均匀分布。

在高维设计空间中，空间填充标准会在设计空间的边界上放置不同方案，这是不可取的。因此，有必要增加非内聚准则，将 Z 的每个维度划分为 N 个区间，以确保方案之间不会相互干扰[16]。该准则使用式（5）合并检索过程，式（5）计算 N 个方案共享的间隔数。根据参数 Ω，调整 $H(m)$ 的权重可创建最小化完整方案。

$$H(v) = \Omega \times \sum_{p=1}^{N-1} \sum_{q=p+1}^{N} k(y_p, y_q) \tag{5}$$

$$k(y_p, y_q) = \sum_{j=1}^{n} f(y_{p,k}, y_{q,k}) \qquad (6)$$

$$f(y_{p,k}, y_{q,k}) = \begin{cases} 1, y_{p,k} = y_{q,k} \\ 0, y_{p,k} \neq y_{q,k} \end{cases} \qquad (7)$$

式（5）中，$k(y_p, y_q)$ 为设计值 p 和 q 之间共享的区间数，y_p 和 y_q 分别是 x_p 和 x_q 的离散表示。为对第 i 个设计方案的第 k 个几何参数 $x_{i,k}$ 进行求解，首先将下限 $x_{i,l}^k$ 和上限 $x_{i,u}^k$ 之间的范围划分为 N 个间隔 $[x_{i,l}^k = x_{i,l}^1, x_{i,l}^2, \cdots x_{i,l}^N = x_{p,k}^u]$，然后将整数坐标 r 赋值给 $y_{i,k}$，$y_{i,k}$ 为 $x_{i,k}$ 的离散值，即：

$$\forall r = \{1, 2, \cdots N\}, (x_{i,l}^r \leqslant x_{i,k} \leqslant x_{i,l}^{r+1}) \rightarrow (y_{i,k} = r) \qquad (8)$$

$$F(v) = \sum_{p=1}^{N-1} \sum_{q=p+1}^{N} \frac{1}{D(X_p, X_q)^2} + \Omega \times \sum_{p=1}^{N-1} \sum_{q=p+1}^{N} k(y_p, y_q) \qquad (9)$$

在衍生式设计过程中，每一次迭代都通过执行 N 个子迭代来完成。目标函数 $F(v)$ 收敛后，衍生算法返回 N 个 m 的最优集合。

空间结构节点的衍生式设计目标为采用最少的材料提供最大的承载力。刚度是最直接的承载力特征值，因此式（9）中目标函数 $F(v)$ 的收敛条件为结构刚度最大化的同时最小化体积 V，其用数学语言可表示为：

$$\min: \begin{cases} C = \dfrac{1}{2} U^{\mathrm{T}} K U \\ L = (V/V_{\max}) \times 100\% \end{cases} \qquad (10)$$

其中 U 为空间结构节点的位移向量，K 为整体刚度矩阵，V 为节点每次迭代的体积，$V_{\max}$ 为整个设计空间的体积。

2.3 流程

衍生式设计方法的具体流程为预处理、云端智能化自动设计和后处理，如图 1 所示。衍生式设计的预处理包含设定结构的保留几何和障碍几何、对相应构件布置荷载和施加约束、选择制造方式和材料及设定生成目标。然后，衍生算法在云端自动进行结构的智能设计探索[32,33]，生成多个结构形态。最后对衍生式设计结果进行评估筛选，并将所选构型输出验证。

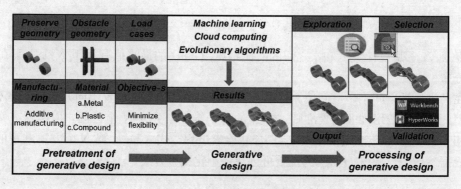

图 1　衍生式设计流程

3. 平面受力形式节点的衍生式设计

十字交叉节点是工程结构中常用的节点形式之一，其受力形式简单，各分管的受力状态可简化在同一平面内，因此，以十字交叉节点为对象来探索衍生式设计方法在平面受力形式的结构节点设计中的效果及潜力。

3.1 十字交叉节点的衍生式设计

衍生式设计的预处理是根据工程实际需求在衍生计算程序中设置结构的边界条件和设计目标。衍生式设计不依赖结构的初始几何特征，仅需明确结构的保留几何和障碍几何，保留几何是指需要包含在结构最终形状中的几何特征；障碍几何是指需要从结构最终形状中排除的几何特征。首先，将四根分管设为保留几何，中间部位为衍生设计区域，得到十字交叉节点的原始模型，如图 2 所示。

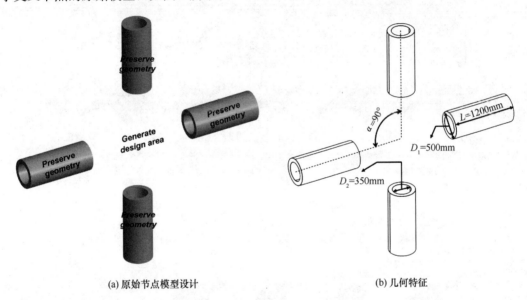

(a) 原始节点模型设计　　　　　　　　(b) 几何特征

图 2　衍生式设计的原始节点模型

其次，在十字交叉节点的原始模型上施加约束和布置荷载，将原始模型的下部分管底面设置为约束面，约束视为固定约束；在剩余三根分管上分别布置 645kN 的轴向拉力。然后，选择材料铸钢，其材料属性如表 1 所示。最后，设置衍生式设计的目标，以最大化刚度为节点设计目标。检查输入参数无误后，衍生程序便根据设计条件在云端进行自动探索和迭代计算。

节点模型的材料属性　　　　　　　　　　　　　　　　　　表 1

属性	数值
弹性模量 E（MPa）	210000
泊松比 μ	0.3
密度 ρ（t/mm³）	7.85×10^{-9}

衛生式设计借助云计算强大的计算能力，可在短时间内同时拓扑成百数千个十字交叉节点模型。对自动生成的部分节点设计方案进行编码排序，如图3所示。从图3可见，生成节点模型形式多样，如衛生节点模型3的衛生部位由各分管延长交汇构成，与十字架形状相似；衛生节点模型4和9的衛生区域中部未布置材料，各分管由正方形连接；衛生节点模型26和29如同出自同一个迭代设计，其各分管之间都是由月牙状连接，整体对称，具有良好的视觉效果。此外，可以看出衛生节点模型26较29进化程度更高，模型更为轻质简洁；衛生节点模型5的各分管与衛生部位间过渡光滑，具有流畅的特点，体现了衛生式设计方法具有强大的模型生成能力。衛生式设计结果的构型新颖，与工程应用的十字交叉节点形态均不相同，超出了设计师基于经验的想象范畴，体现了衛生式设计具有较强的模型创新能力。综合来看，利用衛生式设计方法可以实现平面受力形式节点构型的自动生成设计，在满足约束条件下智能生成多个创新性强的节点形态，可为空间结构节点的选型设计提供一定的参考。

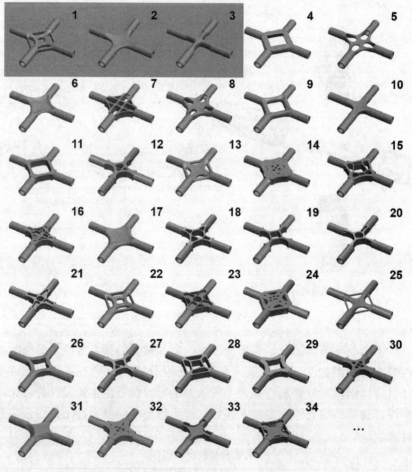

图3　部分十字交叉衛生节点模型

为进一步验证十字交叉衛生节点模型的受力性能，本研究根据设计目标和成本指标选取了体积分数最小的三个模型作为代表性衛生节点，如图3中阴影部分所示，并采用有限元软件 HyperWorks 2021 对其进行静态仿真分析。

代表性衍生节点模型的衍生部位细节特征如图 4 所示。代表性衍生节点构型新颖，衍生部位与四分管间具有良好的兼容性，过渡平滑。其中代表性衍生节点 1 的材料分布类似于传统子结构拓扑优化[9]，其衍生部位内材料分布区域广，可形成较大刚度来抵抗结构变形；代表性衍生节点 2 和 3 内部材料分布集中，但其空间布局却有所不同：代表性衍生节点 2 在平面内的材料分布面积大，垂直平面方向厚度小；而代表性衍生节点 3 在平面内的材料分布面积较小，垂直平面方向厚度大。通过描述代表性衍生节点模型的细节特征，进一步体现了衍生式设计相较拓扑优化，可不依赖结构的初始几何特征，并可在更广的设计空间内探索空间结构节点的最佳形态。

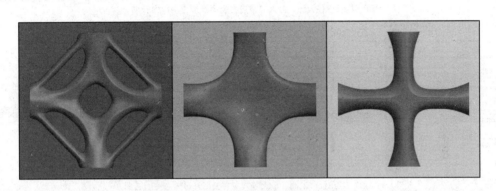

图 4　代表性衍生节点模型的细节特征

接下来将代表性衍生节点模型逐个导入 HyperWorks 2021 中，利用 OptiStruct 求解器对其进行静态力学性能分析。首先在 HyperMesh 中创建并赋予材料 PSOLID 实体属性，材料选用铸钢，材料属性见表 1。单元类型选用四面体单元，四面体边界适应性强，适合各类复杂几何模型。为确保网格划分质量，本研究统一先对节点模型进行 2D 网格划分，并对 2D 网格进行详细检查。然后通过 Tetra mesh 将 2D 网格转换为 3D 网格，再检查 3D 网格质量，对失败网格进行调整。最终得到节点的有限元模型。荷载及约束与衍生式设计的原始模型保持一致，在节点有限元模型上选定下部分管底部边缘面上所有节点，约束 x、y 和 z 轴方向上的平动自由度及转动自由度。在剩余三根分管的边缘顶面上分别布置大小为 645kN 的轴向拉力。代表性衍生节点的静力分析结果如图 5 所示。

由静态仿真分析结果可知，代表性衍生节点模型的最大位移和应力分布相同，体现了衍生式设计结果的合理性。为进一步探索十字交叉衍生节点模型的优化效果，将代表性衍生节点与传统设计的扁多边形十字交叉节点和拓扑优化设计的节点进行受力性能比较。

3.2　代表性衍生节点与其他两类节点受力性能的对比分析

扁多边形十字交叉节点以制造方法简单、受力机理可靠和易连接不同类型杆件等优点，成为目前大跨度网架结构中使用最广泛的平面受力形式节点之一，因此选其作为对象与代表性衍生节点进行受力性能比较。扁多边形十字交叉节点模型及几何特征如图 6 所示，其分管尺寸和材料特性与衍生式设计的十字交叉节点模型相同。同时，将扁多边形十字交叉节点作为拓扑优化节点的初始模型。

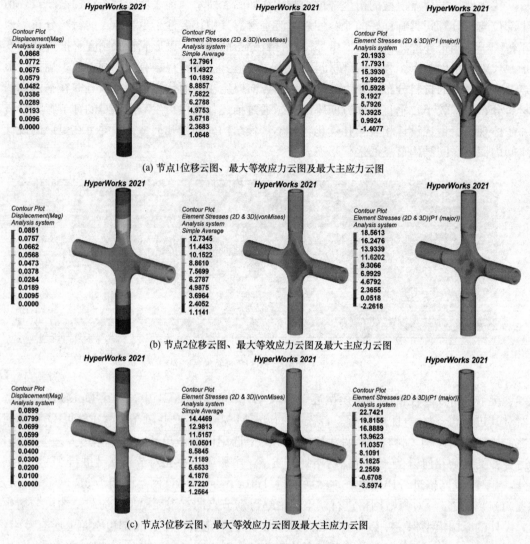

(a) 节点1位移云图、最大等效应力云图及最大主应力云图

(b) 节点2位移云图、最大等效应力云图及最大主应力云图

(c) 节点3位移云图、最大等效应力云图及最大主应力云图

图 5　代表性衍生节点的静力分析结果

　　扁多边形十字交叉节点的质量为 15.062t。保持与代表性衍生节点模型相同的工况和约束条件下，其静力分析结果如图 7 所示，最大位移值为 0.0874mm，位于上部分管顶端；最大等效应力值为 15.8899MPa，分别位于节点各分管和扁多边形连接处外侧；最大主应力值为 28.4688MPa，分别位于节点各分管和扁多边形连接处外侧。

　　从节点优化设计的研究现状来看，拓扑优化方法可在保证节点受力性能良好的同时最大化减轻自重，因此选取拓扑优化节点与代表性衍生节点进行受力性能比较。本研究采用 OptiStruct 求解器对扁多边形十字交叉节点进行拓扑优化分析，设定扁多边形为优化区域，如图 8 所示。以最大化刚度为优化目标，设置惩罚因子为 3.0 并考虑棋盘格控制，分别以 30%、35% 和 40% 体积分数作为约束条件，设计变量为单元密度，收敛准则定义为当连续两次迭代的目标值相差小于给定收敛容差 0.5% 时，优化问题求解收敛。将拓扑优化后的单元密度等值面数据通过 OSSmooth 模块进行 FEA reanalysis 处理。

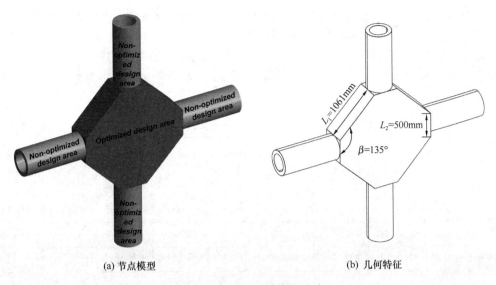

(a) 节点模型

(b) 几何特征

图 6 扁多边形十字交叉节点

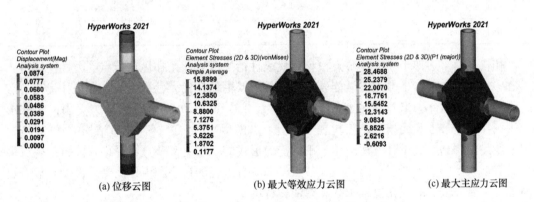

(a) 位移云图

(b) 最大等效应力云图

(c) 最大主应力云图

图 7 扁多边形十字交叉节点的静力分析结果

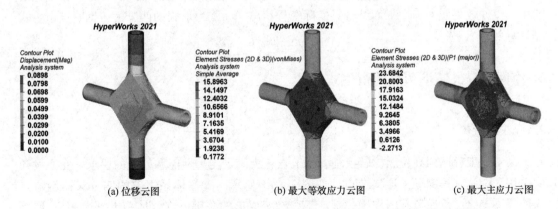

(a) 位移云图

(b) 最大等效应力云图

(c) 最大主应力云图

图 8 拓扑优化节点的静力分析结果

经对比，约束条件为 35%体积分数的拓扑优化节点整体性能最佳，因此选其与代表性衍生节点进行受力性能比较。拓扑优化节点质量约为 8.675t。静力分析结果如图 8 所示，节点位移和应力呈对称分布，最大位移值为 0.0898mm，位于上部分管顶端；最大等效应力值为 15.8963MPa，分别位于节点各分管和优化区域交汇处外侧；最大主应力值为 23.6842MPa，分别位于节点各分管和优化区域交汇处外侧。

为方便对上述各类节点进行受力性能对比分析，总结所有节点的质量、位移、最大等效应力和最大主应力值列入表 2，并以扁多边形十字交叉节点模型作为参照对象来进行比较。

代表性衍生节点与其他两类节点受力性能的比较　　　　　　　　表 2

节点	质量 (t)	对比扁多边形十字交叉节点 (%)	最大位移 (mm)	对比扁多边十字交叉形节点 (%)	最大等效应力 (MPa)	对比扁多边形十字交叉节点 (%)	最大主应力 (MPa)	对比扁多边形十字交叉节点 (%)
扁多边形十字交叉节点	15.062	—	0.0874	—	15.8899	—	28.4688	—
拓扑优化节点	8.675	−42.40	0.0898	2.75	15.8963	0.04	23.6842	−16.81
衍生节点 1	7.508	−50.15	0.0868	−0.69	12.7961	−19.47	20.1933	−29.07
衍生节点 2	6.940	−53.92	0.0851	−2.63	12.7345	−19.86	18.5613	−34.80
衍生节点 3	7.829	−48.02	0.0895	2.40	14.4469	−9.08	22.7421	−20.12

相较于扁多边形十字交叉节点模型，代表性衍生节点和拓扑优化节点受力性能都得到了改善，且代表性衍生节点的性能较拓扑优化节点更佳；代表性衍生节点和拓扑优化节点的质量都有所减小，其中代表性衍生节点模型 2 减小 53.92%，效果最为突出；在外形上，拓扑优化节点表面粗糙，而代表性衍生节点模型光滑，更符合建筑结构美学的需求。综上所述，将衍生式设计方法应用于平面受力形式的十字交叉节点设计中，能自动生成多个具有创新性的节点形态，而且生成节点模型具有更轻的自重和更佳的受力性能，显著提高了十字交叉节点的优化设计水平和智能化程度。

但实际工程中节点受力情况较为复杂，为进一步验证和探索衍生式设计方法在工程实践中的设计效果及潜力，下面结合某实际工程给出空间受力形式的四分叉铸钢节点衍生式设计算例。

4. 空间四分叉铸钢节点的衍生式设计

4.1 工程背景

某实际工程网架高位斜撑转换柱支承节点，为满足受力性能和外观的要求，在原设计中采用了树枝状铸钢分叉连接节点，如图 9（a）所示。支撑体系下部的四分叉铸钢节点起着提供支撑和传递荷载的作用，是该工程网架成形的关键。支撑体系上部采用 Y 形倒置铸钢节点提供斜撑连接与固定，约束网架上部结构水平方向的位移，使荷载以轴向力的形式向下部转换单元进行传递，传力路径明确，因此支撑体系下部的四分叉铸钢节点各分管以承受轴力作用为主，其最不利工况荷载为：轴力 999.74kN，弯矩 1.9kN・m，扭矩 0.4kN・m，剪力 0.7kN。

根据实际工程网架的设计图，利用三维建模软件 SolidWorks 建立了四分叉铸钢节点的初始模型，其几何特征如图 9（b）所示，主管截面为 $\phi500\times40$（mm），长度 L 为 700mm；分管截面为 $\phi360\times35$（mm），长度 l 为 1200mm；分管与中轴线的夹角 α 为 30°。为验证初始模型的受力性能，采用 OptiStruct 求解器对其进行静态仿真计算。

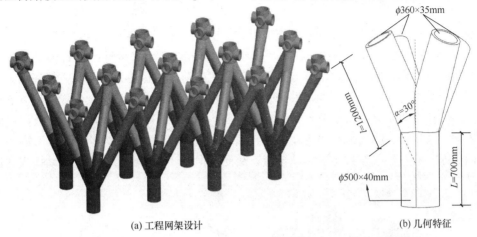

(a) 工程网架设计   (b) 几何特征

图 9　四分叉铸钢节点

4.2　四分叉铸钢节点初始模型有限元分析

根据四分叉铸钢节点初始模型所受最不利工况和边界条件，对有限元模型进行荷载布置并施加约束，在四根分管顶面布置最不利荷载；将主管下端简化为固定端，选定底部边缘面上所有节点，约束 dof1、dof2、dof3、dof4、dof5、dof6 六个自由度。强度采用 von Mises 屈服准则及角点应力 Simple 平均方法。

初始节点的质量约为 1.457t。静力分析结果如图 10 所示，节点位移和应力呈对称分布，最大位移值 0.6594mm，分别位于四根分管上边缘内侧；最大等效应力值为 178.4873MPa，分别位于各管连接处的外壁。

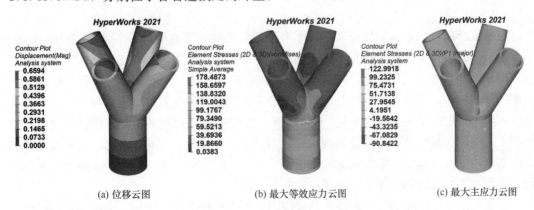

(a) 位移云图   (b) 最大等效应力云图   (c) 最大主应力云图

图 10　初始设计的四分叉铸钢节点的静力分析结果

由图 10 可知，四分叉铸钢节点初始模型应力分布不均匀，在各管交汇处外壁存在明显的应力集中现象。引发该现象的原因是四分叉铸钢节点初始模型在 SolidWorks 软件中采用管件直接相贯的方法获得，未考虑管件之间的光滑过渡，导致初始模型形状优化设计不足。因此，采用衍生式设计方法对四分叉铸钢节点的合理构型进行智能化自动设计，以得到可供实际工程直接应用且更高效、更经济和更美观的节点模型。

4.3 四分叉铸钢节点的衍生式设计

首先将四分叉铸钢节点主管和分管设置为保留几何体，在各管间设置障碍几何体，得到衍生式设计的准备模型，如图 11 所示。其次，在节点衍生式设计的准备模型上布置荷载和施加约束，根据四分叉铸钢节点所受最不利工况荷载和边界条件，将主管底面设置为约束面，约束视为固定约束；在四根分管顶面布置最不利荷载。然后，选择制造方法，为得到更具创新性的四分叉铸钢节点构型，设置 3D 打印为制造方法，并选择生成研究的材料（铸钢），材料属性见表 1。最后，设定生成目标，以最大化刚度作为四分叉铸钢节点的设计目标。检查输入参数无误后，衍生算法便根据设计条件在云端进行自动探索和迭代计算。

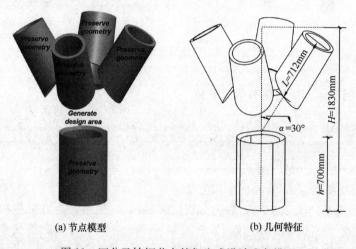

(a) 节点模型　　　　　　(b) 几何特征

图 11　四分叉铸钢节点的衍生式设计准备模型

根据设计条件，衍生程序自动生成了多个四分叉铸钢节点构型，如图 12 所示。衍生节点形态新颖多样，例如，衍生节点模型 1 的主分管间衍生出了树状连接结构，使得整个节点构型更加自然轻巧；衍生节点模型 22 的衍生部位内部中空，主管和分管之间仅依靠一层薄壁连接，显著减轻了节点重量。衍生节点模型整体均衡对称，主管与衍生部位过渡光滑，具有较好的美感和视觉效果。综合来看，生成的四分叉铸钢节点模型在实际工程中较罕见，仅依靠设计师的经验范畴难以构思出此类节点构型。因此，利用衍生式设计方法可以实现四分叉铸钢节点构型的自动生成设计，在满足约束条件下智能生成多个创新性强的节点形态，可为铸钢节点选型提供一定的参考。

在节点的实际应用中，力学性能和经济因素是两个重要评估指标。为进一步验证衍生节点模型的受力性能，并控制四分叉铸钢节点模型的成本，选取质量最小的三个节点模型作为代表性衍生节点，如图 12 中的方框所示，并采用有限元软件 HyperWorks 2021 对其进行静态仿真分析。

将代表性衍生节点模型逐个导入 HyperWorks 2021 中，保持与四分叉铸钢节点初始模型相同工况和约束条件下，采用 OptiStruct 求解器对其进行静力分析。静力分析结果如图 13 所示。

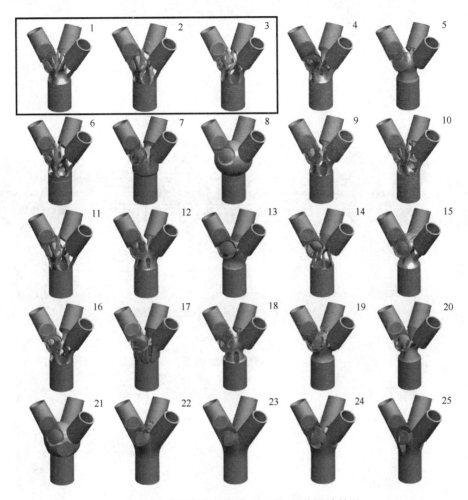

图 12　四分叉铸钢节点的部分衍生式设计结果

由分析结果可知，代表性衍生节点与四分叉铸钢节点初始模型相比，受力性能得到全面提升，自重也有所减轻，体现衍生式设计方法具有优化功能。为进一步探索衍生式设计方法的优化设计水平及衍生节点模型的实际效果，将代表性衍生节点与工程常用的焊接空心球节点和拓扑优化节点进行受力性能对比分析。

4.4　代表性衍生节点模型与其他两类节点受力性能的对比分析

焊接空心球节点以其外形光滑、制造方法简单、受力机理可靠和易连接不同类型杆件等优点，成为目前空间结构中使用最广泛的节点形式之一。保持焊接空心球节点的主管、分管尺寸和角度与四分叉铸钢节点初始模型一致，利用 SolidWorks 建立焊接空心球节点模型，分析了 30mm、35mm、40mm 和 45mm 壁厚下焊接空心球节点的受力性能，当球体壁厚为 40mm 时性能最佳，因此选用 40mm 作为焊接空心球节点的球体壁厚。

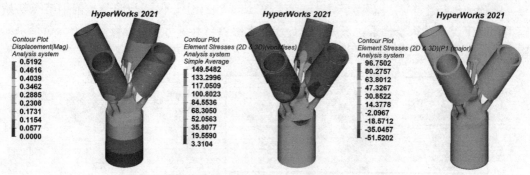

(a) 节点1位移云图、最大等效应力云图及最大主应力云图

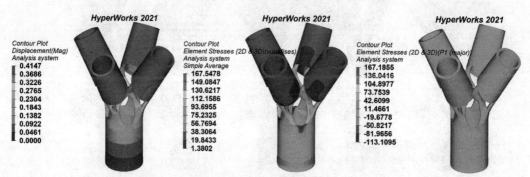

(b) 节点2位移云图、最大等效应力云图及最大主应力云图

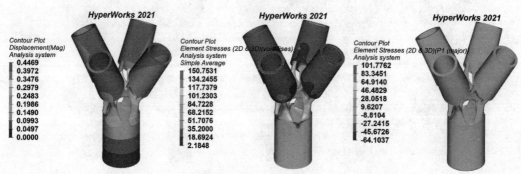

(c) 节点3位移云图、最大等效应力云图及最大主应力云图

图13 代表性衍生节点的静力分析结果（四分叉铸钢节点）

焊接空心球节点的质量约为 1.604t。在与四分叉铸钢节点初始模型保持相同荷载工况和约束条件下，静力分析结果如图 14 所示，最大位移值为 0.4803mm，分别位于四根分管顶端内侧；最大等效应力值为 176.7230MPa，位于主管与空心球交汇处；最大主应力值为 106.8110MPa，位于主管与空心球交汇处。

拓扑优化可在保证节点受力性能良好的同时显著降低结构自重。本研究采用 OptiStruct 求解器对添加实心区域后的四分叉铸钢节点初始模型进行拓扑优化分析，以最大化刚度为优化目标，设置惩罚因子为 3.0 并考虑棋盘格控制，以 30% 体积分数作为约束条件，设计变量是单元密度，收敛准则定义为当连续两次迭代的目标值相差小于给定收敛容差 0.5% 时，优化问题求解收敛。将拓扑优化后的单元密度等值面数据通过 OSSmooth 模块进行 FEA reanalysis 处理。

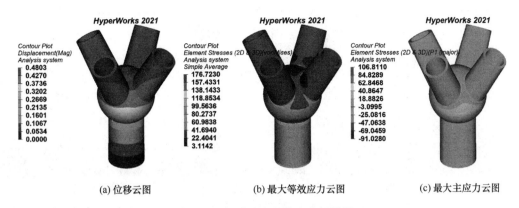

(a) 位移云图　　　　　　　(b) 最大等效应力云图　　　　　　(c) 最大主应力云图

图 14　空心球节点的静力分析结果

　　拓扑优化节点质量约为 1.445t。静力分析结果如图 15 所示，最大位移值为 0.4054mm，位于各分管顶端内侧；最大等效应力值为 168.6612MPa，位于各分管和优化区域连接处内侧；最大主应力值为 106.5462MPa，位于各分管和优化区域连接处内侧。

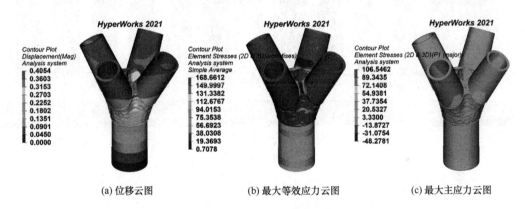

(a) 位移云图　　　　　　　(b) 最大等效应力云图　　　　　　(c) 最大主应力云图

图 15　拓扑优化节点的静力分析结果（四分叉铸钢节点）

　　为更直观地体现四分叉铸钢节点衍生模型性能高效和成本经济等优势，总结上述所有四分叉铸钢节点模型的质量、位移、最大等效应力和最大主应力值作直方图，如图 16 所示，并以初始模型作为参照对象进行比较。

　　由图 16 可见，与初始模型相比，代表性衍生节点和拓扑优化节点的质量都有所减小，其中代表性衍生节点 2 和 3 效果最为突出，而焊接空心球的质量较大。在力学性能方面，与四分叉铸钢节点初始模型相比，所有节点的位移值都有所减小，其中代表性衍生节点 2、3 和拓扑优化节点模型的位移改善效果最为突出。另外，除焊接空心球外，所有节点的最大等效应力值都得到了控制，代表性衍生节点 1 和 3 效果最佳；代表性衍生节点 1 和 3 的最大主应力值改善效果也最为显著。综上，代表性衍生节点 3 的受力性能更佳及自重更轻，而且形态美观，符合建筑美学需求，可直接进行生产制造供实际工程应用，无需后处理。可见，利用衍生式设计方法能够显著提高四分叉铸钢节点的优化设计水平和智能化程度，进而有效解决节点在工程实践中反映出的自重大、几何形状优化不足及应力集中现象明显等问题。

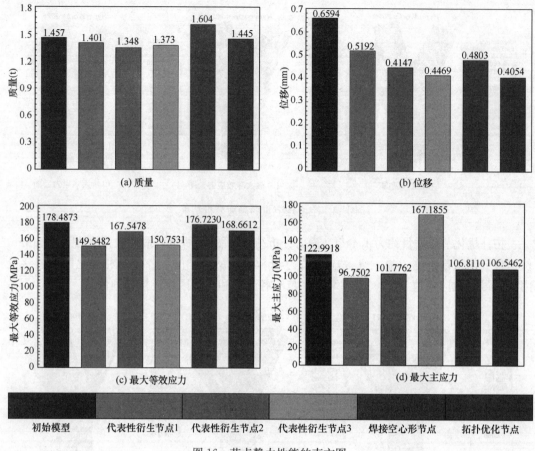

图 16　节点静力性能的直方图

5. 结论

本文利用衍生式设计方法对两类受力形式不同的空间结构节点的合理构型进行了智能化自动生成式设计研究，并将衍生节点模型与传统设计方法和拓扑优化方法得到的节点模型进行了对比分析，主要结论如下：

（1）衍生式设计方法具有较强的模型生成能力和创新能力。利用衍生式设计方法可以自动生成多个满足约束条件的空间结构节点新构型，且多数生成的节点模型形态新颖，超出设计师基于经验的想象范畴。

（2）衍生式设计方法得到的空间结构节点模型具有合理性。由空间结构代表性衍生节点与传统设计节点的力学性能对比结果可知，十字交叉代表性衍生节点模型较扁多边形十字交叉节点的最大等效应力值减小了 19.86%，最大位移值 0.0851 减小了 2.63%，质量减小了 53.92%。

（3）衍生式设计方法可改进空间结构节点的优化设计水平。将代表性衍生节点与拓扑优化节点进行整体性能对比分析，结果表明，代表性衍生节点模型具有更轻的自重和更佳的受力性能。衍生节点较拓扑优化节点模型成型效果更好，表面更光滑，外形更流畅，更加符合建筑结构美学的要求。

（4）衍生式设计方法相较拓扑优化方法，边界及约束条件设置更为简单，整个设计过程由衍生程序自动完成，有望实现空间结构节点的智能设计。

参考文献

[1] 董石麟. 中国空间结构的发展与展望[J]. 建筑结构学报，2010，31(6)：38-51.

[2] 陈以一，陈扬骥. 钢管结构相贯节点的研究现状[J]. 建筑结构，2002，32(7)：52-55.

[3] 刘锡良. 国内外空间结构节点综述[C]//第九届空间结构学术会议论文集. 北京：地震出版社，2000：10-18.

[4] 范重，杨苏，栾海强. 空间结构节点设计研究进展与实践[J]. 建筑结构学报，2011，32(12)：1-15.

[5] 陈志华，吴锋，闫翔宇，等. 国内空间结构节点综述[J]. 建筑科学，2007，23(9)：93-97.

[6] 徐剑锋. 南通市体育会展中心分叉柱底铸钢节点应力集中及承载力问题的分析研究[J]. 南京：东南大学，2005.

[7] 刁玺. 青岛 2014 世园会主题馆主体钢结构分析及重要节点研究[D]. 哈尔滨：哈尔滨工业大学，2017.

[8] 王岳，王正中，张雪才，等. 基于拓扑优化的铸钢节点优化设计方法[J]. 钢结构，2018，33(12)：108-113.

[9] 陈敏超，赵阳，谢亿民. 空间结构节点的拓扑优化与增材制造[J]. 土木工程学报，2019，52(2)：1-10.

[10] WANG L X, DU W F, HE P F, et al. Topology Optimization and 3D Printing of Three-Branch Joints in Treelike Structures[J]. Journal of structural engineering, 2020, 146(1)：04019167.

[11] 张帆，杜文风，张皓，等. 基于仿生子结构的十字交叉节点拓扑优化研究[J]. 建筑结构学报，2020，41(增刊 1)：55-65.

[12] 葛海波. 基于衍生式设计的双足机器人下肢结构轻量化设计及实验研究[D]. 杭州：浙江大学，2019.

[13] 王宏宇，滕儒民，杨娟，等. 基于衍生式设计的汽车起重机转台轻量化探析[J]. 大连理工大学学报，2021，61(01)：46-51.

[14] BRIGHT J, SURYAPRAKASH R, AKASH S, et al. Optimization of quadcopter frame using generative design and comparison with DJI F450 drone frame[J]. IOP Conference Series Materials Science and Engineering, 2020, 1012.

[15] RAJPUT S, BURDE H, SINGH U S, et al. Optimization of prosthetic leg using generative design and compliant mechanism[J]. Materials Today：Proceedings, 2021, 46(1)：8708-8715.

[16] WU J, LI M, CHEN Z, et al. Generative design of the roller seat of the wind turbine blade turnover machine based on cloud computing[C]//ICMAE. 2020 11th International Conference on Mechanical and Aerospace Engineering. Athens, Greece, 2020：212-217.

[17] HAMID I, NICOLA B, QINBING F, et al. Generative design and fabrication of a locust-inspired glidingwing prototype for micro aerial robots[J]. Journal of Computational Design and Engineering, 2021, 8(5)：1191-1203.

[18] 刘永红，黎文广，季铁，等. 国外生成式产品设计研究综述[J]. 包装工程，2021，42(14)：9-27.

[19] FRANCALANZA E, FENECH A, CUTAJAR P. Generative design in the development of a robotic manipulator[J]. Procedia Cirp, 2018, 67：244-249.

［20］ WANG Y, JING S, LIU Y, et al. Generative design method for lattice structure with hollow struts of variable wall thickness[J]. Advances in Mechanical Engineering, 2018, 10(3): 168781401775248.

［21］ KALLIORAS N A, LAGAROS N D. DzAI: Deep learning based generative design[J]. Procedia Manufacturing, 2020, 44: 591-598.

［22］ NTINTAKIS I, STAVROULAKIS G E. Progress and recent trends in generative design[J]. MATEC Web of Conferences, 2020, 318: 01006.

［23］ MA W, WANG X Y, WANG J, et al. Generative design in building information modelling (BIM): approaches and requirements[J]. sensors, 2021, 21(16): S21165439.

［24］ DIAZ G, HERRERA R F, RIVERA F, et al. Applications of generative design in structural engineering[J]. Revista Ingenieria de Construccion, 2021, 36(1): 29-47.

［25］ HYUNJIN C. A study on application of generative design system in manufacturing process[J]. IOP Conference Series Science and Engineering, 2020, 727: 012011.

［26］ ZAIMIS I, GIANNAKIS E, SAVAIDIS G. Generative design case study of a CNC machined nose landing gear for an unmanned aerial vehicle[J]. IOP Conference Series: Materials Science and Engineering, 2021, 1024(1): 012064 (8pp).

［27］ NA H, KIM W. A Study on the practical use of generative design in the product design process[J]. Archives of Design Research, 2021, 34(1): 85-98.

［28］ KHAN S, GUNPINAR E, SENER B. GenYacht: An interactive generative design system for computer-aided yacht hull design[J]. Ocean Engineering, 2019, 191: 106462.

［29］ OH S, JUNG Y, KIM S, et al. Deep generative design: integration of topology optimization and generative models[J]. Journal of Mechanical Design, 2019, 141(11): 1.4044229.

［30］ MAKSIMOV A, PETROFF R, KLYAVIN O, et al. On the problem of optimizing the door hinge of electro car by generative design methods[J]. International Journal of Mechanics, 2020, 14: 119-124.

［31］ JAISAWAL R, AGRAWAL V. Generative design method (GDM)—A state of art[J]. IOP Conference Series: Materials Science and Engineering, 2021, 1104(1): 012036 (8pp).

［32］ BRIARD T, SEGONDS F, ZAMARIOLA N. G-DfAM: a methodological proposal of generative design for additive manufacturing in the automotive industry[J]. International Journal on Interactive Design and Manufacturing (IJIDeM), 2020, 14(3).

［33］ AMAN B. Generative design for performance enhancement, weight Reduction, and its industrial implications. 2020.

06　呼和浩特汽车客运东站组合拱结构设计与分析

纪　晗，李　霆，孙兆民，胡紫东

（中南建筑设计院股份有限公司，武汉）

摘　要：针对呼和浩特汽车客运东站建筑造型特点，提出了组合拱的结构形式，实现了建筑与结构完美统一。采用 SAP2000 对结构进行了静力、动力和稳定性分析，分析结果表明，恒荷载和温度作用对结构起控制作用；风荷载和地震作用影响较小；拱单元间的折板（梁）结构对整体结构影响较大，纵向 H 型钢梁、折板（梁）结构与钢管混凝土拱圈的连接方式对结构整体刚度和稳定性影响很大，达到 60%，进而提出了实现节点刚接的方法。最后介绍了拱形屋盖的滑移施工方案和钢管混凝土拱内混凝土浇筑的关键问题及解决方案。

关键词：组合拱结构，稳定分析，节点设计，滑移施工

Design and Analysis of Composite Arch Structure of Hohhot East Passenger Station

JI Han，LI Ting，SUN Zhaomin，HU Zidong

（Central-South Architectural Design Institute Co.，Ltd.，Wuhan）

Abstract：According to the architectural modeling characteristics of the composite arch structure of Hohhot East Passenger Station，the structural form of the composite arch is proposed，which realizes the perfect unification of architecture and structure. The static，dynamic and stability analyses of the structure were performed by SAP2000. The analysis results show that the dead load and thermal action control the structure properties；the effects of wind load and seismic load are minor. The connection between the longitudinal H-shaped steel beam，the folded plate（beam）structure and the concrete filled steel tubular arch（CFST arch）has an effect on the overall stiffness and stability of the structure by 60%，which demonstrates that the folded plate（beam）structure between the units has a great influence on the overall structure. In addition，this paper proposes a method for realizing the rigid connection of nodes. At the end of this thesis，the sliding construction scheme of CFST arch roof and the key issues and solutions for concrete placement in CFST arch are presented.

Keywords：composite arch structure，stability analysis，node design，sliding construction

1. 工程概况

呼和浩特汽车客运东站为地上两层（局部设有夹层），局部半边设置一层地下室，结

构总高度为 22.1m，建筑面积约 2.4 万 m²；主要功能是为旅客提供舒适的候车环境，便捷、快速的进出站条件，配套相应的旅客服务用房。建筑实景如图 1、图 2 所示，拱脚立面如图 3、图 4 所示，屋盖结构平面布置如图 5 所示，基础平面如图 6 所示。本工程抗震设防烈度为 8 度，基本风压为 0.60kN/m²（100 年重现期）。土层分布依次为杂填土（松散，埋深 1.80～4.50m）、细砂（中密—密实，$f_{ak}=140kPa$，埋深 3.20～6.80m）、砾砂（稍密—密实，$f_{ak}=220kPa$，埋深 11.20～15.7m）、粉质黏土（可塑，$f_{ak}=160kPa$，埋深 15.00～17.30m）、细砂（中密—密实，$f_{ak}=160kPa$），地下室四周为杂填土和细砂、砾砂层。

图 1　建筑外景

图 2　建筑内景

图 3　拱脚侧立面

图 4　拱脚正立面

　　屋盖拱结构与二层候车大厅楼盖之间通过两道室内纵向防震缝分开（图 7、图 8）。与主体拱结构分开的二层候车大厅采用现浇钢筋混凝土框架结构，长 162.6m、宽 69m，主要柱网尺寸为 7.2m×9.0m 和 10.8m×9.0m。屋盖采用组合拱结构，室内部分采用圆钢管混凝土拱形结构，室外部分采用带斜撑的现浇钢筋混凝土拱架结构（图 9、图 10）。

　　地下室部分采用考虑底板分担作用的柱（墙）下扩展基础，其他部分采用独立扩展基础，选取第 3 层砾砂层 $f_{ak}=220kPa$ 为基础持力层，基础埋深约 5.2～6.5m。

　　地下室外墙与混凝土拱之间、无地下室部分均浇筑 250mm 厚刚性地坪（双层双向配筋，单层配筋率 0.3%）。

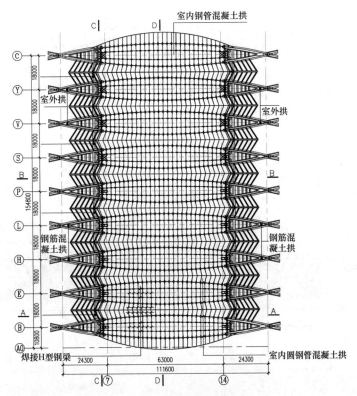

图 5 屋盖结构平面布置

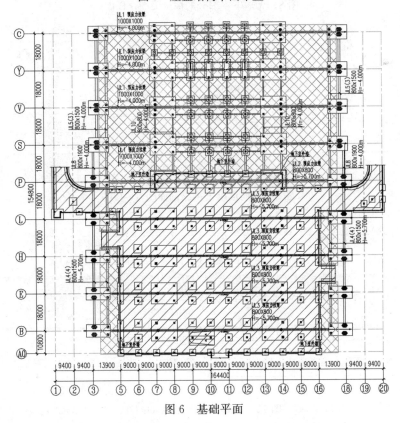

图 6 基础平面

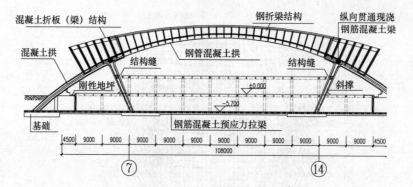

图 7 有地下室部分的横剖面图（A-A）

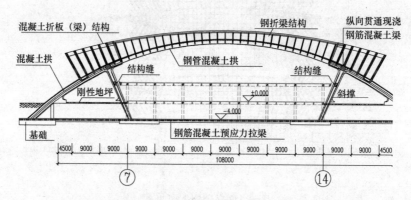

图 8 无地下室部分的横剖面图（B-B）

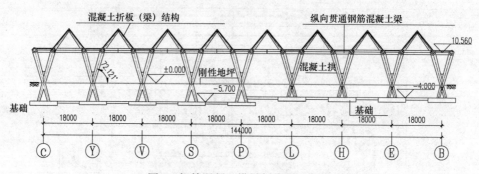

图 9 钢筋混凝土拱纵剖面图（C-C）

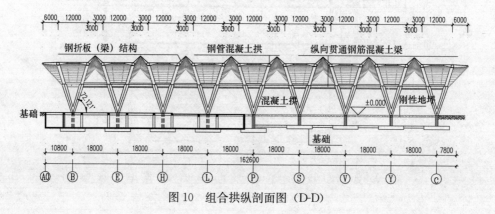

图 10 组合拱纵剖面图（D-D）

94

2. 结构选型

屋盖拱形结构有三种结构形式：纯钢拱、纯钢筋混凝土拱、钢与混凝土组合结构拱（室外钢筋混凝土拱、室内钢拱）。建筑师追求的建筑效果是室内外整个屋盖体系均为清水混凝土结构，但考虑其所处的地理位置，每年可施工混凝土的时间仅为8个月左右，且建造清水混凝土效果的GRC异型双曲永久性模板造价较高，钢筋绑扎十分困难，高支模代价较大，综合比选后，屋盖采用组合拱结构：室内部分为圆钢管混凝土拱形结构体系，室外部分采用带斜撑的现浇钢筋混凝土拱形结构。这样，既满足了建筑外观要求，又考虑了施工难度、经济性，保证了施工工期，实现了建筑造型和结构形式的完美统一。

另一方面，拱结构以受压为主，承受的弯矩和剪力较小，室内部分需采用圆钢管混凝土（CFT）结构以减小壁厚，从而减少用钢量，降低造价。结构主体完工现场如图11所示。

图11 结构主体完工现场

3. 屋盖结构体系与特点

屋盖采用单元式结构体系，每个单元主要由两根拱斜向交叉而成，两根拱之间通过钢梁（室外钢筋混凝土梁）连系形成单元（图12）。9个单元之间通过折板（梁）结构连为整体并形成屋盖结构体系。

屋盖拱脚跨度为125m，拱轴弧长137.6m，竖直矢高24.3m，拱轴线为半径93m的圆，主拱圈与水平面呈72.121°夹角。相邻拱单元水平间距为18m。

钢管混凝土拱部分跨度为71.179m，竖直矢高6.267m，拱轴弧长68.7m，每个单元内两根拱的拱顶水平轴线间距为12m，相邻两个单元的拱顶间距6m；钢管直径为1.2m，壁厚20mm（Q345 GJ-C），钢管混凝土拱内灌注C40混凝土；钢梁均采取变截面焊接H型钢（Q235B），沿拱轴两侧分布，在拱轴位置的间距为2.45m，拱单元间的折板（梁）部分顶部采用 $\phi299 \times 10$ 的圆钢管（Q235B）将两侧的焊接H型钢梁形成整体。

钢筋混凝土拱脚部分采用边长980mm的正六边形截面，竖直矢高24.3m（基础面位于-5.700m）；斜撑与水平向夹角114°，采用正六边形变截面，顶端边长980mm，低端

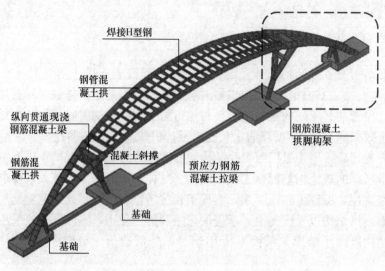

图 12　拱单元结构示意（无地下室）

边长 693mm。纵向贯通现浇钢筋混凝土梁位于标高 10.560m 处，采用边长 840mm 的正六边形截面。混凝土部分均采用 C40 级。屋盖结构型钢用量 1621t（76.2kg/m²）。

3.1　整体结构体系

（1）结构分缝问题

因建筑造型要求，整个屋盖结构及外立面不能分缝，但建筑功能和造型允许室内的二层楼盖与组合拱结构之间设防震缝脱开。考虑到二层混凝土结构平面尺寸超长，又位于严寒地区，温度作用对结构影响较大，故在地上部分设置两道室内纵向防震缝，使二层楼盖和组合拱结构部分脱开。

（2）竖向承重体系

屋盖采用组合拱结构（钢管混凝土拱＋钢筋混凝土拱脚构架）和折板（梁）结构共同形成竖向承重体系。这样处理也使组合拱主体结构传力简洁、可靠。

（3）横向抗侧力体系

通过由钢筋混凝土拱和钢筋混凝土斜撑构成的钢筋混凝土三角形拱脚构架，形成横向抗侧力体系。

（4）纵向抗侧力体系

钢筋混凝土拱脚构架和纵向贯通现浇钢筋混凝土梁形成的两道纵向框架斜柱体系形成纵向抗侧力体系。

3.2　拱结构水平推力问题

拱结构在拱脚处水平推力较大，对于无地下室部分，设置 1000mm×1000mm 预应力钢筋混凝土基础拉梁（梁面标高−4.00m）；对于有地下室的部分，在拱脚基础间设置 800mm×800mm 预应力钢筋混凝土底板梁（底板面标高−5.7m），平衡恒荷载标准值加 1/2 活荷载标准值下的水平力。预应力均采用后张有粘结预应力。预应力筋采用 ϕ^s15.2 低松弛镀锌钢绞线，强度标准值 f_{ptk}＝1860MP，张拉控制应力为 $0.7f_{ptk}$；采用圆形镀锌钢管孔道，壁厚5.5mm，材质为Q235B。

每根预应力梁内设置4孔预应力束，其中无地下室部分的预应力拉梁JL1设置4-15ϕ^s15.2直线型预应力筋，有地下室部分的预应力拉梁JL2、JL3设置4-17ϕ^s15.2直线型预应力筋。

预应力需分批张拉。混凝土达到设计强度后，先张拉对角的两预孔应力束至50%，再张拉另外对角的两孔预应力束至50%；主体结构及屋面板施工完毕且拱的支架拆除后，按照第一批张拉顺序逐渐将4孔预应力束张拉到100%。可采用两端张拉、超张拉法减少预应力损失。

3.3 基础水平约束问题

本项目仅半边有地下室，采用天然基础，基础周边土为杂填土、中密细砂和稍密砾砂，土体水平约束为有限刚度。在较大的地震作用下，由于局部半地下室挡土面较大、水平约束较大，而刚性地坪板与地下室顶板连为一体，无地下室部分基础水平约束较小，将引起首层结构较大扭转。

解决方案：在没有地下室的部分设置1.5m高基础梁形成抗剪键，增大土体水平约束，可有效控制扭转效应。

4. 主要设计荷载

结构上的作用考虑自重、二次恒荷载、活荷载、雪荷载、风荷载、温度作用及地震作用。

PVC屋面（用于组合拱结构部分）恒荷载为0.3kN/m²，玻璃（采光天窗，用于局部钢管混凝土拱屋盖）屋面恒荷载为1.5kN/m²；活荷载均为0.5kN/m²。[1]

屋盖结构地面粗糙度为B类[1]。风荷载取2013年4月湖南大学提供的《呼和浩特市国家公路运输枢纽——汽车客运东枢纽站风洞动态测压试验报告》和《呼和浩特市国家公路运输枢纽——汽车客运东枢纽站等效风荷载研究报告》。

雪荷载：基本雪压为0.45kN/m²（按100年重现期）[1]，积雪分布系数根据荷载规范取值。

温度作用：呼和浩特市基本气温最高33℃，最低−23℃[1]，极端最低气温为−41.5℃，极端最高气温为38.5℃。考虑施工的可行性，施工时合拢温度取为12~25℃。钢管混凝土拱部分考虑温升18℃，温降−42.5℃。考虑室内外温差、混凝土收缩、徐变等效温差以及地下一层温度梯度，工程使用阶段地下室底板以上最大升温+6.2℃、最大降温−18.5℃，地下室底板的最大升温和最大降温分别为+3.1℃、−9.6℃。

地震作用：抗震设防烈度为8度，设计基本地震加速度值为0.20g，设计地震分组为第一组，场地类别为Ⅱ类，场地地震反应特征周期T_g=0.35s，多遇地震影响系数α_{max}=0.16。整体计算时阻尼比取0.03。[2]

5. 结构分析

屋盖结构静力分析采用SAP2000有限元软件。组合拱结构安全等级为一级，其余部分为二级。建筑抗震设防类别为重点设防类（乙类）。钢筋混凝土拱抗震等级为一级，钢筋混凝土框架抗震等级为一级，钢管混凝土拱抗震等级为二级。

屋盖部分的抗震性能目标为 C，抗震设防性能目标细化如表 1 所示。

屋盖部分的抗震设防性能目标细化 表 1

	地震烈度		多遇地震	设防地震	罕遇地震
	宏观损坏程度		无损坏	轻度损坏	中度损坏
	层间位移角		1/550	1/250	1/100
构件性能	关键构件	钢筋混凝土拱/钢管混凝土拱	弹性	正截面不屈服，受剪弹性	正截面不屈服，受剪不屈服
	普通竖向构件	Y/V 形钢筋混凝土斜撑	弹性	正截面不屈服，受剪不屈服	满足受剪截面控制条件
	耗能构件	框架梁	弹性	受剪不屈服	允许形成充分的塑性铰

6. 计算分析内容

6.1 计算长度系数的取值

对于纯压钢拱，有效计算长度系数基本上取决于拱的类型和矢跨比[3]。无铰拱屈曲形式多呈反对称失稳，拱顶可视为反弯点，从拱脚到拱顶的半根拱可以类比成一端固定、一端铰接的柱，该类柱的有效长度系数是 0.7～0.72，故无铰拱的计算长度可以取为 $L_0 = 0.36S$，其中 S 为拱轴线长度。[2]

6.2 结构静力分析

屋盖结构的主要荷载工况静力分析结果如表 2、表 3 所示。屋盖结构最大竖向位移计算值为 1/491，小于 1/400；平面内拱顶最大水平侧移计算值不超过其跨度的 1/200，满足相关规范限值要求。

静力作用下结构变形最大值（挠度）（mm） 表 2

效应	恒荷载	整跨活荷载	半跨活荷载	温升	温降	竖向地震作用
挠度	−27	−4	−2	43	−81	3

静力作用下结构变形最大值（层间位移角） 表 3

效应	横向地震作用（拱平面内）	纵向地震作用（拱平面外）	风荷载下最大位移（45°方向）
层间位移角	1/6075	1/1350	1/8100

无风荷载作用对屋盖受力不利；向上的风吸力抵抗了部分竖向恒荷载和活荷载，对结构受力有利。温度作用对竖向挠度有一定影响，但对水平侧移几乎没有影响。恒荷载和温度作用起控制作用，因建筑较低，风荷载和地震作用均不起控制作用。

6.3 结构动力分析

通过对结构整体模型进行分析，得到屋盖自振周期如表4所示。前3阶振型均为拱平面外的纵向振动，从第4阶振型开始为拱平面内的反对称振动。

结构整体模型自振周期（s） 表4

阶数	1	2	3	4	5	6	7	8	9	10
周期	0.93	0.84	0.64	0.59	0.58	0.57	0.57	0.56	0.54	0.52

6.4 线性屈曲分析

屈曲分析主要用于研究结构在特定荷载作用下的稳定性以及确定结构失稳的临界荷载。结构的主要屈曲工况分析结果如表5所示，均大于4.2。其中，带折板（梁）结构单元两侧各取折板（梁）结构的一半，折板（梁）边界部分约束拱平面外水平位移、其他自由度释放，本工况是偏不安全的假设，仅供对比分析。

屈曲分析结果 表5

模型状态	荷载情况	屈曲因子		
		第1阶	第2阶	第3阶
整体模型	恒荷载	13.85	13.96	20.17
	恒荷载＋半跨均布活荷载	13.52	13.63	18.93
	恒荷载＋全跨均布活荷载	13.20	13.31	17.87
单榀模型[带折板（梁）]	恒荷载	19.99	31.18	34.85
	恒荷载＋半跨均布活荷载	18.75	19.25	32.61
	恒荷载＋全跨均布活荷载	17.71	27.62	30.73
单榀模型[不带折板（梁）]	恒荷载	10.70	18.01	20.26
	恒荷载＋半跨均布活荷载	10.32	17.39	19.54
	恒荷载＋全跨均布活荷载	9.98	16.82	18.89

恒荷载作用下，整体分析时前3阶屈曲为反对称屈曲；带折板（梁）结构单元的第1阶屈曲为反对称屈曲，第2阶屈曲为对称屈曲，第3阶屈曲为扭转屈曲；不带折板（梁）结构单元的第1阶屈曲为拱平面外屈曲，第2阶屈曲为扭转屈曲，第3阶屈曲为拱平面内反对称屈曲。

整体结构和结构单元的屈曲模态有较大不同，带折板（梁）结构单元屈曲因子比整体结构的屈曲因子偏大40%，而不带折板（梁）结构单元屈曲因子比整体结构的屈曲因子偏小约25%。带折板（梁）结构单元的折板（梁）边界部分约束了其拱平面外水平位移，故提高了稳定性，也说明单元间的折板（梁）结构对拱单元的平面外稳定作用明显。

根据德国标准 DIN 18 800-Ⅱ-1990 扁拱跃越屈曲不控制设计准则：

$$R = l \sqrt{\frac{EA}{12EI}} > K_{sn}$$

式中，EI/l^2 表征拱抵抗弯曲屈曲的能力，EA 反映压缩变形的刚度。$\dfrac{EA}{EI/l^2}$ 较小，跃越屈曲必然先于弯曲屈曲（即反对称分岔屈曲）发生，而此值大到一定程度后，则分岔屈曲先于跃越屈曲。该准则提出，K_{sn} 与拱类型和矢跨比有关，对于矢跨比为 0.1 的无铰拱，K_{sn} 取为 42。经计算，本项目 $R=51.97>42$，分岔屈曲先于跃越屈曲。

6.5 非线性屈曲分析

非线性屈曲时，钢材采用图 13 所示应力一应变曲线[4]，因混凝土拱架尺寸很大，不计混凝土支承体系塑性。对于 Q235 钢，$f_y=235\text{MPa}$，$f_u=375\text{MPa}$，$\varepsilon_1=0.114\%$，$\varepsilon_2=2\%$，$\varepsilon_3=20\%$，$\varepsilon_4=25\%$；对于 Q345 钢，$f_y=345\text{MPa}$，$f_u=510\text{MPa}$，$\varepsilon_1=0.17\%$，$\varepsilon_2=2\%$，$\varepsilon_3=20\%$，$\varepsilon_4=25\%$。对于混凝土，$E=3.0\times10^4\text{MPa}$，$\nu=0.2$，$f_c=14.3\text{MPa}$，$f_t=1.43\text{MPa}$。

考虑几何非线性的 $P\text{-}\Delta$ 效应和大位移以及材料非线性[5]，以均布面荷载为荷载工况对整体模型进行分析，得到典型拱顶节点的荷载一位移曲线如图 14 所示，可以看到，随着荷载的增大，拱顶挠度增加，均布荷载最大值为 88kN/m^2，是标准值的 293 倍。

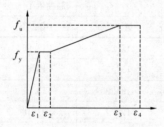
图 13　钢材的应力-应变曲线

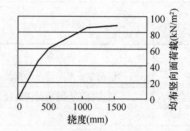
图 14　典型拱顶节点的荷载-位移曲线

6.6 温度作用的影响

表 6 和表 7 为典型钢筋混凝土拱脚节点和典型斜撑底部节点在恒荷载、活荷载、温升、温降四种荷载下的支座反力情况。

钢筋混凝土拱脚节点反力　　表 6

项目	F_1 (kN)	F_2 (kN)	F_3 (kN)	M_1 (kN·m)	M_2 (kN·m)	M_3 (kN·m)
①恒荷载	8930	1	7855	−1	2958	1
②活荷载	973	3	611	−3	223	1
③温升	416	−123	239	94	−130	4
④温降	−772	215	−449	−163	328	−9
③/①	5%	—	3%	—	—	—
④/①	−9%	—	−6%	—	—	—

注：1 轴为拱跨方向，2 轴为纵向，3 轴为重力方向。

典型斜撑底部节点反力　　　　　　　　　　表7

项目	F_1 (kN)	F_2 (kN)	F_3 (kN)	M_1 (kN·m)	M_2 (kN·m)	M_3 (kN·m)
①恒荷载	−1878	−9	4817	0	773	5
②活荷载	−53	0	169	0	107	0
③温升	−6	14	−491	−21	−1111	−31
④温降	11	−23	902	37	2044	55
③/①	0%	—	−10%	—	—	—
④/①	−1%	—	19%	—	—	—

注：1轴为拱跨方向，2轴为纵向，3轴为重力方向。

由表6、表7可知，温度作用对斜撑底部的水平力影响不大，对钢筋混凝土拱脚的水平力影响约占10%，对钢筋混凝土拱脚的影响大于对斜撑底部的影响。温升使斜撑底部节点产生与自重方向相反的支座力（即斜撑受拉），使钢筋混凝土拱脚产生与自重方向相同的支座反力（受压），而温降对支座产生的作用相反，即钢筋混凝土拱受拉、斜撑受压。温度作用对斜撑底部节点反力的影响最大，尤其是温降时与自重产生的反力相比约为20%（反力同向），拱平面内的弯矩影响也很大。

表8和表9为典型钢管混凝土拱的拱顶和拱脚在恒荷载、活荷载、温升、温降四种荷载下的内力情况。

钢管混凝土拱顶杆件内力　　　　　　　　　　表8

项目	P (kN)	V_2 (kN)	V_3 (kN)	T (kN·m)	M_2 (kN·m)	M_3 (kN·m)
①恒荷载	−3627	−42	0	5	16	382
②活荷载	−464	0	0	1	10	41
③温升	−232	1	0	−2	14	−544
④温降	443	−3	0	5	−26	1020
③/①	6%	−3%	89%	−49%	87%	−142%
④/①	−12%	6%	−173%	96%	−164%	267%

注：P 为轴力，V_2 为拱平面内剪力，V_3 为拱平面外剪力。

钢管混凝土拱脚杆件内力　　　　　　　　　　表9

项目	P (kN)	V_2 (kN)	V_3 (kN)	T (kN·m)	M_2 (kN·m)	M_3 (kN·m)
①恒荷载	−3938	−59	−11	32	0	−493
②活荷载	−500	−7	−1	22	3	−59
③温升	−194	81	−33	31	−63	795
④温降	373	−151	61	−59	109	−1493
③/①	5%	—	—	—	—	—
④/①	−9%	—	—	—	—	—

注：P 为轴力，V_2 为拱平面内剪力，V_3 为拱平面外剪力。

由表 8、表 9 可知，拱轴力是主要控制内力；温度作用对拱顶杆件的内力影响大于对拱脚杆件的影响；温度作用使拱脚杆件产生一定的拱平面内剪力；温度作用会使拱轴产生一定的弯矩，尤其是拱平面内的弯矩。后两个方面是因为本项目中的单根钢管拱斜放、拱单元之间采用折板（梁）结构，造成纵向温度作用可以一定程度释放所引起的。

7. 关键节点

钢管混凝土拱之间、拱单元之间需要侧向支撑保证平面外稳定，且侧向支撑和拱之间需要形成刚性节点，即拱与 H 型钢梁、拱单元与折梁、折梁与折梁之间均为刚接，拱脚为刚接节点。

7.1 H 型钢梁与圆钢管拱之间的刚接节点

对比 4 种工况，节点分析结果如表 10 所示。

工况 1，所有节点均采用刚接节点。

工况 2，拱单元内的 H 型钢梁与主拱圈铰接，其余刚接。

工况 3，拱单元内的 H 型钢梁与主拱圈铰接，折板（梁）体系内的 H 型钢梁与主拱圈铰接，其余刚接。

工况 4，拱单元内的 H 型钢梁与主拱圈铰接，折板（梁）体系内的 H 型钢梁与主拱圈铰接，折板（梁）体系内的 H 型钢梁之间铰接。

4 种工况下的节点分析结果　　　　　　　　　　　表 10

项目	自振周期（s）			屈曲因子（恒荷载）		
	第 1 阶	第 2 阶	第 3 阶	第 1 阶	第 2 阶	第 3 阶
①工况 1	0.93	0.84	0.64	13.85	13.96	20.17
②工况 2	1.16	1.03	0.8	12.04	12.17	15.68
③工况 3	1.49	1.31	1.06	9.72	11.98	12.1
④工况 4	1.49	1.47	1.45	8.91	8.95	9.03
②/①	1.25	1.23	1.25	0.87	0.87	0.78
③/①	1.60	1.56	1.66	0.70	0.86	0.60
④/①	1.60	1.75	2.27	0.64	0.64	0.45

与工况 1 所有节点均采用刚接节点相比较，工况 2、工况 3、工况 4 的整体刚度从自振周期角度分别降低 25%、60%、60%，恒荷载作用下的屈曲因子分别降低 13%、30%、36%，进一步说明了折板（梁）结构对整体稳定的影响显著，且全部采用刚接节点最为安全。

H 型钢梁与圆钢管拱连接节点如图 15 所示。在 H 型钢腹板对应的钢管混凝土主拱（或圆钢管）内设置内置节点环板，H 型钢的翼缘因为建筑造型需要与圆钢管切向相交，相交处采用全焊透焊缝以保证弯矩传递。节点板中间需开直径 800mm 的圆孔，传递内力的同时保证内部浇筑混凝土的流动。完成后的节点实景如图 16 所示。

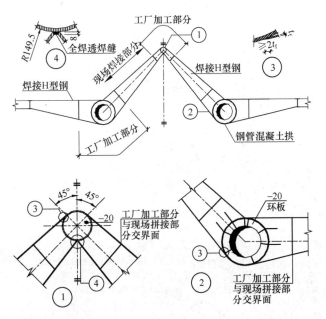

图 15　H 型钢梁与圆钢管拱连接节点

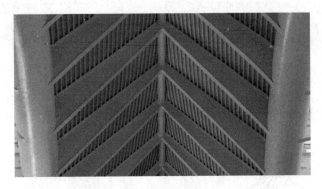

图 16　节点实景

7.2　钢管混凝土拱与钢筋混凝土拱连接节点

钢管混凝土拱与钢筋混凝土拱之间采用埋入式柱脚（图 17），埋入长度 3 倍的钢管直径，埋入部分的钢管外壁设置栓钉连接。

8. 施工技术问题

8.1　钢管混凝土拱屋盖的滑移施工

结合结构特点，采用沿纵向液压同步累积滑移施工方案，如图 18 所示。

（1）在 B 轴处的屋盖下方设置临时支撑架，采用履带式起重机高空原位散件，拼装成一个标准滑移单元，完成后在单根钢管拱下设置钢绞线作为临时支撑。在 7 轴和 14 轴

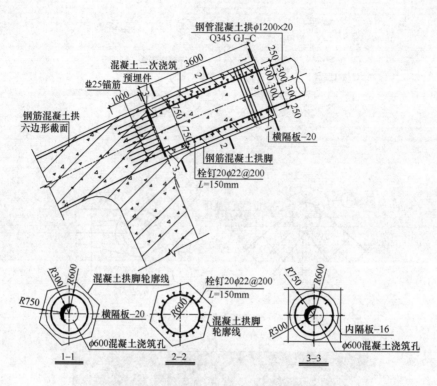

图 17　钢管混凝土拱与钢筋混凝土拱连接节点

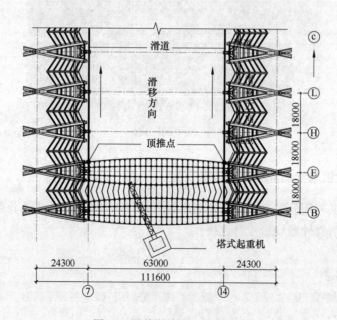

图 18　屋盖滑移施工方案示意

设置滑移轨道，轨道采用竖向钢桁架支撑，采用侧向刚性拉杆保持侧向稳定性。滑移单元经安装结构焊接探伤合格后进行卸载，然后作为第一个滑移单元滑出。

　（2）第一个单元滑移 18m（即相邻两单元间距），同样方法拼装第二单元钢拱结构，拼装完成后卸载，再安装第一和第二单元之间的折板（梁）结构体系，焊接完成后将第一、第二单元再滑移 18m，重复上述步骤，完成主体结构。

（3）钢管拱结构所有单元滑移到位后，将钢拱两端与预埋钢管拱脚焊接固定，拆除临时措施，同时安装两侧悬挑钢构件。

采取上述液压同步累计滑移施工技术，可避免与下部结构立面交叉施工、吊装机械无法进入或无法辐射等问题。滑移设备通过计算机控制，推进过程中滑移姿态平稳，滑移同步控制精度高，推进力均匀，加速度极小。在滑移的起动和停止工况时，屋盖不会产生不正常抖动现象。滑移施工技术还具有操作方便，可节省机械设备、劳动力及支撑措施等优势。

8.2 钢管混凝土拱内混凝土浇筑

钢管混凝土拱内混凝土浇筑采用单根双向顶升法施工。两侧对称开压注孔，利用泵压将混凝土从压注孔处自下而上压入钢管拱内，并达到混凝土自密实的效果。

拱管直径为 1.2m，拱轴弧长为 68.7m。因浇筑混凝土时，单个拱管内间隔 3.6m 设有内隔板，混凝土流动到内隔板处时易产生封闭空气腔体，导致不密实。故混凝土浇筑时应由下而上，在内隔板的对称位置开 4 个直径约 20mm 出气孔，并在钢拱管上方和在内隔板下方各开一个直径 10mm 的出气孔，以确保此处形成气体腔体，保证混凝土的密实度。

单个钢拱管的最低标高为 10.56m，浇筑的钢拱管最顶面标高为 22.2m，落差约为 12m，若一次性浇筑到顶，混凝土在钢拱管里流动不畅或者水分不足，存在爆管的隐患。采取的对策是单个钢拱管分两次浇筑混凝土，约 6m 一个落差。在钢拱管上设置 5 个直径 120mm 的浇筑孔和出气孔，其中左右对称的 4 个浇筑孔设置在钢拱管的侧边偏上位置，拱顶设置 1 个出气孔。

钢管混凝土拱跨度为 72m，自重下挠值较大，需待其内部混凝土强度达到 100% 后，拆除临时支撑架。

9. 结论

（1）在满足建筑外观要求并兼顾施工难度和经济性的前提下，合理选择了组合拱结构形式，屋盖室内部分采用圆钢管混凝土拱形结构，室外部分采用带斜撑的现浇钢筋混凝土拱形结构，同时满足以轴压力为主的受力要求。

（2）通过设置预应力水平拉梁平衡拱的水平推力，针对仅局部半边存在地下室的情况，在无地下室区域通过加高基础梁形成抗剪键，使首层结构在地震作用下减轻扭转。

（3）拱结构恒荷载和温度作用起控制作用，风荷载和地震作用均不起控制作用。

（4）整体结构和单独的拱结构单元的屈曲模态和屈曲因子均有较大不同，折板（梁）结构连接方式对整体稳定的影响显著，全部采用刚接节点最为安全。

（5）采取液压同步累计滑移施工技术，避免了与下部结构立面交叉施工、吊装机械无法进入或无法辐射等问题，且控制精度更高，对结构影响更小。

（6）采用单根双向顶升法完成钢管混凝土拱内混凝土浇筑，克服了结构自重大和浇筑落差大、浇筑距离过长引起的安全和浇筑质量问题。

参考文献

[1] 住房和城乡建设部. 建筑结构荷载规范：GB 50009—2012[S]. 北京：中国建筑工业出版社，2012.
[2] 住房和城乡建设部. 拱形钢结构技术规程：JGJ/T 249—2011[S]. 北京：中国建筑工业出版社，2011.
[3] 郭彦林，窦超. 钢拱结构设计理论与我国钢拱结构技术规程[J]. 钢结构，2009，24(5)：59-70.
[4] 韩庆华，潘延东，刘锡良. 焊接空心球节点的拉压极限承载力分析[J]. 土木工程学报，2003，36(10)：1-6.
[5] 陈宝春. 钢管混凝土拱桥[M]. 北京：人民交通出版社，2007.

07 胶合木大跨度空间结构设计的研究与工程实践

贾水钟

（上海建筑设计研究院有限公司，上海建筑空间结构工程技术研究中心，上海）

摘 要：改革开放 40 多年来，我国在大跨度空间结构方面已经有了长足的发展，而具有代表性的地标性胶合木大跨度空间结构建筑目前仍然很少；尽管大跨度空间结构在我国各类体育场馆、大型博物馆等公共建筑中有非常多的应用，但以胶合木作为主体结构材料的实践案例不多。目前北美、欧洲以及日本等国家及地区，已有大量可供参考的大跨度木空间结构案例及一定的研究成果，相比之下，胶合木大跨度空间结构的研究与应用在我国还处于起步阶段。胶合木轻质且具有很高的承载效率，与大跨度空间结构的要求不谋而合，随着我国"双碳"的承诺与实践，胶合木大跨度空间结构具有很好的发展前景。太原植物园中展览温室建筑造型呈"贝壳"形状，其中 1 号温室最大跨度为 89.5m，最大高度 29.5m，采用双向叠放胶合木梁形成网壳结构体系；太原植物园水上餐厅建筑跨度为 21m，采用密肋叠合胶合木梁系；上海滴水湖人行桥中的 F 桥跨度为 48m，采用胶合木空间桁架体系。通过以上已竣工的工程设计实践，阐明关键性技术，以新颖的结构体系及节点设计为胶合木结构创新提供依据，促进及拓展我国胶合木大跨度空间结构的发展。

关键词：大跨度空间结构，胶合木，太原植物园展览温室，太原植物园水上餐厅，上海滴水湖景观人行桥

Design Research and Engineering Practice of Glulam Large Span Spatial Structure

JIA Shuizhong

(Shanghai Institute of Architectural Design and Research, Science & Technology Comission of Shanghai Municipality, Shanghai)

Abstract: For more than 40 years of Reform and Opening-up, China has made great progress in large-span spatial structure, but there are still very few representative landmark glulam long-span spatial structure buildings in China. Although large-span spatial structures are widely used in public buildings such as various stadiums and large museums, few practical cases of using glued wood as the main structural material have been adopted. At present, there are many long-span timber spatial structure cases and certain research results for reference in North America, Europe, Japan, and other countries. In contrast, the research and application of glulam large-span spatial structure are still in their initial stage in China. Glulam is lightweight and has high-bearing efficiency, which coincides with the requirements of large-span spatial structures. With the commitment and development of Chinese Carbon Peaking and Carbon Neutrality Goals, the glulam large-span spatial structure has good prospects. The architectural shape of the exhibition greenhouse in Taiyuan Botanical Garden is a "shell" shape. The maximum span of the 1♯ greenhouse is 89.5m, and the maximum height is 29.5m. The reticulated shell structure system is formed by two-way stacked glulam beams. The building span of the floating restaurant in Taiyuan Botanical Garden, which utilizes a system of ribbed laminated glulam beams, is 21m. Shanghai Dishui Lake Pedestrian Bridge F bridge, utilizing the glulam space truss system, spans 48m. Key technologies are illustrated through these completed engineering design practices. The novel structural system and node design provide the basis for the innovation of glulam structures. They also promote and expand the development of the Chinese glulam large-span spatial structure.

Keywords: large-span Spatial Structure, glued laminated timber, greenhouse in Taiyuan Botanical Garden, floating restaurant in Taiyuan Botanical Garden, Shanghai Dishui Lake Pedestrian Bridge

1. 胶合木大跨度空间结构优势及发展前景

空间结构的优势显然也是大跨度木空间结构的优势。空间结构的卓越工作性能不仅表现在三维受力，还在于它们通过合理的曲面形态来有效抵抗外荷载的作用，具有受力合理、结构刚度大、重量轻、用材节约等优点。尤其当跨度越大，空间结构就越能显示出其优异的技术经济性。事实上，当跨度达到一定程度后，我们就很难在保证结构具有一定经济性的同时继续采用平面结构了。1963 年，美国著名建筑师史密斯对 166 个已建成的大跨度钢结构工程进行了分析，在对刚架、桁架、拱、网架和网壳（穹顶）每平方米用钢量进行统计后得出结论：当跨度不大时，各种结构用钢量大体相当；随着跨度的增加，网架和不同形式的网壳（穹顶）均比平面结构节省钢材。据报道，英国伦敦的"千年穹顶"，其每平方米用钢量仅为 $20kg/m^2$。作为对比，古罗马人用砖石建造的 40 多米跨度的拱结构，结构自重为 $6400kg/m^2$。

事实上，木材尽管在强度上低于钢材，但其承载效率却要高于钢材，且远远高于混凝土。承载效率可以定义为强度与密度的比值，上海建工集团对不同材料的承载效率进行了对比分析，得出结论：不论从受拉、受压或是受弯的承载效率来看，木材均高于钢材、混凝土等传统材料。木材性价比较高的这一特点，使其在结构受力、经济性等要求更高的空间结构中展现出巨大的优势。

"双碳"的大势所趋，从建设单位角度看，木结构建筑也开始逐渐拥有更大的市场。在 2017 年度木结构项目的应用调研中，旅游开发项目、私人住宅、园林景观是木结构项目最重要的三个市场，且旅游开发项目是最大市场。能够预测，在未来的发展过程中，随着我国经济水平的提高，大跨度木空间结构的市场需求将会越来越大，主要原因在于：在新建项目中，将会针对旅游、展览、赛事而包含更多的体育场馆、展览馆、温室、接待中心等建筑，这些建筑往往需要横跨较大的空间范围，因此大跨度空间结构将成为非常好的选择。

木结构本身展现出的独特美感也是不容忽视的一大优势，这一点也受到了国内外建筑设计师的广泛认同。大跨度空间结构中采用胶合木作为主体结构材料，能够实现造型美观和绿色自然的效果。

综上，木材具有很高的承载效率，性价比高，且与大跨度空间结构的要求不谋而合，因此大跨度木空间结构具有很好的发展前景。

2. 胶合木大跨度空间结构分类

大跨度空间结构分为实体结构、网格结构、张力结构三种，由于实体结构多指薄壳结构（通常结构用材为钢筋混凝土），其结构形式决定木材并不是合适的选择，故大跨度木空间结构可分为网格结构、张力结构两种，现分述如下。

2.1 木网格结构

网格结构由许多形状和尺寸都标准化的杆件与节点组成，它们按一定规律连接形成空间网格状结构。研究表明，网格结构中杆件主要承受轴力，所以容易做到材尽其用，节省材料，减轻自重。具体来说，网格结构又可以分为网架结构与网壳结构两种。其中，网架的外观呈平板状，主要承受整体弯曲内力；而网壳的外观往往呈曲面状，主要承受整体薄膜内力。

2.1.1 木网架结构

木网架结构是由多根木杆按照一定规律组合而成的网格状高次超静定空间杆系结构，总体呈平板状，与钢网架结构十分类似。在节点处一般使用钢板将木杆相互连接。该结构体系具有空间刚度大、构件规格统一、施工方便等特点，多用于公共建筑。

以两个典型的木网架结构为例，西班牙的拉科鲁尼亚大学体育馆及意大利的阿戈尔多文化中心，如图1所示。结构木杆为胶合木方管或方形截面，前者节点通过螺栓与球状钢节点连接，后者通过螺钉、销钉等连接件与内插节点板连接。

(a) 拉科鲁尼亚大学体育馆（西班牙）　　　　(b) 阿戈尔多文化中心（意大利）

图1　典型木网架结构

2.1.2 木网壳结构

木网壳依据其网壳层数、几何形状及杆件分布形式等，可以细分为多种网壳形式。本文不展开叙述，仅对网壳结构作简要的介绍，并附以几个典型工程案例。

网壳结构是将杆件沿着某个曲面有规律地布置而组成的空间结构体系，其受力特点与薄壳结构类似，是以"薄膜"作用为主要受力特征的，即大部分荷载由网壳杆件的轴向力承受。由于具有自重轻、结构刚度大等一系列特点，这种结构可以覆盖较大的空间。不同曲面的网壳可以提供各种新颖的建筑造型，因此也是建筑师非常乐意采用的一种结构形式。

以两个著名的大型木网壳结构为例，德国的曼海姆多功能厅及美国的塔科马穹顶，如图 2 所示。

(a) 曼海姆多功能厅（德国）　　　　(b) 塔科马穹顶（美国）

图 2　典型木网壳结构

前者由著名建筑师弗雷奥托于 1974 年设计完成，作为当时世界上最大的自立式自由曲面木网壳结构，至今仍广受赞誉。结构由二维平面双向交叉网格通过弹性弯曲变形形成无抗剪刚度的双曲率壳体空间结构，并通过第三方向杆件约束或固定连接节点的方式来使结构固定。结构的基本单元不是相邻两个节点之间的短直线段，而是贯通整体跨度的长板条，这些板条通常在工厂采用指接拼接成一定长度，再在现场使用胶合工艺达到需要的长度。国内有学者也称其为"可延展预应力网格结构"。

后者于 1980 年建成，直径达 162m，建筑物最高处达 45.7m，由三角形木网格组成，主要构件采用弯曲形，通过钢夹板节点连接，用木檩条支撑屋面。其抗震性能很好，2001年发生的 6.8 级地震没有对其主要结构造成损伤。

2.2　张力结构

木空间张力结构是指木构件与施加预拉力的钢拉杆或索、膜配合形成的结构体系。这种结构体系充分利用了木材抗压性能好和钢材抗拉性能好的优点，使结构材料更省、跨度更大、造型更丰富。具体来说，木空间张力结构又可以分为木悬索结构、木张拉整体结构等。

以两个典型的木张力结构为例，日本白龙穹顶及日本天城穹顶，如图 3 所示。

前者为木悬索结构，以木结构作为钢悬索的支承，外荷载通过索的轴向拉伸传递到木拱，再由木拱传递到基础。合理的悬索结构有较好的抗风和抗震能力，对木拱可能发生的变形有很好的适应性。结构竣工于 1992 年，中心采用胶合木拱作为悬索的支撑结构，平面尺寸约为 50m×47m，最大高度达 19.5m。

后者为木张拉整体结构，木材作为体系中的压杆，配合施加了预应力的钢索形成结构刚度。该体系的初始预应力值对结构外形和结构刚度起决定作用。结构撑杆采用木杆，通过钢节点与拉索连接，采用膜材覆盖，有轻盈精致之感，跨度达54m，矢高达9.3m。

(a) 白龙穹顶(日本)　　　　　　　　(b) 天城穹顶(日本)

图 3　典型木张力结构

3. 胶合木大跨度空间结构研究应用现状

3.1　工程案例

目前在国外，尤其是北美、欧洲以及日本等国家及地区，已有大量可供参考的大跨度木空间结构案例，同时也取得了一定的研究成果。相比之下，国内的应用正在逐渐扩展的过程。近几年，已有一定数量的大跨度公共建筑采用木空间结构的形式，例如上海崇明体育训练基地游泳馆、海口市民活动中心、成都天府中心、江苏省园艺博览会木结构主题展览馆、天津华侨城欢乐谷演艺中心以及太原植物园等，如图4所示。

上述这些项目的落地实施，能够更进一步促进中国木结构，尤其是大跨度木结构的应用与发展，为今后的工程实践提供足够多的项目参考，同时为今后的研究工作提供一定的工程依据。

3.2　研究重点

近年来，国内外在木空间结构相关方面做了很多研究，取得了一些成果。但是木材材质复杂，空间结构形式多样，仍有许多值得进一步研究与探索之处。木空间结构的分析方法在很大程度上都与钢结构类似，但是木材与钢材有很多不同点，主要体现在以下几点：

（1）钢材材质较为均匀，一般可以按各向同性材料分析，而木材存在明显的各向异性。

(a) 崇明体育训练基地游泳馆

(b) 海口市民活动中心

(c) 成都天府中心

(d) 江苏省园艺博览会木结构主题展览馆　　　(e) 天津华侨城欢乐谷演艺中心

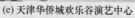

(f) 太原植物园

图 4　近年国内木空间结构项目案例

（2）钢材在受力的初始阶段处于完全弹性状态，卸载后变形可以完全恢复，而木材是黏弹性材料，受力初期就会产生不可恢复的塑性变形。

（3）钢材在长期荷载作用下力学性能不会发生明显变化，而木材会发生明显的蠕变现象。

因此，大跨度木空间结构的研究有其特殊性。近年来，研究人员从多个方面着手，不断丰富研究成果，以下几个方面是当前的研究难点以及必须解决的研究重点，也是大跨度木空间结构中的关键技术。

3.2.1 合理选用材料本构关系

木结构在加载初期由于缺陷、木纤维管压实等原因会呈现出一些不可恢复的变形，即加载初期塑性发展。这种塑性发展对不同类型的空间结构会产生不同程度的影响。同时，木结构的较大蠕变特性致使其本构关系可以继续向时间维度发展。国内外学者对木材的本构关系研究经历了很长的历程，提出了许多很好的本构模型。复杂的本构模型固然可以得到更加准确的数值分析结果，但是会大大增加计算工作量，影响其工程实用性。所以应该研究如何选取合理的材料本构关系，使模拟时采用的本构关系在保证精度的前提下更加高效和易用。

3.2.2 节点形式的创新

目前，针对多高层木结构、轻型木结构等结构形式，已有较为成熟及常用的节点连接形式，保证节点的刚度、承载力与设计一致。事实上，随着大跨度木空间结构的推广，对于特定结构形式，例如网壳式、网架式、张弦式的木空间结构所适用的节点连接方式应当做到同步推进，尽可能满足设计要求的刚度、承载力要求。同时，设计也应当与实际节点性能相结合，做到全面考虑节点的力学性能。

3.2.3 减少蠕变对结构整体性能的影响

大蠕变特性在木空间结构研究中是无法回避的，正确地选取结构体系可以减少蠕变对结构整体性能的影响，正确地采取结构构造措施也可以减少蠕变对整体性能的影响，比如在张拉节点处可靠锚固或加固等。因此，具体的结构体系和构造措施还需要进一步研究，在结构设计时必须充分考虑设计基准期内蠕变对结构的影响。

3.2.4 数值模型的试验验证

某些特定的结构形式，如柔性木空间结构，已经有了比较系统的数值分析方法。对于其他的结构形式，也可以从相应钢结构的数值分析方法中吸取经验，建立相应的数值模型。但是对木空间结构的试验研究目前很少，几乎无法验证这些模型的准确性，需要进行更多的相关试验研究。

3.2.5 动力特性的研究

木材具有质量小的特点，被普遍认为是抗震性能良好的材料，但是尚缺乏对木空间结构的动力特性的研究。木空间结构的质量分布特征及阻尼特性都与钢结构不同。由于所受地震作用相对小，对抗震设防的要求也有所不同，基于性能的抗震目标有待确定，这些需要进一步的理论和试验研究。

3.2.6 体系可靠性研究

木材是一种非常复杂的材料，对其可靠性的研究是充分发挥木材材料性能的重要支撑。目前已经存在描述木材材性的随机模型，但是对它的试验研究支撑依然不足，对木结构节点的可靠性研究仍然较少。对于采用木材单元制成的结构体系，其可靠性的评估也相应比较复杂，需要进一步的研究。

3.3 大跨度木空间结构节点研究现状

对于木结构而言，"节点"是关键。木空间结构杆件跨度大，木材变异性显著、各向异性、蠕变收缩对力学性能影响大等特点使得节点分析更为复杂。一般来说，从连接形式上划分，木空间结构的节点形式主要包含钢板销式节点、植筋节点、叠合式节点等。其中，钢板销式节点最为常见，研究成果也最为丰富，而其他新型节点形式多在特定工程实例中出现，应用与研究均较少。

钢板销式节点依据钢板位置可以细分为填板与夹板，销式连接件可以选择采用螺栓、螺钉、销轴等不同紧固件。目前研究相对成熟的是钢填板-螺栓节点，国内对于这种节点的研究多集中于近十余年，学者们针对不同的侧重点进行了大量研究。

在长期的工程实践过程中，螺栓类节点的不足之处逐渐受到关注，主要在于节点初始刚度和节点延性方面。鉴于螺栓的安装要求，螺栓孔径通常比螺栓直径大 1～2mm，故节点受力初期，节点具有空隙，连接件与构件无法紧密接触，导致节点初始刚度不足，对结构产生不利影响。另外，普通的螺栓节点常出现脆性的劈裂破坏，其延性受到木材横纹受力性能薄弱的限制。

针对上述问题，学者们提出了多种改进的方式，从而丰富了木结构钢板销式连接的类型，例如同济大学的何敏娟等提出了钢填板预应力套管连接的节点形式（图5），还曾提出过采用自攻螺钉对普通螺栓类节点进行横纹加强的方式改善节点延性及刚度。

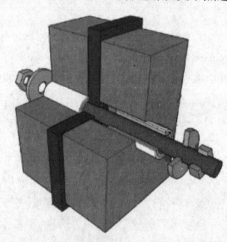

图5 钢填板预应力套管连接节点

国内外工程技术人员以及研究学者正逐渐认识到，除了螺栓，还有力学性能更加优异的其他连接件，其中越来越受到青睐的便是自攻螺钉。自攻螺钉等新型连接件，能够很好地解决螺栓连接"空荡段"的问题，从而提高节点的初始刚度，同时，节点在延性、抗震性能中表现出的优势也通过近年来的研究不断得到证实。何敏娟等针对一种螺钉连接胶合木节点［图6(a)］进行了试验探究，并与普通螺栓连接相比，得到了初始刚度大、延性良好的结论。LI Hongmin 等在一种胶合木的搭接节点中使用自攻螺钉进行连接［图6(b)］，并在必要处用自攻螺钉进行恒温加强，构造美观，无钢材外露，非常适合用于木杆件的接长，对于木空间结构中杆件的拼接具有较好的借鉴意义。

因此，能够预测，未来在大跨度木空间结构中，将会越来越多地采用自攻螺钉、销轴等新型连接件，其工业化程度也会越来越高。同时，在结构分析中，依据现有的研究成果来看，在计算模型中考虑半刚性节点特征成为可能。

随着空间结构的形态越来越复杂，常规节点往往不能同时满足结构受力及建筑效果的条件，需要不断研究开发新型连接节点。

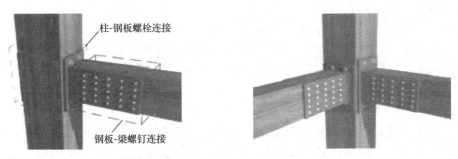

柱-钢板螺栓连接

钢板-梁螺钉连接

(a) 螺钉连接胶合木节点

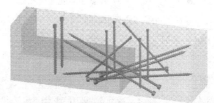

(b) 自攻螺钉连接搭接节点

图 6　自攻螺钉连接节点

4. 胶合木大跨度空间结构设计实践

4.1 太原植物园展览温室

4.1.1 工程概况

太原植物园展览温室建筑造型为"贝壳"形状，包含 3 个温室建筑，均采用胶合木作为主体结构，其中 1 号温室建筑面积最大，投影面积为 5800m²，南北向跨度为 89.5m，东西向跨度为 83.4m，最大高度 29.5m。2 号温室南北向跨度为 55.9m，东西向跨度为 50.2m，最大高度为 20.7m，投影面积为 2100 m²。3 号温室南北向跨度为 44.2m，东西向跨度为 43.8m，最大高度为 11.8m，投影面积为 1500 m²。限于篇幅，本文仅以 1 号温室为例进行分析（图 7）。

(a) 建筑实景

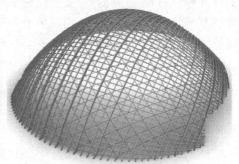

(b) 三维结构效果

图 7　建筑实景与三维结构效果

4.1.2 结构体系

1 号温室采用双向交叉上、下叠放木梁形成网壳，在纵向（南北向）间隔三根木梁对应位置下部增设加强木梁，形成纵向（南北向）间隔双层木梁夹住横向（东西向）木梁，其中纵向（南北向）木梁截面尺寸均为 200mm×400mm，横向（东西向）木梁截面尺寸均为 200mm×300mm，横向木梁上表面与上层纵向木梁下表面平齐，横向木梁下表面与纵向加强木梁上表面平齐。胶合木梁截面宽度均为 200mm。为了满足三层木梁叠放后紧密贴合，木梁截面实际为平行四边形截面。同时，为了满足结构受力要求，保证纵向梁有效截面高度为 400mm，横向截面高度为 300mm，部分木拱梁实际为双曲构件。为了增强结构的整体性和刚度，在 1 号温室网壳下部增设双向交叉索网，索网布置方向与木梁斜交，发散状网格划分最小间距约 0.8m，最大间距约 2.5m，网壳顶部的索网间距约 4.3m，索网和木结构网壳之间通过拉杆连接。

4.1.3 节点设计

本工程包含多种类型的节点，主要节点为：①木梁叠合节点。纵横向木梁叠放后在节点处通过反对称斜向打入 4 根直径为 9mm 的高强度螺钉和一根直径 16mm 不锈钢销连接为木梁叠合节点，形成剪式节点。其最大特点是，在节点处的双向木梁交叉叠放后构件贯通不断开，避免了双向木梁共面情况下在节点处断开后连接困难和刚度削弱的问题，同时展现了独特的建筑效果。②木梁拼接节点。木梁的拼接采用"Z"形拼接节点，既满足结构受力要求，又获得很好的建筑效果。③倒四角锥拉杆节点。在索网交点处设置"倒四角锥"拉杆与胶合木梁连接，形成倒四角锥拉杆节点。④销轴-钢插板支座节点。本工程构件包含较多双曲、任意四边形截面构件，考虑到下部混凝土施工误差、木梁安装误差累积存在无法合拢的风险，因此，设计了一种上部胶合木梁与下部混凝土结构之间通过内插钢板和高强度螺钉形成的可调节水平、竖向和转角的支座节点，即销轴-钢插板支座节点。拉索与混凝土之间通过锚栓铰接连接。

下文对木梁拼接节点、倒四角锥拉杆节点进行介绍。关于木梁叠合节点的研究参见文献 [1]，销轴-钢插板支座节点的研究参见文献 [2]，本文不赘述。

（1）木梁拼接节点

本工程胶合木梁的拼接采用了"Z"形拼接节点。目前国内对胶合木结构节点形式的研究，大多集中于螺栓-钢板连接的节点形式，工程应用也相对比较成熟。本文所研究的采用自攻螺钉和钢销对杆件进行拼接连接的节点，在国内的研究和应用均较少。已有的关于自攻螺钉在木节点中的研究和应用，多集中于自攻螺钉对木材横纹的加强作用方面，例如何敏娟等[3,4]曾对考虑自攻螺钉加强的梁柱螺栓节点进行了试验研究，刘慧芬等[5]在此基础上就自攻螺钉的参数设置对该节点的受力性能的影响进行了试验研究。因此，本文所研究的拼接节点，在国内尚没有直接的工程先例及研究资料作为参考，属于新型连接节点[6]。图 8 给出了"Z"形拼接节点详图，胶合木梁截面为矩形，尺寸为 400mm×200mm，节点三维实体如图 9 所示。

木梁拼接节点的木材选用 GL-28h 级欧洲进口云杉胶合木，抗弯弹性模量标准值为 10500MPa，顺纹抗弯、顺纹抗压强度均为 28MPa。根据材性试验，取顺纹抗拉强度设计值为 22.1 MPa，顺纹抗压强度设计值为 15.9MPa[7]。采用全螺纹自攻螺钉，型号为 VGZ9×280，即直径为 9mm，长度为 280mm，螺钉抗拉屈服强度标准值为 1000MPa，抗拉承载力标准值为 25.4kN。

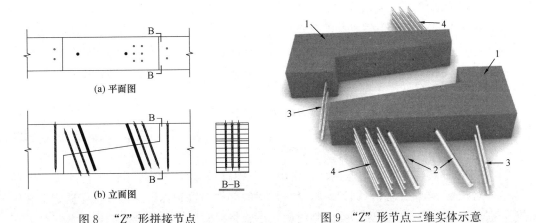

(a) 平面图	(b) 立面图
图 8 "Z"形拼接节点	图 9 "Z"形节点三维实体示意

该节点最大的特点是在连接区没有明显的螺栓和钢板外露，建筑效果佳。本项目的结构体系为网壳结构，根据建筑形态和矢跨比进行了优化，胶合木构件主要以轴压为主，构件拼接接缝在轴压力作用下顶紧，轴向压力得以可靠传递。根据计算结果，构件弯矩和剪力较小，在部分风荷载组合作用下极少量构件出现受拉，但拉力也较小。本节点连接可很好地满足各项受力要求。胶合木采用数控加工进行钉孔预定位，现场可采用自攻螺钉快速安装。现场安装需要严格控制精度，保证节点区顶紧，通过螺钉在接缝处的拉剪作用来承担木梁的拉力。整体计算结果显示，螺钉满足要求；对该节点进行了节点试验[8]，得到了节点刚度和强度。

（2）倒四角锥拉杆节点

胶合木梁和拉索之间的连接拉杆采用不锈钢铸件，根据本工程双向曲面索网及胶合木结构的特点，常规两端铰接拉杆已不适用。如果拉杆仅一点与胶合木梁连接则木梁应力集中严重，不能满足验算要求。本工程胶合木梁叠放，如果拉杆不完全垂直胶合木杆件，会产生附加扭矩，受力复杂。经过计算分析，拉杆设计应为一个稳定的系统，既可以稳定双向胶合木梁，又可以张紧索网。本工程胶合木大跨度结构强度、刚度较弱，拉索为曲面形状，无法进行现场张拉，因此，拉杆节点的设计中还需考虑安装的难题。

基于以上问题，设计出一种倒四角锥拉杆节点，该拉杆节点包括与胶合木连接钢板、不锈钢爪件、倒四角锥组件、调节螺杆、调节螺母、过索部件、连接螺杆，如图 10（a）所示。同时，提供了一种钢木网壳结构体系中拉索拉杆安装方法，节点安装如图 10（b）

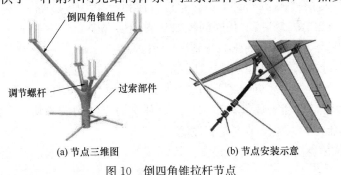

(a) 节点三维图	(b) 节点安装示意

图 10　倒四角锥拉杆节点

所示。通过逐步拧紧主螺杆的方法张紧索网，通过逐点控制位移的方法形成索网形态并施加预应力，可有效解决现场张拉索的难题。

拉索的安装过程是本工程设计的难点，需要进行专门研究。拉索采用 S316 不锈钢材质钢绞线，直径为 26mm，破断荷载为 578kN，在胶合木构件自重下拉索预张力标准值为 40～50kN。为了考虑胶合木收缩和徐变的影响，拉索采用超张拉 10% 的措施，拉索与地面环梁的连接节点设计为可调节形式。

倒四角锥拉杆节点的具体施工安装过程如下：

① 将四个不锈钢爪件固定至主铸造件，形成一个支撑组件（倒四角锥铸造件），用螺钉穿过四个钢板上孔，将支撑组件固定至胶合木主向梁和次向梁。

② 安装拉索底部与混凝土连接件，将可调节螺杆连接件与预埋锚栓进行连接，根据计算结果对拉索下料长度进行标记，将穿过拉索的部件布置到标记的位置。根据施工现场条件分别布置上、下两层拉索，采取临时固定措施将拉索固定在胶合木结构上。

③ 将 M56 连接螺杆拧到上、下两个过索部件中（拧入过索部件后需保证双向拉索能够自由滑动）。将 M56 螺杆穿过支撑组件，安装上螺母和垫圈，只需拧紧螺母，直到螺纹接合，支撑组件和过索部件之间应有 100 mm 的外露螺纹。张拉及逐步张紧过程是以温室顶部开始向外围扩散，分步骤拧紧螺母实现张紧拉索，如图 11 所示。

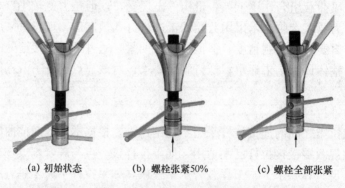

(a) 初始状态　　　　(b) 螺栓张紧50%　　　　(c) 螺栓全部张紧

图 11　倒四角锥拉杆张紧过程

④ 把拉索底部与混凝土连接处螺栓拧紧，螺杆拧到计算预设长度，初始张力控制为 5kN 左右。

⑤ 从网壳顶部中心开始，拧紧 M56 螺母，将拉索逐渐拉向胶合木。从中心向外逐点拧紧螺母，直到外露的螺杆长度为 50mm。从网壳顶部中心向外重复上述操作，逐点张紧拉索，使用拉索张力检测仪对每部分的拉索进行检测，并与施工模拟计算结果进行对比。

⑥ 完成第 1 轮张紧后，按照相同的步骤从网壳顶部中心开始，完成 M56 螺母的第 2 轮张紧。根据计算，此时拉索的张力达到 40±5kN。

⑦ 逐点固定过索部件，将上层拉索固定到位。

⑧ 按照相同的步骤，逐点固定下部过索部件，拧紧连接螺杆，将下层拉索固定到位。

⑨ 向每个过索部件注入环氧树脂结构胶。环氧树脂结构胶应从一个加注孔流入，从另外一个加注孔流出，以验证节点是否注满。

⑩ 完成拉索安装就位，使用拉索张力检测仪对每部分的拉索进行检测，与计算结果进行对比。

4.1.4 结构分析

（1）结构静力计算

木梁叠合节点在计算模型中需要进行假定，网壳结构构件以轴向受压为主，同时承受弯矩、剪力、扭矩。经过计算分析，上、下层木梁叠合节点的受力模式可假定为弹性梁单元连接，在木梁叠合处假定为铰接节点。上、下叠放胶合木梁在接合面紧密贴合，实际受力较复杂，上、下木梁在贴合面通过长螺钉进行连接后，贴合面可近似为铰接，在微小变形的假定下，面内剪切刚度大于面外弯曲刚度，因此假定为固定铰连接方式。有限元模型采用线单元模拟梁，木梁中心线与贴合面距离为半个梁高，计算假定如图 12 所示。实际节点刚度需根据试验结果确定，试验结果表明计算假定较符合实际受力。

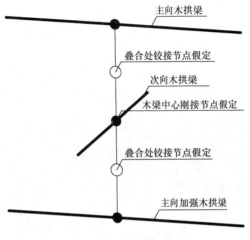

图 12　木梁叠合节点计算假定

在结构体系研究阶段，利用 MIDAS/Gen（2019）软件首先对没有拉索的结构进行计算，结果显示木结构强度虽可满足《胶合木结构技术规范》GB/T 50708—2012[9]的要求，但是结构竖向位移较大，胶合木构件应力较大，整体结构刚度不足，结构体系不成立，采取增大构件截面也无法有效解决，且不能满足建筑效果需求。因此，采取在木结构下部设置与木梁斜交的双向拉索，根据胶合木网壳形态进行找形，得到曲面索网，通过控制索初始预张力实现整个温室结构刚度。不加拉索和增加拉索后结构在 1.0D＋1.0L（D 为恒荷载，L 为活荷载）组合作用下的竖向位移分别为 79mm、23.7mm，如图 13 所示。增加拉索可明显减小结构竖向位移，提高结构的整体性和刚度。而在不加拉索情况下，构件弯矩增大，胶合木梁应力增加，较多构件应力验算不满足《胶合木结构技术规范》GB/T 50708—2012 的要求。进行恒荷载、活荷载、风荷载、雪荷载、温度及地震作

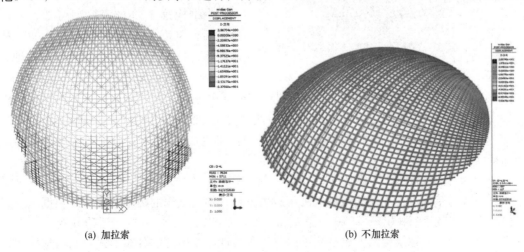

(a) 加拉索　　　　　　　　　　　(b) 不加拉索

图 13　1.0D＋1.0L 组合作用下结构的竖向位移示意（mm）

用等工况组合计算分析，得到各个工况作用下的索内力，最不利工况下拉索最大拉力为 176kN，索内力分布较均匀，各个工况作用下索内力均不会出现松弛现象；最不利工况下胶合木梁等效应力为 3～4MPa，个别构件应力集中，最大为 11.2MPa，如图 14 所示。由图可知，索形态和初始预张力合理，胶合木结构应力验算和拉索内力均能满足《胶合木结构技术规范》GB/T 50708—2012 和《索结构技术规程》JGJ 257—2012[10] 的要求。

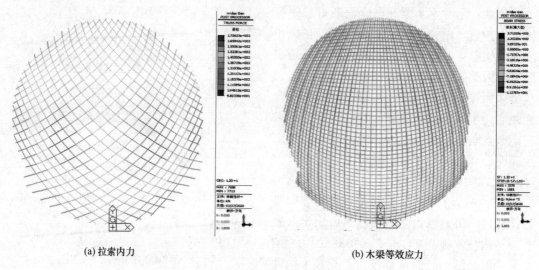

| (a) 拉索内力 | (b) 木梁等效应力 |

图 14　最不利工况下构件内力示意（kN）

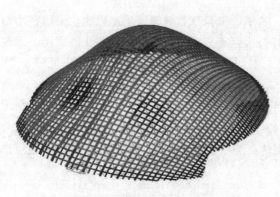

图 15　结构第 1 阶自振振型

（2）结构自振特性

对结构进行自振特性分析，得到结构的自振周期和振型。拉索单元采用桁架单元，采用小应变线性分析，得到结构前三阶振型对应的周期分别为 $T_1 = 0.90s$，$T_2 = 0.78s$，$T_3 = 0.76s$，第 1 阶自振振型如图 15 所示。

由结构第 1 阶自振振型可知，增加拉索后，网壳整体刚度分布较均匀，整体性好，拉索没有出现局部振动的振型。

（3）线性屈曲分析

在 1.0D+1.0L 组合作用下，对结构进行线性屈曲分析，得到结构第 1 阶线性屈曲模态如图 16 所示。在网壳较平缓的区域，首先发生屈曲失稳，第 1 阶屈曲荷载因子为 35.2。对比没有拉索的网壳结构第 1 阶屈曲荷载因子为 12，可见增加拉索后结构线性屈曲荷载因子明显提高，大大增加了结构的稳定性。

（4）几何非线性极限承载力分析

进一步对结构进行几何非线性极限承载力分析，得到结构的极限承载力。根据《空间网格结构技术规程》JGJ 7—2010[11] 第 4.3.4 条，对结构施加恒荷载和活荷载的倍数进行计算分析。为了考虑结构的初始缺陷，以第 1 阶线性屈曲模态的分布形式对结构施加初始几何缺陷，最大值取跨度的 1/300，对施加初始几何缺陷的结构作为初始状态进行几何非线性极限承载力分析，得到结构竖向位移与荷载倍数的关系曲线如图 17 所示。

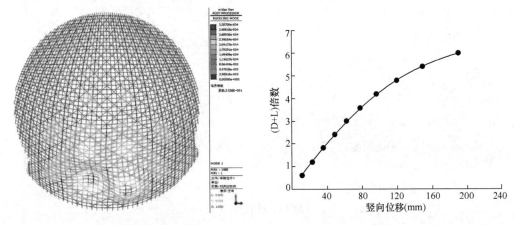

图 16　第 1 阶线性屈曲模态　　　　图 17　结构竖向位移与荷载倍数的关系曲线

结构在 4 倍恒荷载和活荷载作用下，结构竖向位移与荷载倍数呈线性关系，随着荷载的增大表现出非线性特征。但是在 6 倍恒荷载和活荷载作用下，结构未出现失稳，结构失稳曲线属于极值型失稳，可认为温室结构稳定性满足《空间网格结构技术规程》JGJ 7—2010 的要求。

4.1.5　结论

（1）双向叠放胶合木梁网壳结构体系成立，通过增设拉索后可有效增加结构刚度和整体稳定性，结构体系受力效率较高，构件应力分布均匀，可实现胶合木结构跨度大幅增加。

（2）新型"Z"形拼接木梁节点可用于胶合木梁的拼接连接，采用高强度螺钉进行连接可保持木结构建筑的独特外观及木梁的连续性，在以轴压为主的网壳结构中非常适用。

（3）设计提出的倒四角锥拉杆节点既可以稳定双向木梁，又可以张紧拉索，有效解决了现场张拉索网的难题，适用于木网壳中拉索的张紧安装。

4.2　太原植物园水上餐厅

4.2.1　工程概况

太原植物园餐厅建筑为一层钢木组合结构，平面尺寸约 88m×42m，中部最大跨度为 21m，下部设置数个截面为 120mm×120mm 的方钢管柱组成的束柱，每组由若干成对布置的钢柱组成，外围设置玻璃幕墙，结合幕墙位置设置钢管柱，共同作为上部结构的支撑，钢柱底部全部为刚接，顶部与胶合木梁铰接连接。顶部由叠合胶合木梁形成双向布置结构体系，室内不设置吊顶，胶合木叠合梁高度主要根据建筑效果需求进行设计。建筑效果如图 18 所示，餐厅平面布置如图 19 所示，餐厅实景如图 20 所示。

4.2.2　结构体系

餐厅屋顶由双向叠合胶合木梁组成，双向交叉叠放木梁平面形成间距为 1.22m 的平行四边形布置，每个方向主受力木梁为 5 层，双向交叉叠放总高为 10 层，每个方向的单根木梁截面为 160mm×200mm，最高结构层总高为 2.0m。各组束柱中成对设置钢柱，每

(a) 立面　　　　　　　　　　　　　　　　(b) 室内

图 18　建筑效果

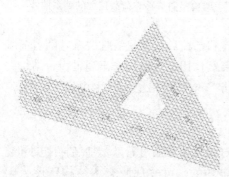

图 19　餐厅平面布置示意

对钢柱布置在胶合木叠合梁的两侧，钢柱顶伸至胶合木叠合梁顶部，在胶合木梁底每对钢柱之间设置连接钢牛腿支撑胶合木叠合梁，上部设置对穿螺栓进行固定，约束胶合木叠合梁面外转动。中部形成跨度约 21m 的大空间，顶部间隔抽掉部分胶合木梁形成采光顶，另外结合幕墙的布置设置支撑钢柱，沿建筑周边设置一排钢柱，钢柱仅承担竖向荷载。钢柱上下部均为铰接连接。玻璃幕墙外悬挑，形成室外挑檐形式，最大悬挑长度约 6m，钢柱底部全部采用插入式刚接连接。结构布置如图 21 所示。

(a) 立面　　　　　　　　　　　　　　　　(b) 室内

图 20　餐厅实景

　　双向梁叠合交错放置，为了增加叠合梁的刚度和抗剪能力，在叠合梁交叉节点外增设胶合木垫块，使叠合梁形成整体，增加叠合梁整体刚度，如图 21（e）、（f）所示。在支撑束柱的区域，钢柱成对设置，两根钢柱夹住胶合木梁，钢柱伸至梁顶，由于支撑处受力集中，为了增加支撑区域的抗弯和抗剪能力，将钢柱支撑单元内全部设置胶合木垫块，如图 21（g）所示。

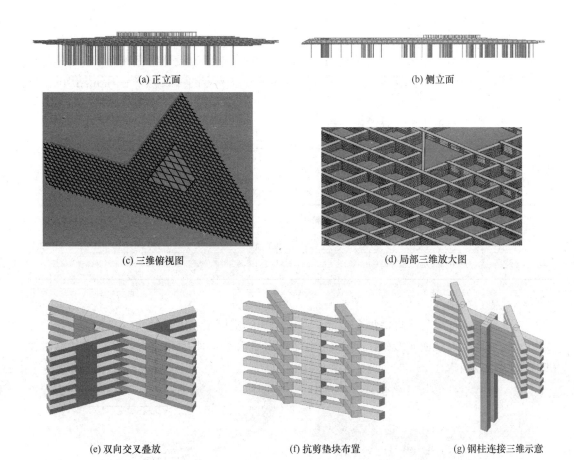

(a) 正立面　　　　　　　　　　　　　　　　(b) 侧立面

(c) 三维俯视图　　　　　　　　　　　　　(d) 局部三维放大图

(e) 双向交叉叠放　　　　　　(f) 抗剪垫块布置　　　　　(g) 钢柱连接三维示意

图21　餐厅结构布置示意

4.2.3　结构设计条件

（1）荷载取值

① 恒荷载

木结构面板、龙骨、表皮屋面系统合计 1.0kN/m²，采光顶部分玻璃及固定件重 1.0kN/m²，结构构件自重由程序自动计算，考虑节点构造重量乘于 1.1 的系数。

② 活荷载

不上人屋面：0.5kN/m²；上人屋面：2.0kN/m²。

③ 风荷载

地面粗糙度为 B 类；基本风压为 0.4kN/m²（50 年一遇）

④ 温度作用

合拢温度控制在 15～25℃，温差取为：+30℃（升温温差），−30℃（降温温差）。

⑤ 雪荷载

基本雪压为 0.35kN/m²（50 年一遇），考虑积雪不均匀分布。

⑥ 地震作用

太原市设防烈度为 8 度，地震动峰值加速度 0.2g，设计地震分组为第二组。

（2）胶合木材料

本项目采用进口胶合木材料。我国现行胶合木结构标准中对进口胶合木材料的设计指标未作规定，材料的相关参数及选用与国内标准不同，在工程设计中存在无标准可依的情况，需通过国内标准对其评级，保证采用国内相关标准规定的参数能够与国外给出的等级相当。根据《木结构设计标准》GB 50005—2017[12] 和《胶合木结构技术规范》GB/T 50708—2012)[9] 的规定，文献给出一种进口胶合木材料试验、评级及使用方法。根据文献，本项目胶合木材料采用国内标准评级为 TC_T28，作为设计的依据，其强度标准值见表 1。

胶合木强度标准值 表 1

强度等级	顺纹抗弯 f_{mk}（MPa）	顺纹抗压 f_{ck}（MPa）	顺纹抗拉 f_{tk}（MPa）	弹性模量 E（MPa）
TC_T28	28	24	20	8000

（3）叠合梁刚度

为了确定叠合梁的合理高度和截面，对等截面的实腹梁和增设垫块的叠合梁进行对比分析，分别计算等截面实腹梁、4 层叠合梁、6 层叠合梁的刚度和应力，其竖向位移对比如图 22 所示。

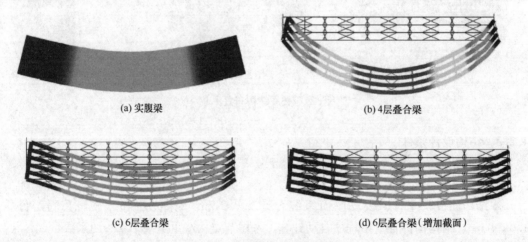

(a) 实腹梁　　　　　　　　　　　　　　(b) 4层叠合梁

(c) 6层叠合梁　　　　　　　　　　(d) 6层叠合梁（增加截面）

图 22　叠合梁竖向位移对比

由图可见，相同条件下，实腹梁刚度最大，叠合梁刚度随着总高度增加而增大，增加叠合梁截面也能有效提高叠合梁刚度。经过刚度和强度分析，结合建筑效果需求，最终确定采用单向 5 层叠合梁，双向 10 层交错布置，单根梁截面为 160mm×200mm。

（4）构件布置

钢木组合结构主要构件布置如图 23 所示，竖向支撑均采用方钢管，屋顶采用双向叠合梁布置。

4.2.4　结构计算

采用 MIDAS 软件对餐厅进行静力分析，各工况结构变形如图 24～图 31 所示。

(a) 束柱布置B120×120×8

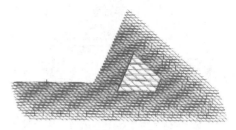
(b) 摇摆柱B80×160×10

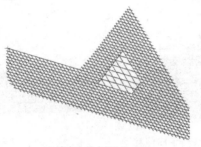
(c) 胶合木叠合梁160×200

图 23　构件布置（单位：mm）

由图 24～图 27 可知，结构最大竖向位移为 58.8mm，满足挠跨比要求，竖向刚度满足规范要求。

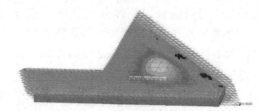

图 24　"恒＋活"组合作用下结构
竖向位移（最大 58.8mm）

图 25　"恒＋活＋风＋温"组合作用下
结构竖向位移（最大 45.8mm）

图 26　"恒＋活＋风"组合作用下结构
竖向位移（最大 51.8mm）

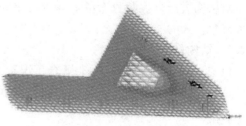

图 27　地震组合作用下结构
竖向位移（最大 53.5mm）

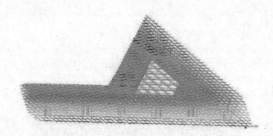
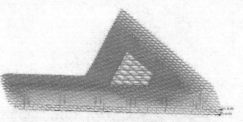

图 28　风荷载组合作用下结构 x 向位移　　　图 29　风荷载组合作用下结构 y 向位移
（最大 16.7mm）　　　　　　　　　　　（最大 11.2mm）

图 30　地震组合作用下结构 x 向位移　　　图 31　地震组合作用下结构 y 向位移
（最大 15.1mm）　　　　　　　　　　　（最大 6.3mm）

由图 28～图 31 可知，结构风荷载组合作用下 x 向位移为 16.7mm，位移角为 1/359；y 向位移为 11.2mm，位移角为 1/535。

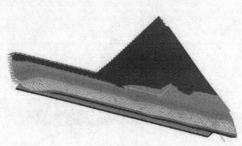

图 32　第 1 阶自振振型（$T_1=0.534$s）

从以上分析可知，结构竖向位移满足规范 1/250 的限值要求；风荷载作用下整体结构顶部满足水平位移 1/300 的限值要求。地震作用下结构水平位移不起控制作用。而风荷载作用下结构的水平位移较大，结构相对空旷，水平向风荷载起控制作用。各馆钢构件应力比均控制在 0.8 之内，长细比、构件宽厚比均满足要求，木结构构件应力均满足要求，构件截面主要由整体刚度、悬挑部分位移控制。

对结构进行自振特性分析，得到结构自振振型如图 32 所示，第 1 阶自振周期 T_1 =0.534s。

4.2.5　结构稳定性分析

以 "1.0 恒＋1.0 活" 标准组合工况荷载作用对结构进行线性屈曲分析，评估结构的整体稳定性能。其前 3 阶线性屈曲荷载因子见表 2，前 3 阶屈曲模态如图 33～图 35 所示。

线性屈曲荷载因子　　　　　　　　　　　　　　　表 2

振型	第 1 阶	第 2 阶	第 3 阶
因子	31.9	34.9	36.7

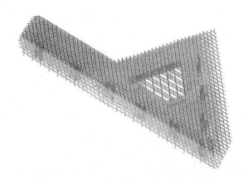
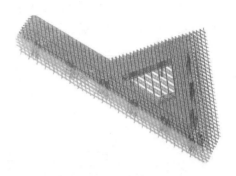

图 33　第 1 阶屈曲模态　　　　　　　　　图 34　第 2 阶屈曲模态

　　第 1 阶线性屈曲荷载因子为 31.9，稳定性较好，以第 1 阶屈曲模态的分布形式作为结构的初始几何缺陷施加于原结构，缺陷最大值按网壳跨度的 1/300 施加，采用几何非线性方法，对整个结构进行整体极限承载力分析。

　　对结构施加 6 倍的"恒＋活"，进行几何非线性分析，得到结构极限承载力与竖向位移的关系如图 36 所示，由图可见，整个过程为线性变化，没有发生失稳，几何非线性分析荷载系数大于 4.2，满足《空间网格结构技术规程》JGJ 7—2010 的要求。

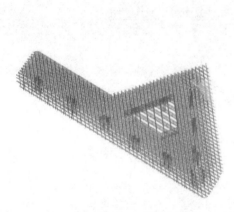
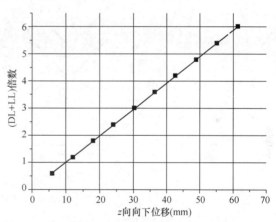

图 35　第 3 阶屈曲模态　　　　　图 36　非线性分析极限承载力与竖向位移关系

4.2.6　节点设计

　　每层叠合梁由长度为 6m 的胶合木梁拼接形成，两层之间采用胶合木垫块进行连接，采用"Z"形拼接节点，胶合木梁拼接分段如图 37 所示。

图 37　胶合木梁拼接分段

上、下层双向叠合梁在交叉点处采用 2 个高强度螺钉连接（图 38），高强度螺钉长

320mm。叠合梁与层间垫块之间的连接节点如图 39 所示，采用 4 个直径为 9mm 的高强度螺钉从两侧对称打入，高强度螺钉长 320mm，打入方向与胶合木梁成 45°夹角。

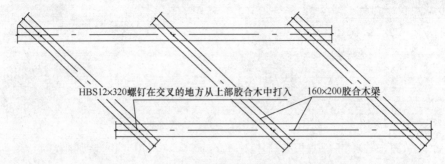

图 38　叠合梁连接俯视图

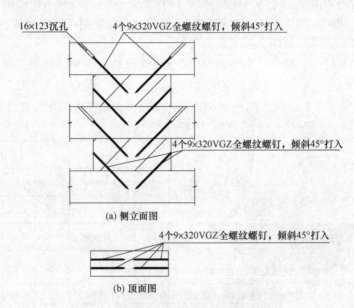

图 39　叠合梁与层间垫块连接节点

4.2.7　结论

本案例以双向叠放胶合木梁实现了大跨度空间结构，满足了建筑效果需求。结构采用钢柱和双向叠合梁的形式，节点采用高强度螺钉进行连接。此类结构形式和连接节点在国内应用案例较少，本案例的结构形式和连接节点在一些特殊建筑功能需求的建筑中具有很好的适用性。

4.3　上海滴水湖景观人行桥 F 桥

4.3.1　工程概况

本桥是上海滴水湖环湖 80m 景观带中 7 座景观桥之一，采用箱形空间网格结构直线桥。该桥采用一跨过河，桥长 48m，桥宽 5.40m，梁底标高 4.3m。下弦平面布置交错钢梁，上弦平面布置平行胶合木。上、下弦平面与两侧竖直面内的两道桁架相接。两道桁架上、下弦采用箱形钢，腹杆主要采用胶合木，腹杆间距从支座向跨中采用由密到舒，与桥梁的剪力分布相一致,并且从桥内可以更好地看到景观;腹杆与上、下弦平面围合,在内部形成一个安静的空间。木材和钢材的结合方式突出了这两种材料的优势。下部结构为钢筋混凝土桥台和桩基础支撑。桥梁效果图如图 40 所示,结构布置如图 41 所示,实景如图 42 所示。

(a) 正立面效果

(b) 鸟瞰效果

图 40　桥梁效果图

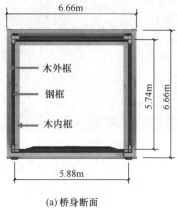

(a) 桥身断面

图 41　结构布置示意(一)

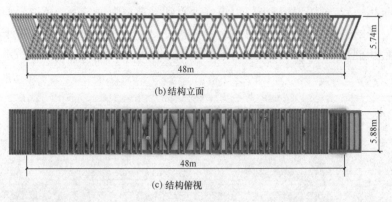

(b)结构立面

(c)结构俯视

图41　结构布置示意（二）

(a) 立面

(b)桥梁内部

图42　桥梁实景

4.3.2　结构体系

F桥为平面呈直线形的箱形空间网格结构，下弦在钢梁上铺木质桥面板，其内部为通行空间，允许行人和自行车通过。结构支承于两岸桥墩上；桥梁跨度48m，桥高6m。

（1）桥台及桥墩：两岸的桥台及位于河中的一个桥墩支承于工程桩之上，为桥体提供支承。采用ϕ800钻孔灌注桩，桩长37m，竖向承载力设计值为2320kN，水平承载力设计值为250kN。

（2）主结构：主桥为箱形网格结构，平面呈直线形，从横断面上看是长方形。上、下弦平面相接并支承于两侧竖直面内的两道桁架。下弦平面布置交错钢梁，上弦平面布置平行方木。两侧竖直面内的两道桁架上、下弦及少量腹杆采用箱形钢，腹杆主要采用方木。

（3）竖直桁架面外支撑：为保证两侧竖直桁架的侧向稳定，每隔一定距离设置竖向隔撑。

（4）结构节点：钢结构之间采用焊接连接；木与钢结构之间采用特殊钢木节点，保证节点有效传力及安全性。木头与木头搭接节点、木头与钢搭接节点需根据节点试验确定最终连接构造。

（5）支座：采用成品支座。

（6）桥面：由原色木质厚板建成。允许行人和自行车通过。

桥梁结构体系分解如图43所示。

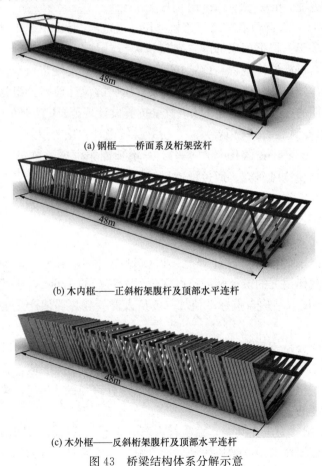

(a) 钢框——桥面系及桁架弦杆

(b) 木内框——正斜桁架腹杆及顶部水平连杆

(c) 木外框——反斜桁架腹杆及顶部水平连杆

图43 桥梁结构体系分解示意

4.3.3 结构设计条件

4.3.3.1 设计标准

（1）桥梁结构设计基准期：100年。

（2）桥梁设计使用年限：100年。

（3）桥梁结构设计安全等级：一级，结构重要性系数 $\gamma_0 = 1.1$。

（4）附加恒荷载：2.0kPa。

（5）人群荷载：人行桥面板及梯（坡）道面板的人群荷载按 5kPa 或 1.5kN 竖向集中力作用在一块构件上计算。

① 梁、桁架、拱及其他大跨度结构，采用下列公式计算：

当加载长度为 20m 以下（包括 20m）时

$$W = 5 \cdot \frac{20 - B}{20}$$

当加载长度为 21～100m（100m 以上同 100m）时

$$W = \left(5 - 2 \cdot \frac{L - 20}{80}\right)\left(\frac{20 - B}{20}\right)$$

式中　W——单位面积的人群荷载（kPa）；

　　　　L——加载长度（m）；

　　　　B——半桥宽度（m），大于 4m 时仍按 4m 计。

② 桥梁荷载标准：人群荷载按《城市桥梁设计规范》CJJ 11—2011 取值。

（6）抗震设防等级：根据国家标准《建筑抗震设计规范》GB 50011—2010（2016 年版）和上海市《建筑抗震设计规程》DGJ 08—9—2013 的有关规定及地勘报告，本工程抗震设防烈度为 7 度，地震动峰值加速度为 0.10g，所属的设计地震分组为第二组，场地类型为 IV 类，特征周期为 0.90s。按照《城市桥梁抗震设计规范》CJJ 166—2011，抗震设防分类为丁类，E1 地震调整系数 C_i 取 0.35，桥梁抗震设计方法为 B。

（7）风荷载：0.65kN/m² （100 年一遇），A 类地面粗糙度。鉴于本项目人行桥的结构特点，要求开展相关抗风研究。通过模型风洞试验，获得结构风荷载响应分析所需的表面风压系数分布；确定重要部位的风振位移和加速度响应，以及动力风荷载和风振系数。

（8）应力比控制：主要构件小于 0.85，次要构件小于 0.95。

（9）挠度控制：

钢桥参照《公路钢结构桥梁设计规范》JTG D64—2015 第 4.2.3 条和 4.2.4 条的规定，桥梁在人群荷载作用下的最大竖向挠度限值取为跨径的 1/600，悬臂端不应超过悬臂长度的 1/300；预拱度取结构自重标准值加 0.5 倍人群荷载频遇值产生的挠度值，频遇值系数为 1.0。

混凝土桥按照《公路钢筋混凝土及预应力混凝土桥涵设计规范》JTG D62—2004 第 6.5.3 条的规定，钢筋混凝土和预应力混凝土受弯构件的长期挠度值，在消除结构自重产生的长期挠度后梁式桥主梁的最大挠度处不应超过计算跨径的 1/600；梁式桥主梁的悬臂端不应超过悬臂长度的 1/300。

（10）舒适度控制：为避免共振，减少行人不安全感，天桥上部结构竖向自振频率不小于 3Hz，或采用减振技术限制结构振动加速度响应，以满足行人舒适度的要求。

4.3.3.2　胶合木材料

胶合木采用 TCT30 方木，其力学指标见表 3；层板采用机械分级 ME16 层板。用于本工程胶合木的木材和胶合剂满足《胶合木结构技术规范》GB/T 50708—2012 第 3 章的相关规定。本工程木结构应采用 I 级胶粘剂。

抗弯强度设计值	$f_{md}=30MPa$	弹性模量	$1.25×10^7 kN/m^2$
顺纹抗压强度设计值	$f_{cd}=27MPa$	泊松比	0.225
顺纹抗拉强度设计值	$f_{td}=21MPa$	线膨胀系数	$5×10^{-6}℃^{-1}$

4.3.3.3 构件布置

构件布置如图 44 所示。

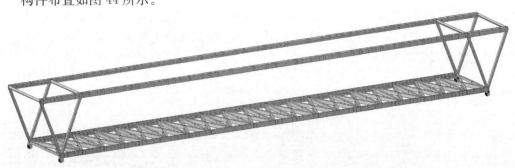

构件	截面形式	截面尺寸 $H×B×t_w×t_f$(mm)	材料	构件	截面形式	截面尺寸 $H(h)×B(b)×t_w×t_f$(mm)	材料
上弦连梁		$B200×216×20×20$	Q345qC	弦杆1		$430(200)×430(200)×20×20$	Q345qC
下弦连梁		$200×297×20×20$	Q345qC	弦杆2		$430(200)×430(200)×50×50$	Q345qC
桥面梁		$(200～330)×240×10×17$	Q345qC	—	—	—	—

(a) 钢构件

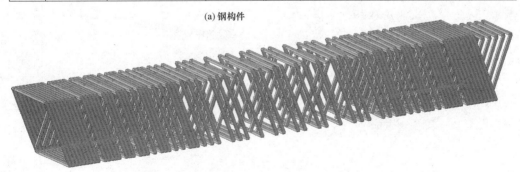

截面形式	截面尺寸 $H×B$ (mm)	材料
	$220×280$	GL28h

(b) 木构件

图 44　构件布置

4.3.4 结构分析

采用 MIDAS 软件对桥梁进行静力分析计算，分析结果如图 45～图 55 所示。

由图可知，活荷载作用下结构最大竖向位移为 16mm，满足桥梁挠跨比要求，竖向刚度满足规范要求。各静力及地震组合作用下桥梁构件强度满足规范要求。

4.3.5 结构稳定性分析

在 MIDAS 软件中采用位移控制法对步行桥进行考虑几何非线性的结构整体稳定性能分析。分析工况详见表 4。初始缺陷基于一阶（整体）屈曲模态引入，最大偏位取跨度的 1/300。位移加载控制节点取弹性分析时最大位移的节点。分析步长取 5～10mm，收敛条件采用能量和位移双控制，相对精度都取为 0.001。分析结果如图 56～图 61 所示。

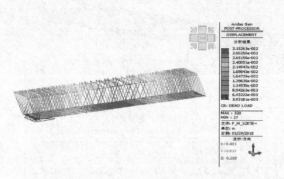

图 45　恒荷载作用下结构竖向位移
（最大 32mm）

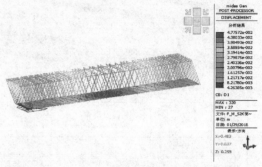

图 46　"恒＋活"组合作用下结构竖向位移
（最大 48mm）

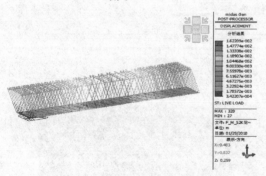

图 47　活荷载作用下结构竖向位移
（最大 16mm）

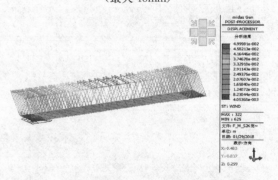

图 48　"恒＋活＋风"组合作用下结构竖向位移
（最大 49mm）

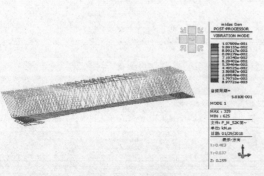

图 49　第 1 阶振型

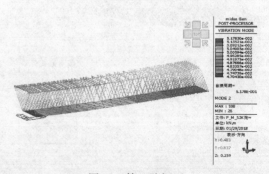

图 50　第 2 阶振型

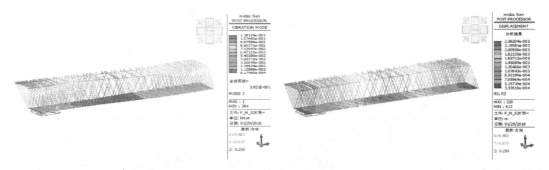

图 51　第 3 阶振型　　　　　　　　图 52　地震组合作用下结构竖向位移
　　　　　　　　　　　　　　　　　　　　　　　（最大 2.4mm）

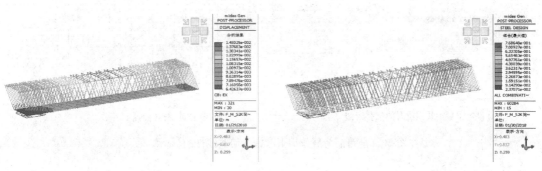

图 53　地震组合作用下结构水平位移　　　图 54　构件应力比（最大 0.768）
　　　　　（最大 14mm）

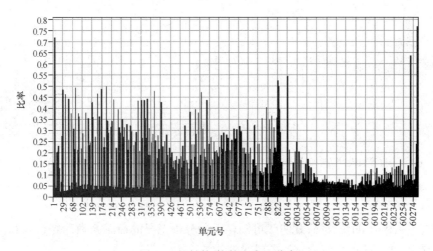

图 55　钢结构-构件应力比分布

整体稳定性能分析工况　　　　　　　　　　　　　　　表 4

序号	工况名称	具体荷载情况
1	D+L（Q）	5.5 自重＋5.0 附加恒荷载＋5.0 活荷载（全跨）
2	D+L（B）	5.5 自重＋5.0 附加恒荷载＋5.0 活荷载（半跨）

序号	工况名称	具体荷载情况
3	D＋L（Q）_W⁺	升温45℃＋5.5自重＋5.0附加恒荷载＋5.0活荷载（全跨）
4	D＋L（B）_W⁺	升温45℃＋5.5自重＋5.0附加恒荷载＋5.0活荷载（半跨）
5	D＋L（Q）_W⁻	降温30℃＋5.5自重＋5.0附加恒荷载＋5.0活荷载（全跨）
6	D＋L（B）_W⁻	降温30℃＋5.5自重＋5.0附加恒荷载＋5.0活荷载（半跨）

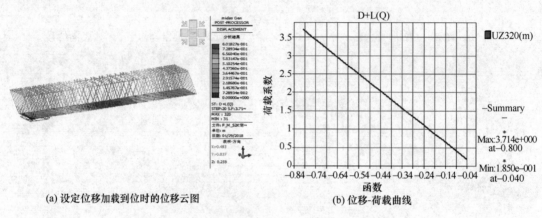

(a) 设定位移加载到位时的位移云图　　　　(b) 位移-荷载曲线

图 56　全跨活荷载作用下考虑几何非线性的分析结果

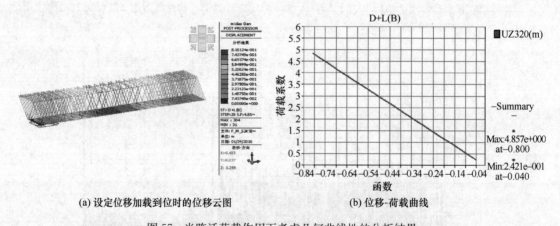

(a) 设定位移加载到位时的位移云图　　　　(b) 位移-荷载曲线

图 57　半跨活荷载作用下考虑几何非线性的分析结果

由图 56～图 61 的位移-荷载曲线可知，六种分析工况的荷载系数均超过 5.0 倍的恒荷载与活荷载之和，结构整体稳定性能满足要求。

4.3.6　节点设计及试验

本项目因特殊建筑设计，要求钢木连接节点具有一定的转动刚度和受弯承载力。木材采用层板胶合木，钢插板采用嵌入方式与木材相连，插板厚度为 30mm，如图 62、图 63 所示。

选取桥的钢木组合连接节点（图 64），采用 C3D8R 实体单元建立木材腹杆模型，按

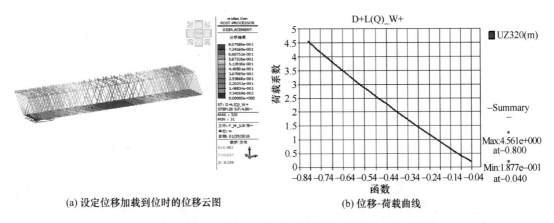

(a) 设定位移加载到位时的位移云图　　　　　　(b) 位移-荷载曲线

图 58　考虑升温全跨活荷载作用下考虑几何非线性的分析结果

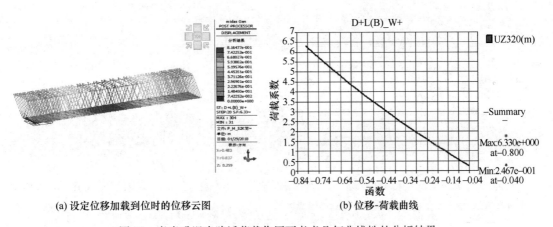

(a) 设定位移加载到位时的位移云图　　　　　　(b) 位移-荷载曲线

图 59　考虑升温半跨活荷载作用下考虑几何非线性的分析结果

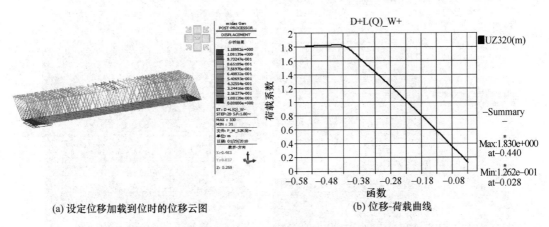

(a) 设定位移加载到位时的位移云图　　　　　　(b) 位移-荷载曲线

图 60　考虑降温全跨活荷载作用下考虑几何非线性的分析结果

整体结构的计算结果提取腹杆内力，进行有限元分析。计算结果表明，在最不利荷载作用下，钢材 Mises 应力为 270MPa（图 65），最大应力发生在插板与钢弦杆连接处；木材的最大顺纹应力为 8.3MPa（图 66），均满足 E1 地震作用下的弹性要求。

对矩形木杆件与 L 形钢杆件垂直相交，销轴-双插板式的钢木连接做法进行钢木节点

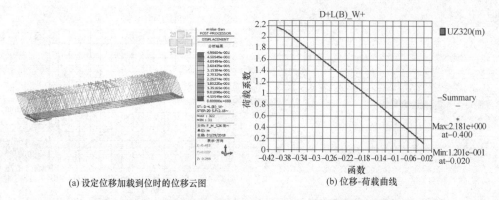

(a) 设定位移加载到位时的位移云图　　　　　(b) 位移-荷载曲线

图 61　考虑降温半跨活荷载作用下考虑几何非线性的分析结果

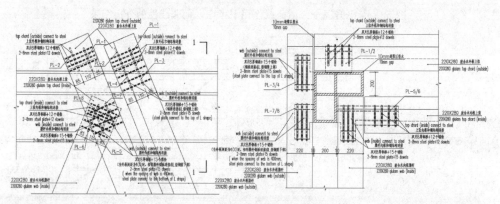

(a) 节点设计详图

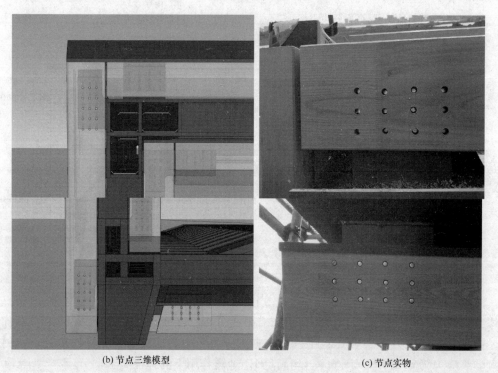

(b) 节点三维模型　　　　　　　　　　(c) 节点实物

图 62　钢木节点

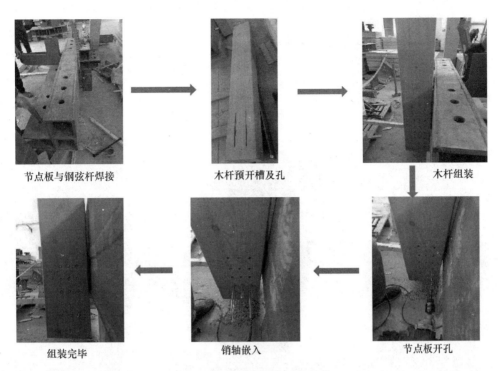

节点板与钢弦杆焊接　　　　木杆预开槽及孔　　　　木杆组装

组装完毕　　　　销轴嵌入　　　　节点板开孔

图 63　钢木节点组装工艺流程

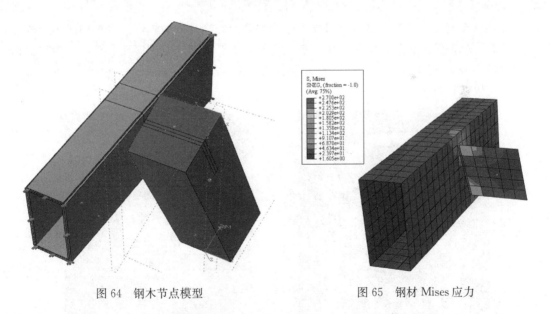

图 64　钢木节点模型　　　　图 65　钢材 Mises 应力

试验。试件材料规格：木材采用 GL-28h 等级花旗松；钢材等级为 Q235B，钢插板厚度为 6mm。通过对试件进行抗弯试验，确定节点区域在压弯工况下的转动刚度；确定节点区域在压弯作用下的极限受弯承载力；考察节点区域在压弯作用下的破坏模式及特点。

　　试件施工，首先将内插钢板焊接于钢杆件对应位置；在木杆件相应位置预开钢板槽；将木杆件安装于钢杆件上（表面未接触，相距 10mm）；此后在相应位置钻孔，采用套钻方式，孔径与销轴直径相等（12mm）；最后将销轴塞入孔中，试件组装工艺与现场钢木节点安装工艺一致。

试验加载，试验共布置 6 个位移测点，如图 67 所示。

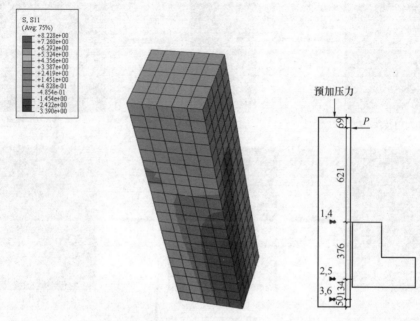

图 66 木材顺纹应力   图 67 试件测点布置

位移计 1 与 4，2 与 5，3 与 6 分别位于同一高度处杆件的两侧，二者平均值作为木杆件在该高度处的侧向位移。上述三组测点用于寻找木杆件转动时的旋转中心，并能够互相比对。试验装置如图 68 所示。试件安装及加载步骤为：

安装固定试件；

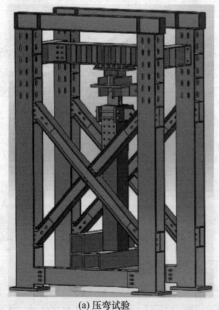
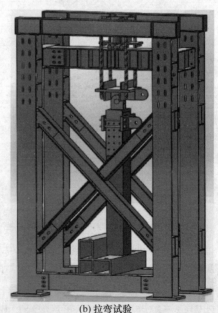

(a) 压弯试验   (b) 拉弯试验

图 68 试验装置示意

通过千斤顶对木杆顶部施加指定压力或拉力 300kN；

连接位移计及采集系统，开始侧向加载，加载速度 3mm/min，位移控制；

采集数据，试件出现明显破坏或承载力下降至峰值的 80% 以下时停止加载。

试件破坏形态：节点最终失去承载力的表现为节点区木材劈裂破坏，如图 69 所示。节点板没有明显变形，孔壁变形较小，节点区外侧少量销轴有一定弯折。节点延性在加载曲线中表现良好。

(a) 一侧　　　　　　　　(b) 另一侧

图 69　节点破坏特征

试验结果表明，通过特殊销孔安装工艺，钢木节点具有初始转动刚度（图 70），必要时可以考虑木构件具有一定的连接转动刚度。

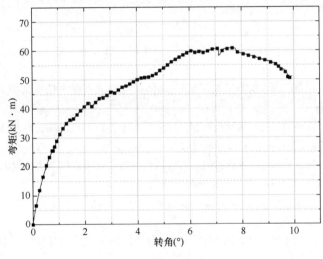

图 70　弯矩-转角曲线

4.3.7　结论

本案例以钢木组合方式实现了大跨度空间结构，同时满足了建筑效果需求。结构采用了钢弦杆和胶合木腹杆的空间桁架结构形式，连接节点采用高强度螺钉，本案例的结构形式和连接节点在一些特殊建筑功能需求的建筑中具有很好的适用性；通过理论分析和试验验证了木结构构件实现刚接的可能性。

5. 胶合木大跨度空间结构展望

随着能源和环境问题的日益严峻，人们开始崇尚绿色生态的建筑观念，而木材作为可再生生态建筑材料，重新回归人们的视野，得到了世界范围内广泛的关注，越来越多的研究机构和建筑师投入对木材的研究及实践中。随着木材加工技术和建造手段的进步，出现了大量的新型木结构建筑，构成了丰富多样的木构体系。其中，胶合木作为一种性能优越的结构用材，在建筑中应用潜力极大，适用范围极为广泛。近几十年来，在发达国家和地区，胶合木的应用已日趋成熟。我国的现代木结构技术才刚刚起步，国内建筑师对于胶合木的应用还处于探索阶段，胶合木相关的文献也大多是关于材料自身性能所做的技术类研究，并没有从建筑设计的角度深入探讨胶合木的应用，这就为建筑师的具体应用带来了较大的困难。

展望胶合木大跨度空间结构的发展前景，主要有以下几个方面：

（1）大跨度空间结构发展方向是"轻、远"，空间结构的优势显然也是大跨度木结构的优势。

（2）木材尽管在强度上低于钢材，但其承载效率却高于钢材和混凝土。

（3）木结构建筑在国内具有很大的市场，一大批旅游项目、园林项目、展示场馆都非常适合采用木结构。

（4）木结构独特的建筑效果受到国内外建筑师的广泛认同，适合于实现造型美观、绿色自然的作品。

参考文献

[1] 李瑞雄. 太原植物园胶合木双向叠放梁连接节点刚度取值方法研究[J]. 建筑结构，2022，52(4)：11-16.

[2] 贾水钟，李瑞雄，李亚明. 太原植物园销轴-钢插板支座节点受力性能试验研究[J]. 建筑结构，2022，52(4)：6-10.

[3] 何敏娟，赵艺，高承勇，等. 螺栓排数和自攻螺钉对木梁柱节点抗侧力性能的影响[J]. 同济大学学报(自然科学版)，2015，43(6)：845-852.

[4] 何敏娟，赵艺，高承勇，等. 螺栓排数和自攻螺钉对木梁柱节点抗侧力性能的影响[J]. 同济大学学报(自然科学版)，2015，43(6)：845-852.

[5] 刘慧芬，何敏娟. 自攻螺钉参数设置对胶合木梁柱节点受力性能的影响[J]. 建筑结构学报，2015，36(7)：148-156.

[6] 李亚明，李瑞雄，贾水钟，等. 太原植物园胶合木拼接节点受力性能试验研究[J]. 建筑技术，2020，51(3)：299-302.

[7] 贾水钟，李瑞雄，李亚明. 太原植物园温室进口胶合木材性试验及应用研究[J]. 建筑结构，2022，52(4)：17-21.

[8] FANG H，SUN H M，LIU W Q，et al. Mechanical performance of innovative GFRP-bamboo-wood sandwich beams：experimental and modelling investigation[J]. Composites Part B：Engineering，2015，Part B79：182-196.

[9] 住房和城乡建设部. 胶合木结构技术规范：GB/T 50708—2012[S]. 北京：中国建筑工业出版社，2012.

[10] 住房和城乡建设部. 索结构技术规程：JGJ—2012[S]. 北京：中国建筑工业出版社，2012.

[11] 住房和城乡建设部. 空间网格结构技术规程：JGJ 7—2010. 北京：中国建筑工业出版社，2010.

[12] 住房和城乡建设部. 木结构设计标准：GB/T 50005—2017[S]. 北京：中国建筑工业出版社，2017.

08 锈损建筑空间结构承载性能及安全评估方法

刘红波[1,2]，陈蕙芸[2]，陈志华[2]

（1. 河北工程大学土木工程学院，邯郸；2. 天津大学建筑工程学院，天津）

摘　要：锈蚀是建筑空间钢结构中普遍存在、难以根除而且最具危险的灾害之一。本文通过试验研究、数值模拟和理论分析等方法，研究了包括拉索、焊缝连接、钢管构件、螺栓球节点、焊接空心球节点在内的空间结构常用的连接和构件的锈蚀后承载性能退化规律。基于研究结果提出了考虑锈蚀环境、锈蚀模式、锈蚀程度的各连接和构件的剩余承载性能预测和评估方法，并最终建立了既有建筑空间结构的锈损情况采集方法和安全评估方法。

关键词：锈蚀，连接和构件，空间钢结构，承载性能，评估方法

Bearing Performance and Safety Assessment Method of Corroded Architectural Space Structures

LIU Hongbo[1,2], CHEN Huiyun[2], CHEN Zhihua[2]

(1. School of Civil Engineering, Hebei University of Engineering, Handan;

2. School of Civil Engineering, Tianjin University, Tianjin)

Abstract：Corrosion is one of the most dangerous and ubiquitous disasters in space steel structures. In this paper, by experimental research, numerical simulation and theoretical analysis, the bearing performance degradation law of corroded common connections and corroded components in space structures were studied, including cables, welds, steel pipe members, bolt spherical joints, welded hollow spherical joints. Based on the research results, a prediction and evaluation method of residual bearing capacity of the connections and components considering corrosion environment, corrosion mode and corrosion degree was proposed. Finally, a collection method and safety evaluation method for existing building space structures were established.

Keywords：corrosion, connections and components, space steel structures, bearing performance, evaluation methods

1. 引言

空间结构历史悠久、发展迅速，现已广泛应用于游泳馆、体育馆、机场、博览馆、厂房等各种重要建筑。空间结构不可避免地会受到室外大气环境和室内特殊环境的腐蚀，造

基金项目：河北省杰出青年（E2021402006）

成组成结构的连接、构件和节点的承载性能的削弱，从而影响整个空间结构的受力性能，威胁结构安全[1-3]。

因此，对空间结构锈损后的性能分析的受众面是广阔的，相关研究是必要且重要的。若能及时预测和评估空间结构承载性能的时变劣化特性，及时修复和加固在役锈损空间结构，不仅可以避免大修和拆除造成的经济负担，而且能有效减少结构整体突然失效的风险，增加空间网格结构服役全寿命范围内的可靠度。例如，1966年建成的天津科学宫礼堂网架结构，由天津大学刘锡良教授设计修建，作为国内第一座焊接球网架工程，已服役50余年，这其中离不开对网架结构的定期检测和安全性评估工作［图1（a）］。天津市消防研究所燃烧试验馆吊顶网架结构，由于网架长期处于高温和高湿环境中，服役仅10年就产生了严重的锈损，通过对其进行剩余性能检测和安全评估并给出修复加固建议，使其能继续服役而避免了对整体网架的拆除工作［图1（b）］。相反，若不能对锈损空间结构进行及时的评估、修复和加固，不仅可能造成较大的经济损失，甚至会造成人员伤亡。例

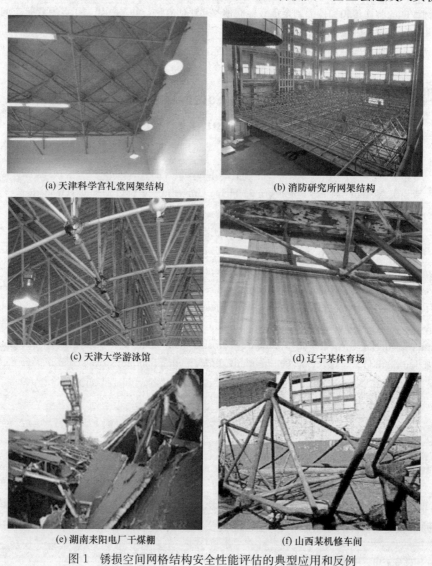

(a) 天津科学宫礼堂网架结构   (b) 消防研究所网架结构

(c) 天津大学游泳馆   (d) 辽宁某体育场

(e) 湖南耒阳电厂干煤棚   (f) 山西某机修车间

图1 锈损空间网格结构安全性能评估的典型应用和反例

如，天津大学游泳馆的屋顶网架结构从服役到拆除仅 14 年［图 1（c）］；辽宁某体育场的屋顶网架结构从服役到严重锈蚀仅 19 年［图 1（d）］；湖南耒阳电厂干煤棚建成不到 10 年倒塌，造成重大财产损失[2]［图 1（e）］；山西某机修车间使用 31 年后倒塌，造成重大财产损失[3]［图 1（f）］。

然而，目前对锈损建筑空间钢结构的相关研究多集中于连接和构件层面。对于高强钢丝、拉索和吊杆锈蚀后剩余性能的研究主要集中在桥梁钢结构领域[4-9]，其锈损后的腐蚀速率变化模型、力学性能退化规律、疲劳寿命损失情况等均被不同学者进行了研究。对于圆钢管的锈蚀研究主要集中在海洋钢结构和深海领域腐蚀环境下的特殊材质钢管的剩余性能研究[10-12]。各学者从试验和精细化数值模拟的角度研究了随机腐蚀对管道坍塌压力的影响，找到了锈蚀对深海管道屈曲强度的关键影响因素。对于大气环境下钢结构相关结构构件和节点锈蚀后承载性能的研究则主要集中在 H 型钢柱[13-17]及钢框架梁柱节点[18-20]。各学者对钢柱的抗震、抗弯和偏压等性能以及梁柱节点和钢框架结构的抗震性能随锈蚀的变化规律进行了试验研究和理论分析。这些研究内容比较分散，存在研究环境差异大或是研究主体不一致等问题，因此很难将现存的研究结论直接套用到对锈损建筑空间结构剩余性能的评估上。此外，对整体空间钢结构的锈蚀后承载性能的研究还较少，更未形成统一有效的体系。这些研究[21-24]基本基于均匀腐蚀假定和基于单一项目展开，很难归纳总结出一套具有普适性的既有建筑空间结构安全评估方法。

综上所述，本文通过试验、有限元模拟、理论分析相结合的研究思路，对建筑空间结构中的常用拉索、焊缝连接、钢管构件、螺栓球节点、焊接空心球节点进行了锈蚀后的剩余承载性能变化规律和评估方法的研究，并最终建立了既有建筑空间结构的锈损情况采集方法和安全评估方法，为既有空间结构锈蚀后的评估、修复和加固等提供了一定的研究基础和具体参考。

2. 锈损拉索

2.1 锈损拉索的腐蚀形貌和剩余承载性能

采用盐雾试验箱、万能试验机等进行了高强钢丝、钢绞线、半平行钢丝束和高强拉杆的人造气氛锈蚀试验和锈蚀后单向静力拉伸试验。拉索种类、数量的选择和截面形式如表 1 和图 2 所示。依据使用环境，全裸钢绞线采用中性盐雾腐蚀试验方法，具有镀锌层的高强钢丝和半平行钢丝束以及具有防腐涂层的合金钢拉杆采用铜加速乙酸盐雾试验[25]。

拉索试件信息				表 1
拉索种类	拉索规格（mm）	强度等级（MPa）	腐蚀长度（m）	总长度（m）
钢绞线	$\phi5\times7$（15.24）	1860	0.3	0.5
高强钢丝	$\phi5$	1670	0.3	0.5
半平行钢丝束	$\phi5\times19$（25）	1670	0.3	0.5
合金钢拉杆	$\phi25$	650	0.25	0.4

不同腐蚀时间下不同拉索的腐蚀形貌如图 3 所示。观察可知，随着腐蚀时间的增加，

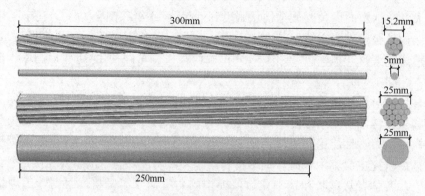

图 2　拉索截面形式

全裸拉索表面比有镀层和涂层的拉索表面更早出现锈层，且锈层发展更迅速。具有镀锌层的拉索表面先出现白色锈层，之后随腐蚀程度加剧，镀锌层消耗殆尽才逐渐显现红棕色锈蚀产物。

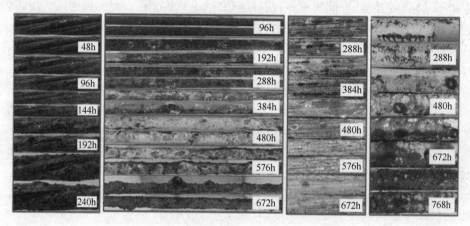

图 3　拉索腐蚀形貌

按规范[26]对各拉索进行除锈并计算质量损失率和腐蚀速率[9]。对比发现，在相同腐蚀条件下（CASS[25]），高强钢丝腐蚀损失最大，其次是半平行钢丝束，最后是钢拉杆。钢丝和半平行钢丝束腐蚀速率接近，钢拉杆的腐蚀速率较小，钢丝的腐蚀速率约为半平行钢丝束的 1.34 倍，钢拉杆的 4～6 倍。此外，针对半平行钢丝束的特殊截面属性提出了三种等效腐蚀深度的计算方法［式（1）～式（3）］。通过分别与高强钢丝和高强拉杆的腐蚀深度进行比较分析，认为式（3）更具合理性。

$$d_{\mathrm{SPWS1}} = \frac{\Delta m}{\pi \rho l_0 D_{\mathrm{e}}} = \frac{m_1 - m_2}{\pi \rho l_0 D_{\mathrm{e}}} = \frac{m_1 \eta}{\pi \rho D_{\mathrm{e}} l} \tag{1}$$

$$d_{\mathrm{SPWS2}} = \frac{\Delta m}{\frac{2}{3} n_1 \pi \rho l_0 D_{\mathrm{w}}} = \frac{m_1 - m_2}{\frac{2}{3} n_1 S_{\mathrm{w}} \rho} = \frac{3 m_1 \eta l_0}{2 n_1 S_{\mathrm{w}} \rho l} \tag{2}$$

$$d_{\mathrm{SPWS3}} = \frac{\Delta m}{\frac{2}{3} \sum_{i=1}^{N-1} R_{\mathrm{c}}^{i-1} n_i \pi \rho l_0 D_{\mathrm{w}}} = \frac{m_1 - m_2}{\frac{2}{3} \sum_{i=1}^{N-1} R_{\mathrm{c}}^{i-1} n_i S_{\mathrm{w}} \rho} = \frac{3 m_1 \eta l_0}{2 \sum_{i=1}^{N-1} R_{\mathrm{c}}^{i-1} n_i S_{\mathrm{w}} \rho l} \tag{3}$$

式中，Δm 为腐蚀前后的质量损失；l_0 为锈蚀长度；ρ 为材料密度；D_e 为半平行钢丝束的等效直径；D_w 为组成半平行钢丝束的高强钢丝的直径；n_1 为半平行钢丝束最外层钢丝数量；S_w 为最外层钢丝锈蚀段表面积；i 为半平行钢丝束第 i 层；N 为半平行钢丝束总层数；n_i 为钢丝束第 i 层对应的钢丝数目；R_c 为腐蚀分布率。

由于试验进行的最长腐蚀时间不到 800h，因此未见腐蚀对拉索极限强度和屈服强度的显著影响，但屈服强度和伸长率在腐蚀影响下总体呈减小趋势。拉索锈蚀后的破坏模式如图 4 所示，观察发现，高强钢丝和半平行钢丝束锈损后断口多为劈裂-铣刀式断口。随腐蚀发展，断裂从延性断裂向脆性断裂过渡。而钢绞线和钢拉杆多为锚固端破坏。

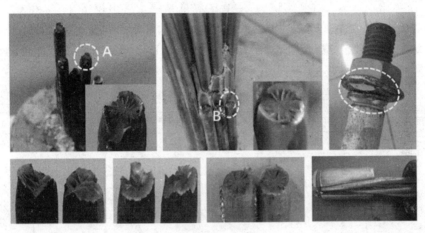

图 4　拉索破坏模式

2.2　锈损拉索的锈蚀程度预测方法

参考常规的两参数大气环境锈蚀劣化模型［式（4）］，提出了考虑试验误差修正因子的三参数实验室标准环境下锈蚀劣化模型［式（5）］，并运用于高强钢丝、钢绞线、半平行钢丝束和高强拉杆的锈损程度预测。通过比较试验数据和两种公式拟合数据发现，运用三参数模型的四种拉索构件的拟合优度均在 90% 以上，说明所提出的三参数模型能有效且更好地拟合各种拉索试件的锈蚀劣化过程。拟合结果汇总于表 2。

$$d_u(t) = At^B \tag{4}$$

$$d_u(t) = A \times (t + C)^B \tag{5}$$

式中，$d_u(t)$ 为镀锌高强钢丝的均匀腐蚀深度随实验室标准加速试验时间的函数；A 为初始锈蚀速度；B 为锈蚀趋势；C 为误差修正因子。

拉索锈蚀劣化模型拟合参数　　　　　　　　　　　　　　表 2

拉索种类	劣化模型	A	B	C	R^2
钢绞线	两参数	1.22158	0.58126	—	0.81569
	三参数	1.70043	0.51666	1.68757×10^{-45}	0.9115
高强钢丝	两参数	0.00707	1.34251	—	0.9596
	三参数	0.01278	1.24791	9.60823×10^{-7}	0.96199

拉索种类	劣化模型	A	B	C	R^2
半平行钢丝束	两参数	0.10934	0.85072	—	0.89401
	三参数	0.09065	0.88061	3.40936×10^{-10}	0.96104
合金钢拉杆	两参数	4.71151×10^{-6}	2.23405	—	0.99726
	三参数	4.16242×10^{-6}	2.25293	9.72823×10^{-7}	0.99753

此外，依据国际标准 ISO 9223[27] 和 ISO 12944[28] 以及拉索在 C3 环境（天津户外）和 C4 环境（游泳馆）下的大气暴露试验 318d 的测试结果，得出拉索在 C3 和 C4 环境下加速倍率参数 λ（人造气氛加速腐蚀试验的腐蚀速率与大气暴露腐蚀速率的比值）和拉索抗锈性参数 γ（拉索大气暴露试验所得年腐蚀速率 K 与 ISO 9223 标准中低碳钢的年腐蚀速率的比值），如表 3 所示。

拉索锈蚀程度转换参数 表 3

拉索种类	大气环境[27]	K（μm/年）	γ	λ
钢绞线	C3	30.62	0.61	6
	C4	79.41	0.99	2
高强钢丝	C3	31.12	0.62	34
	C4	48.52	0.61	22
半平行钢丝束	C3	23.22	0.46	12
	C4	36.21	0.45	7
合金钢拉杆	C3	47.04	0.94	67
	C4	3.73	0.05	852

3. 锈损焊缝连接

3.1 锈损焊缝连接的腐蚀形貌和剩余承载性能

设计对接焊缝试件、正面角焊缝试件和侧面角焊缝试件；对接焊缝钢材材料选择 Q235B 和 Q345B 两种，角焊缝选择 Q235B，焊丝为 ER50-6，焊接方法为二氧化碳气体保护焊，焊缝试件尺寸如图 5 所示。依据乙酸盐雾试验的规定[25] 以及盐雾箱的标定试验[29]，本文试验采用 0d、85d、116d 三个腐蚀周期。不同周期下试件锈损形貌相似，如图 6 所示。焊缝连接的表面锈蚀产物呈现棕黄色和暗黑色，推测其主要为氢氧化铁、氧化铁和四氧化三铁；去除表面锈层后发现靠近金属基体的锈蚀产物基本呈黑色，推测其主要为铁氧化不充分而产生的四氧化三铁。

对锈蚀后的焊缝连接试件进行轴向拉伸试验，其破坏现象基本一致，均是在钢板和焊缝交界面处发生剪切破坏。在剩余极限承载力方面，对接焊缝试件锈蚀至 85d，Q235 试件极限强度退化至腐蚀前的 84.6%，Q345 试件退化至 85.6%；锈蚀至 116d，Q235 试件退化至 77.1%，Q345 试件退化至 83.6%。相较于 Q345 对接焊缝试件，Q235 对接焊缝

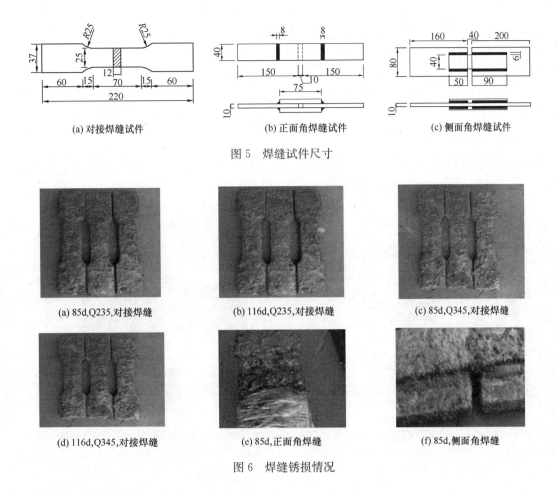

(a) 对接焊缝试件　　　　　(b) 正面角焊缝试件　　　　　(c) 侧面角焊缝试件

图 5　焊缝试件尺寸

(a) 85d,Q235,对接焊缝　　　(b) 116d,Q235,对接焊缝　　　(c) 85d,Q345,对接焊缝

(d) 116d,Q345,对接焊缝　　　(e) 85d,正面角焊缝　　　(f) 85d,侧面角焊缝

图 6　焊缝锈损情况

的极限强度随腐蚀下降更大。

对于正面角焊缝试件，锈蚀至 85d 时其平均承载力下降了 1.02％；锈蚀至 116d 时其平均承载力甚至大于未锈蚀的试件，主要是由加工误差导致的。对于侧面角焊缝，锈蚀至 85d 时其平均承载力下降了 2.5％；锈蚀至 116d 时其平均承载力下降了 1.8％，承载力基本不变。综上所述，可以认为本试验条件下，锈蚀对角焊缝试件的剩余极限承载力的影响非常小，基本可以忽略。

3.2　锈损焊缝连接的剩余承载力评估方法

本文首先提出一种针对锈损焊缝的简化有限元模型，采用 ABAQUS 编写 Python 脚本的方法建模，详细的建模方法如图 7 所示。将点蚀坑形状假定为半椭球形状，假定蚀坑在对接焊缝表面随机分布，坑深度假定按照 Weibull 概率函数随机选取。Weibull 概率函数是一个非对称的概率函数，其概率密度为：

$$f(x) = \frac{\alpha}{\beta}\left(\frac{x-\gamma}{\beta}\right)^{\alpha-1} \cdot \exp\left[-\left(\frac{x-\gamma}{\beta}\right)^{\alpha}\right] \tag{6}$$

式中，α 为形状参数；β 为尺度参数；γ 为位置参数。若 γ 为 0，得到式（7）可以描述任意腐蚀时间下点蚀深度的概率密度函数，函数均值见式（8）。

$$f(x) = \frac{\alpha}{\beta} \left(\frac{x}{\beta}\right)^{\alpha-1} \cdot \exp\left[-\left(\frac{x}{\beta}\right)^{\alpha}\right] \tag{7}$$

$$E(x) = \Gamma\beta\left(1 + \frac{1}{\alpha}\right) \tag{8}$$

引入 Weibull 概率函数的均值来描述整体点蚀坑的深度。杨传嵩[30] 通过研究发现均值的大小在 0~1mm 范围内基本与形状参数 α 无关,与 β 呈线性关系。为了方便研究,将参数 α 取固定值 1.1,β 的范围为 (0.2,1.1),均值范围为 (0.193mm,1.061mm),将每个模型在相同均值和点蚀坑个数下进行 10 组分析,以减少同一组参数下的随机性。

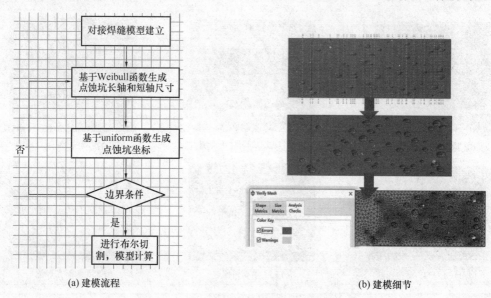

(a) 建模流程   (b) 建模细节

图 7　基于 Weibull 概率函数的锈蚀模型

将三种焊缝连接试件的试验数据和数值模拟结果进行了对比。发现基于 Weibull 概率函数的点蚀坑建模方法所得到的承载力下降的下限值要小于试验数值,并且还有一定的剩余值,说明基于 Weibull 概率函数的锈蚀模型合理。

接下来研究对接焊缝的剩余承载力的预测和评估。图 8 所示为 Weibull 概率函数均值在 (0.193mm,1.061mm) 时锈损对接焊缝的承载力变化规律,点蚀坑的个数选取 200~700。对图中试件极限荷载变化规律的上限和下限曲线进行拟合,保证锈蚀模型上所有的计算结果均落在上下限范围之内。拟合得到的锈损对接焊缝的剩余极限承载力预测如式 (9) 所示。

$$
\begin{aligned}
N_u/N_{u0} &= -0.607 \times E(x)/T + 1 \qquad \text{上限} \\
N_u/N_{u0} &= -2.333 \times E(x)/T + 1 \qquad \text{下限}
\end{aligned} \tag{9}
$$

式中,T 为试件厚度;$E(x)$ 为 Weibull 概率函数的均值;N_{u0} 和 N_u 分别为锈蚀前后对接焊缝的极限承载力。

然后研究正面角焊缝的剩余承载力的预测和评估。图 9 (a) 所示为 Weibull 概率函数均值在 (0.193mm,1.061mm) 时锈损正面角焊缝的承载力下降图,点蚀坑的个数选取 200~700。因为在不同概率分布函数的均值下数值模型的计算结果离散性较小,所以仅将正面角焊缝的下限按照最不利情况进行线性拟合,保证模型上所有的点均落在下限范围之

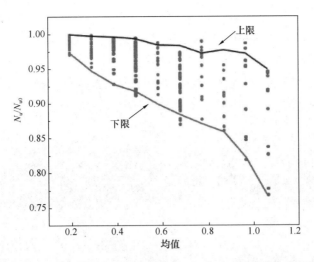

图 8　对接焊缝极限承载力随点蚀深度概率分布均值的变化规律

上。拟合方式如图 9（b）所示，拟合得到的锈损正面角焊缝的剩余极限承载力预测如式（10）所示。

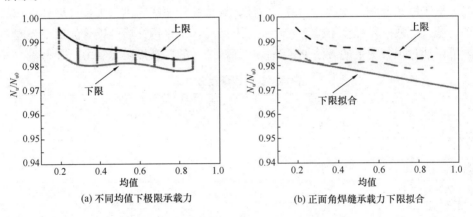

(a) 不同均值下极限承载力　　　　　(b) 正面角焊缝承载力下限拟合

图 9　正面角焊缝极限承载力的变化规律与拟合

$$N_u/N_{u0} = -0.011 \times E(x) + 0.984 \qquad 下限 \qquad (10)$$

最后，对于侧面角焊缝，模拟发现不论点蚀坑个数和点蚀深度分布函数的均值如何，剩余极限承载力与锈蚀前极限承载力的比值均在 0.9925 以上，这也说明在本模拟条件下，点蚀对侧面角焊缝极限承载力的影响可以忽略不计。

4. 锈损钢管构件

4.1　锈损钢管构件的剩余承载性能

对一批室外堆放于沿海地区钢厂重污染环境下的建筑结构用圆钢管试件进行轴心受压试验，并采用两端铰接的支承方式，得到其锈蚀后的力学性能退化规律。六种规格的杆件分别为 P60×3.5（表示外径 60mm，壁厚 3.5mm，余同）、P75.5×3.5、P88.5×4、

P114×4.5、P140×5、P159×6，每种规格杆件3根。分析试验现象（图10）发现，杆件均发生弯曲屈曲的失稳破坏，朝向约束较弱的方向发生弯曲。此外，在杆件弯曲较严重的部位发现钢材出现局部鼓曲、锈层剥落的现象。

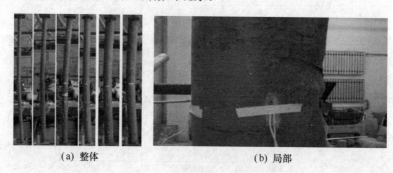

(a) 整体　　　　　　　　　　　　　(b) 局部

图 10　锈损钢管轴压试验现象

进一步分析锈蚀钢管构件的极限承载力。在考虑锈蚀对材料强度和弹性模量的削弱的条件下，发现试验得到的极限承载力高于按照规范方法计算的极限承载力，但低于欧拉极限承载力，如表4所示。推测这是因为钢管构件存在残余应力、初始弯曲等初始缺陷，因此承载力低于欧拉曲线的承载力；另一方面，规范的柱曲线为进行大量计算分析和部分试验得到的结果，故一定程度上偏于安全。综上所述，基于锈蚀后的钢管的屈服强度和弹性模量，可以通过现行规范的方法计算钢管构件锈蚀后的剩余极限承载力。

锈损钢管轴压承载力对比　　　　　　　　　　　　　　　　　　　表 4

规格	试验极限承载力 (kN)	欧拉极限承载力 (kN)	规范柱曲线极限承载力 (kN)
P60×3.5	100.00	101.2	82.9
P75.5×3.5	164.84	210.3	134.8
P88.5×4	255.78	318.4	226.5
P114×4.5	403.64	487.4	378.4
P140×5	628.01	646.4	545.5
P159×6	831.37	893.6	779.2

4.2　锈损钢管剩余承载力评估方法

采用有限元软件 ABAQUS 建立锈蚀后钢管的有限元模型，并将有限元分析结果与试验数据相对比，验证有限元模型的准确性和有效性。钢管采用壳单元建立，采用4节点四边形有限薄膜应变线性减缩积分壳单元（S4R）。建模时建立钢管的半长（1000mm）模型，长度沿 Z 轴方向，其中一端设置为关于 Z 轴对称边界条件（U3＝UR1＝UR2＝0），以此模拟整根钢管。为了便于加载和输出反力，在钢管另一端设置一个参考点，并将该点与钢管端面进行耦合。钢材材料的本构关系按照试验得到的锈蚀后材性结果输入。将有限元结果与试验结果进行对比，发现试件破坏模式相同，均发生整体失稳破坏。比较试验和有限元的轴压承载力，发现有限元模拟结果数值在3根锈蚀钢管杆件轴压试验结果数值之间，且与平均值接近，相差最大不超过 10%。综上，可以认为，用该方式建立的锈损钢管构件的 ABAQUS 有限元模型是可行的。

然后进行参数化模拟。考虑锈蚀对钢管壁厚的削弱，研究了壁厚削弱、钢管规格、材料等因素对钢管锈蚀后承载力的影响，并采用规范给出的方法计算，将二者对比分析。以 P60×3.5 规格的钢管为例，对比结果如图 11 所示。研究发现，对于极限承载力，无论是采用有限元模拟还是采用《钢结构设计标准》GB 50017—2017 计算得到的轴压承载力力均随壁厚减小而线性降低，且二者降低的程度几乎相等。对于极限承载力降低比率，采用规范方法的计算结果随壁厚削弱的下降速度稍快于有限元方法的计算结果，但相差很小，尤其是在壁厚削弱较小的情况下，二者降低的程度几乎相等。

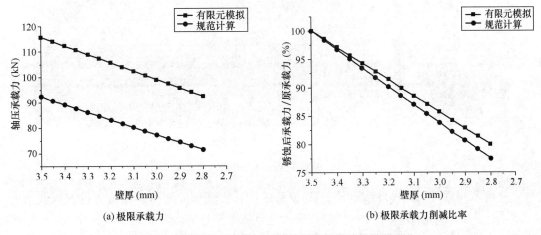

(a) 极限承载力　　　　　　　　　(b) 极限承载力削减比率

图 11　锈损钢管的有限元计算结果与规范计算结果对比

而在承载力绝对值方面，采用有限元模拟的承载力比采用规范方法计算的承载力始终大 15%~35%，说明采用规范方法计算是偏于安全的。因此，仍采用规范给出的柱曲线，根据锈蚀后钢管的实际截面、材料等参数，计算其极限承载力。此外，通过对不同材性的试件的有限元分析发现，屈服强度不同的钢材，随着壁厚减小，模型的轴压承载力降低的比率是相同的，即材料不会影响锈损钢管构件的承载力随锈蚀的削减程度。

综上所述，将锈损钢管的剩余承载力评估方法及步骤总结如下：

（1）预估/检测锈损钢管的腐蚀深度或壁厚削弱情况；

（2）获取锈损钢管的实际截面和材料特性；

（3）采用规范方法进行计算。

5. 锈损螺栓球节点

5.1　锈损螺栓球节点的剩余承载性能

对堆放于沿海地区钢厂重污染环境下的建筑结构用螺栓球试件进行锈蚀检测和轴心受拉试验，得到其锈蚀后的力学性能退化规律。依据《钢网架螺栓球节点用高强度螺栓》GB/T 16939—2016[31] 选取 15 种规格的螺栓球节点进行锈蚀后的轴拉试验（按螺纹规格命名 M16、M20、M22、M24、M27、M30、M33、M36、M39、M42、M45、M48、M52、M56、M60）。M16～M27 的节点试件在 100t 的液压拉力试验机上进行，M30～M60 的节点试件在 400t 液压拉力试验机上进行。试验全程采用 5mm/min 中位移加载，直到试件破坏或达到试验机量程。分析破坏模式，发现所有试件均属于脆性破坏。破坏前试件变形均较小，直到试件达到极限承载力，发出较大的声响，绝大多数试件为螺栓突然拉断或者拔出（M56 和 M60 的试件除外，因其焊缝处未能完全焊透，致使试件在焊缝处被拉裂）。以 M24 和 M56 为例，破坏模式如图 12 所示。

(a) M24   (b) M56

图 12　锈损螺栓球节点的破坏模式

分析不同型号的螺栓球节点的荷载-位移曲线，发现不同规格螺栓抗拔过程承载力变化基本一致，前期刚度基本相同，直到螺栓达到极限塑性应变开始颈缩，试件达到极限承载力进而被拉断。所有螺栓的试验承载力均大于承载力设计值。

5.2　锈损螺栓球节点剩余承载力计算方法

基于 ABAQUS 有限元软件建立高强度螺栓球节点抗拔试验数值模型，如图 13 所示。本构关系选用双折线强化模型。设置面面接触，摩擦的属性设置为切向的库仑摩擦与法向的"硬接触"，切向库仑摩擦系数设为 0.2，法向"硬接触"采用增强型拉格朗日算法。比较试验结果和有限元模拟结果，发现试验承载力与有限元承载力之间误差较小，最大误

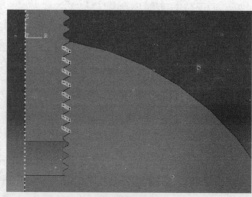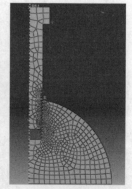

(a) 整体模型   (b) 接触设置   (c) 网格划分

图 13　高强度螺栓球节点抗拔试验数值模型

差为 5.0%，平均误差为 2.74%。有限元数值模拟方法可有效模拟螺栓球节点抗拔承载力。

按照常规工业大气环境下 1.5mg/dm² · d 的结构钢腐蚀速率对螺栓球节点进行不同锈蚀时间下的有限元分析，得到不同锈蚀时间下螺栓球节点在极限状态的应力云图，典型锈蚀时间的应力云图如图 14 所示。分析可知，锈蚀 30 年以前螺栓破坏均为拉断破坏，极限承载力比较接近；因螺纹剪切面面积减小较多，最终 50 年后发生螺栓拔出破坏。

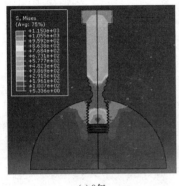 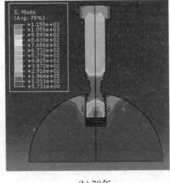 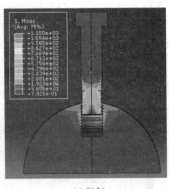

(a) 0年   (b) 20年   (c) 50年

图 14　高强度螺栓球节点不同锈蚀时间下的应力云图

基于试验和有限元分析，依据锈蚀后螺栓球节点破坏的两种模式（螺栓拉断与螺栓拔出），分别建立相应的锈蚀后承载力计算公式，如式（11）、式（12）所示。当锈蚀时间为 0~30 年，建议按照式（11）计算节点的设计承载力；当锈蚀时间介于 30~50 年，建议分别按照式（11）、式（12）计算节点的设计承载力并取较小值；当锈蚀时间超过 50 年，建议按照式（12）计算节点的设计承载力。

$$F = \gamma_l f_t^b A_{eff} \tag{11}$$

$$F = [\tau]\pi D_l b' z \tag{12}$$

式中，γ_l 为考虑锈蚀后螺栓受拉承载力的折减系数，由有限元参数化分析拟见得到，具体取值见表 5；f_t^b 为锈蚀前螺栓抗拉强度设计值；A_{eff} 为锈蚀前螺栓有效截面面积，可参照《钢网架螺栓球节点用高强度螺栓》[31]取值；$[\tau]$ 为螺栓球节点抗剪强度设计值，可参照《碳素结构钢》GB/T 700—2006[32]取得；D_l 为螺栓公称直径；b' 为锈蚀后螺纹根部宽度，依据腐蚀深度和不同规格的节点尺寸计算得到；z 为螺栓拧入螺栓球的圈数。

锈蚀后螺栓球节点螺栓受拉承载力折减系数　　　　　　　　　　表 5

锈蚀时间（年）	1	10	20	30
γ_l	0.994	0.990	0.982	0.971

6. 锈损焊接球节点

6.1　锈损焊接球节点的剩余承载性能

对共计 51 个未涂覆防腐涂层的焊接空心球节点试件进行试验研究，其中包含 15 个未腐蚀的对照组试件和 36 个腐蚀后的试件。主要考虑的参数包括：乙酸盐雾加速试验[25]腐蚀周期为 0d、100d、131d、157d、182d、232d、283d（约相当于青岛的 15 年、20 年、25 年、30 年、40 年、50 年[29]）；荷载施加的方式为轴压、轴拉、偏压（偏心距 40mm）；节点规格为 WS2006、WS2008、WS3008、WS3012；钢材设计屈服强度为 235MPa 和 345MPa；表面处理方式为不除锈、人工除锈、抛丸除锈。参照焊接空心球节点的相关规范[33,34]对试件进行设计，设计详细信息如表 6 所示。其中，D 和 t_s 分别代表空心球节点的外径和壁厚；W_p 和 W_{sh} 分别代表球管连接的焊缝外周长和斜高；d、L 和 t_t 分别代表圆钢管的外径、长度和厚度；T_l 代表实验室的腐蚀时间；L、Y 和 PY 分别代表轴拉荷载、轴压荷载和偏压荷载（偏压荷载的初始偏心距 e_0 为 40mm）；N、M 和 B 分别表示对腐蚀后的节点试件表面进行不除锈、人工除锈和抛丸除锈。以 J2006-100-L-N-235 为例解释试件的命名方法，其中 J 代表焊接空心球节点；数字 2006 代表空心球的产品标记为 WS2006；数字 100 代表加速腐蚀时间为 100d；字母 L 表示该试件受力方式为轴拉；字母 N 表示试件腐蚀后表面未做其余处理而直接加载；数字 235 代表加工试件的钢材牌号为 Q235B。注意，为更准确地研究腐蚀对空心球节点壁厚削弱的影响，此处的空心球壁厚参数由名义壁厚替换成超声波测厚仪测量的实际壁厚。此外，为进一步研究焊缝在节点过程中所起到的作用，表 6 中的焊缝尺寸参数 W_p 和 W_{sh} 也是实测值。

焊接空心球节点试件详细信息　　　　　　　　　　表 6

试件编号	$D \times t_s$(mm)	W_p(mm)	W_{sh}(mm)	$d \times t_t$(mm)	L (mm)	T_l(d)
J2006-0-L-N-235	200×5.52	395	15.94	114×10	200	0
J2006-100-L-N-235	200×5.63	398	14.51	114×10	200	100
J2006-100-L-M-235	200×5.59	401	16.74	114×10	200	100
J2006-100-L-B-235	200×5.62	404	13.33	114×10	200	100
J2006-131-L-N-235	200×5.38	396	13.21	114×10	200	131
J2006-157-L-N-235	200×5.50	394	14.59	114×10	200	157
J2006-182-L-N-235	200×5.54	400	13.19	114×10	200	182
J2006-232-L-N-235	200×5.62	398	16.19	114×10	200	232
J2006-283-L-N-235	200×5.63	394	14.87	114×10	200	283
J2008-0-L-N-235	200×7.24	386	14.9	114×12	200	0
J3008-0-L-N-235	200×7.59	491	15.81	146×12	250	0
J3012-0-L-N-235	200×11.09	491	17.9	146×16	250	0
J2006-0-L-N-345	200×5.25	400	20.25	114×10	200	0
J2008-283-L-N-235	200×7.35	401	18.26	114×12	200	283
J3008-283-L-N-235	200×7.73	500	15.84	146×12	250	283
J3012-283-L-N-235	200×11.62	505	15.82	146×16	250	283
J2006-283-L-N-345	200×6.02	398	14.67	114×10	200	283
J2006-0-Y-N-235	200×5.54	392	17.62	114×10	200	0
J2006-100-Y-N-235	200×5.68	401	16.58	114×10	200	100
J2006-100-Y-M-235	200×5.55	397	14.65	114×10	200	100
J2006-100-Y-B-235	200×5.56	395	13.3	114×10	200	100
J2006-131-Y-N-235	200×5.51	402	16.21	114×10	200	131
J2006-157-Y-N-235	200×5.60	393	13.66	114×10	200	157

试件编号	$D \times t_s$ (mm)	W_p (mm)	W_{sh} (mm)	$d \times t_t$ (mm)	L (mm)	T_l (d)
J2006-182-Y-N-235	200×5.51	398	14.62	114×10	200	182
J2006-232-Y-N-235	200×5.49	395	18.52	114×10	200	232
J2006-283-Y-N-235	200×7.62	402	13.03	114×10	200	283
J2008-0-Y-N-235	200×7.20	392	14.95	114×12	200	0
J3008-0-Y-N-235	200×7.45	503	18.25	146×12	250	0
J3012-0-Y-N-235	200×11.79	500	16.23	146×16	250	0
J2006-0-Y-N-345	200×5.96	401.5	15.38	114×10	200	0
J2008-283-Y-N-235	200×7.66	398	13.47	114×12	200	283
J3008-283-Y-N-235	200×7.81	498	16.33	146×12	250	283
J3012-283-Y-N-235	200×11.9	498	13.38	146×16	250	283
J2006-283-Y-N-345	200×5.88	401	13.8	114×10	200	283
J2006-0-PY-N-235	200×5.55	392	18.27	114×10	200	0
J2006-100-PY-N-235	200×5.06	405	15.36	114×10	200	100
J2006-131-PY-N-235	200×5.58	396	15.35	114×10	200	131
J2006-157-PY-N-235	200×5.57	401	18.76	114×10	200	157
J2006-182-PY-N-235	200×5.62	403	15.34	114×10	200	182
J2006-232-PY-N-235	200×5.66	399	13.8	114×10	200	232
J2006-283-PY-N-235	200×5.49	394	13.36	114×10	200	283
J2008-0-PY-N-235	200×7.21	403	14.6	114×12	200	0
J3008-0-PY-N-235	200×7.51	516	18.02	146×12	250	0
J3012-0-PY-N-235	200×11.86	493	14.94	146×16	250	0
J2006-0-PY-N-345	200×5.73	400	15.72	114×10	200	0
J2008-283-PY-N-235	200×7.44	406	14.69	114×12	200	283
J3008-283-PY-N-235	200×7.83	497	14.2	146×12	250	283
J3012-283-PY-N-235	200×11.92	503	16.15	146×16	250	283
J2006-283-PY-N-345	200×5.87	398	14.66	114×10	200	283

分析破坏模式发现，腐蚀后轴心受拉焊接空心球节点的破坏模式为强度破坏，腐蚀后轴心受压和偏心受压焊接空心球节点的破坏模式均可统称为弹塑性失稳破坏。腐蚀程度、试件尺寸和材料不会影响节点失效模式，但腐蚀会造成轴压试件局部凹陷的位置分布更随机。以锈蚀 100d 的 Q235 钢的 WS2006 节点为例，破坏模式如图 15 所示。

分析节点试件的极限承载力（图 16）发现，承受轴向力的节点试件的屈服荷载和极限荷载随腐蚀时间没有明显的递减规律，而是在一个范围内上下波动，该范围不超过10%。承受偏心压力的节点试件的屈服荷载和极限荷载随腐蚀时间增加而呈现更明显的下降规律，最大下降程度约 22%。拉压或者压弯试件的屈服荷载和极限荷载均随着空心球壁厚、圆钢管直径平方与空心球直径的比值（或者空心球直径）的增加而增加，即腐蚀并不会改变规范规定的节点拉压或者压弯承载力计算公式的主体部分。综上所述，可认为在典型沿海工业大气环境腐蚀 50 年内和本章设计试件的尺寸范围内，腐蚀和加工误差对轴向极限承载力的综合影响可以偏安全地取腐蚀系数为 0.916；腐蚀和加工误差对偏压极限承载力的综合影响可以偏安全地取腐蚀系数为 0～0.767（随腐蚀时间呈线性递减）。对无

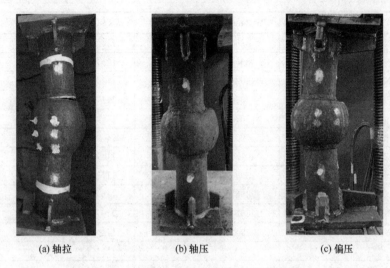

(a) 轴拉　　　　　　　　(b) 轴压　　　　　　　　(c) 偏压

图 15　焊接空心球节点锈蚀后的破坏模式

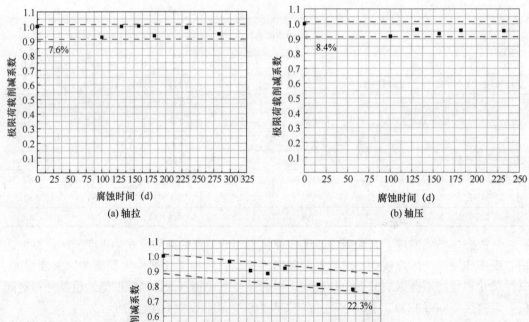

(a) 轴拉　　　　　　　　　　　　　　(b) 轴压

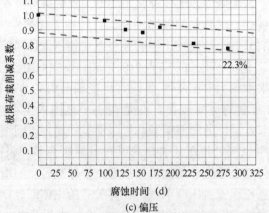

(c) 偏压

图 16　焊接球节点锈蚀后的极限承载力变化规律

明显非对称局部腐蚀的节点，可以将腐蚀对承载力的影响通过腐蚀系数加入设计计算式中，从而简化对锈损焊接空心球节点的剩余承载力的评估过程。

分析节点试件的应变发现，节点应变发展与空心球表面的不同位置密切相关，与空心球节点的受力方式、尺寸、耗材和腐蚀时间无明显关系。对于轴拉和轴压试件，球管连接附近位置的等效应变率先超过屈服应变而进入塑性阶段，从球管连接处沿着经线向下，球体的等效应变逐渐削弱。对于偏压试件，最高应变水平往往于球管连接附近的球面受压侧被观察到，且偏心荷载一侧的整体应变水平明显高于另一侧。此外，还发现除锈方式对焊接空心球节点的破坏模式影响不大。手工除锈和抛丸除锈对节点试件初始刚度和承载力的作用是积极的，并且抛丸除锈的积极作用更大。

6.2 锈损焊接球节点的剩余承载力计算方法

基于 ABAQUS 有限元软件，建立验证了一种考虑统计尺寸和腐蚀方程的焊接空心球节点腐蚀后的简化模拟方法。上述建模思路的具体实现过程如图 17 所示。需注意，该有限元建模的基本方法目前只考虑到工业海洋大气环境下等效均匀腐蚀深度小于或等于 $0.625\mathrm{mm}$ 的情况（约相当于青岛 50 年）。

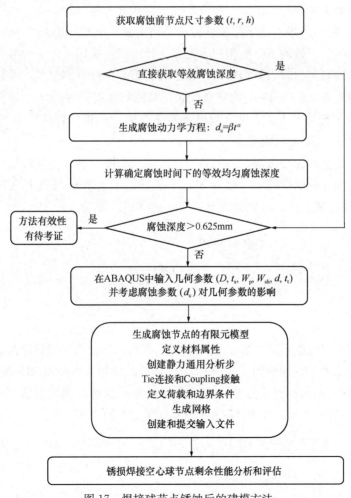

图 17 焊接球节点锈蚀后的建模方法

基于上述数值模拟方法对不同腐蚀程度、腐蚀模式、节点尺寸、材料的焊接空心球节点试件进行参数化分析。对于腐蚀模式，以均匀腐蚀和局部腐蚀两大腐蚀类型为前提，对常用圆管节点提出了全表面均匀腐蚀（A）、球管连接处沟槽腐蚀（B）、复合腐蚀（C）和双向动态腐蚀（D）四种腐蚀模式（图18）。

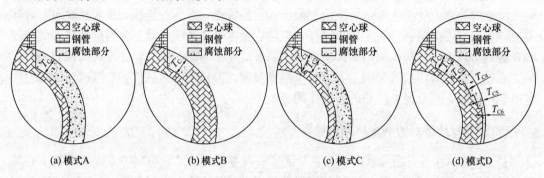

图 18　焊接球节点的腐蚀模式

分析发现，用考虑球管连接部位管对球表面保护作用的均匀腐蚀模型（腐蚀模式 A）来评估高腐蚀环境下圆钢管焊接空心球节点的剩余承载力更合理、更安全。轴压承载力削减系数 α_{C} 随腐蚀深度 T_{C} 增加几乎呈线性减小；当沟槽高度 G_{C} 超过"沟槽临界纬度"，承载力与"临界纬度"以外的节点体积损失无关。处于强度破坏条件下的节点，沟槽腐蚀外的全表面均匀腐蚀对其承载力影响较大；处于失稳破坏条件下的节点，承载力与外部均匀腐蚀无关。d/D 为定值且以 $T_{\mathrm{C}}/t_{\mathrm{s}}$ 为自变量时，腐蚀对圆钢管焊接空心球节点受压承载力的影响与球径 D 和壁厚 t_{s} 无关；其余尺寸参数不变时，圆钢管焊接空心球节点的腐蚀后受压承载力随 d/D 的增大而增大。

基于试验、节点的轻度破坏和失稳破坏机理以及有限元参数化分析结果，提出了锈损焊接空心球节点统一的轴拉极限承载力 $N_{\mathrm{CL-C}}$、轴压极限承载力 $N_{\mathrm{CY-C}}$ 和压弯（拉弯）极限承载力 $N_{\mathrm{CY-C}}$ 实用计算方法，分别如式（13）～式（15）所示。

$$N_{\mathrm{CL\text{-}C}} = \pi(d - 2d_{\mathrm{C}})(t_{\mathrm{s}} - d_{\mathrm{C}})f_{\mathrm{u}} \tag{13}$$

$$N_{\mathrm{CY\text{-}C}} = \pi\alpha_{\mathrm{C}}\left(0.29 + 0.54\frac{(d - 2d_{\mathrm{C}})}{D}\right)(d - 2d_{\mathrm{C}})t_{\mathrm{s}}f_{\mathrm{y}} \tag{14}$$

$$N_{\mathrm{CM\text{-}C}} = \eta_{\mathrm{mC}}N_{\mathrm{CY\text{-}C}} \tag{15}$$

其中，剩余受压承载性能削减系数 α_{C} 如式（16）所示；等效均匀腐蚀深度 d_{C} 或 T_{C} 可以通过实测或者腐蚀动力学方程得到［式（17）］，A 和 n 为与节点材性和环境变化有关的参数，t 为服役时间；f_{y} 为材料屈服强度，f_{u} 为材料极限强度；锈蚀后的弯矩影响系数 η_{mC} 如式（18）、式（19）所示，N 和 M 分别为节点所受的轴力和弯矩。

$$\alpha_{\mathrm{C}} = 0.9665 - 1.73\frac{T_{\mathrm{C}}}{t_{\mathrm{S}}} + 1.82\frac{T_{\mathrm{C}}}{t_{\mathrm{S}}} \times \frac{d}{D} \quad (T_{\mathrm{C}}/t_{\mathrm{s}} < 80\%; \ 0.336 \leqslant d/D \leqslant 0.408)$$
$$\tag{16}$$

$$T_{\mathrm{C}} = A \times t^{n} \tag{17}$$

$$\eta_{mC} = \begin{cases} \dfrac{1}{1+c} & 0 \leqslant c \leqslant 0.3 \\[2mm] \dfrac{2}{\pi}\sqrt{3+0.6c+2c^2} - \dfrac{2}{\pi}(1+\sqrt{2}c) + 0.5 & 0.3 \leqslant c \leqslant 2.0 \\[2mm] \dfrac{2}{\pi}\sqrt{c^2+2} - c^2 & c \geqslant 2.0 \end{cases} \quad (18)$$

$$c = \frac{2M}{N(d-2d_C)} \quad (19)$$

7. 锈损空间结构安全评估方法

锈损是既有空间钢网格结构服役过程中普遍存在、难以根除而且最具危险的现象之一。当既有结构与原设计预期的要求和安全使用要求出现较大差距时，就需要对其进行检测和评估，提出合适的评价指标体系，并依据损伤程度决定是否继续使用、加固补强、维修、局部更换或整体拆除等，以此兼顾既有空间网格结构的使用寿命和使用安全。相对地，也可用安全评估方法反推设计方法，以既有锈损空间网格结构的评估经验指导在建新空间网格结构，提高结构功能，延长结构寿命。上述考虑锈蚀的空间网格结构安全性能评定总体思路如图19所示。

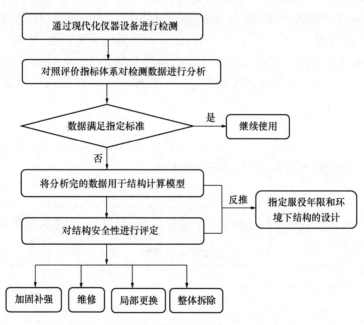

图19　考虑锈蚀的空间网格结构安全性评定总体思路

7.1　空间结构锈损数据获取方法

现有获取结构锈损后各项数据的方法包括破损检测和无损检测。破损检测一般只在结构发生极严重腐蚀或者对已失效结构的失效原因进行分析时才会采用。破损检测一般是将构件直接从网格结构上拆除并进行力学性能试验，或者从构件中切割出部分钢材进行表面腐蚀形貌三维扫描、电镜扫描、金相分析、材性试验等。无损检测一般通过物理手段，比如基于测厚仪多点测厚、游标卡尺测量外径等，然后建立结构腐蚀后的数值模型进行剩余力学性能分析，其本质属于对网格结构中所有构件的腐蚀进行了截面均匀削弱的简化。

鉴于大多数情况下我们对空间网格结构进行安全性评估的目的，是为了能使其继续可靠地服役，因此，本节主要是在通用无损检测方法的基础上提出几种实用性和适用性均较好的空间网格结构锈损数据获取方法，为后续锈损空间网格结构安全性能评估方法提供技术支撑。

7.1.1 考虑多腐蚀性指标的锈损数据获取方法

本方法或基于结构服役区大气环境中的多个腐蚀性指标数据、结构自身所用钢材的化学成分以及腐蚀发展机理，或依托大气腐蚀性分级相关标准，来计算和预测结构构件的腐蚀速度、锈损程度。本方法能被用于各种环境中的锈损空间网格结构的剩余承载力分析和安全性评估，具有普适性。具体流程描述如下。

（1）现场环境腐蚀性指标的采集。参考 ISO 系列标准[6-9]，获取当地湿度、温度、二氧化硫沉积速率、氯离子沉积速率的测量值。以这四项环境因素的年均值对结构钢的第一年的腐蚀速率进行预测：

$$r_{corr} = 1.77 P_d^{0.52} \cdot e^{(0.020RH + f_{st})} + 0.102 S_d^{0.62} \cdot e^{(0.032RH + 0.040t)} \tag{20}$$

式中，r_{corr} 为结构钢第一年腐蚀速率（μm/年）；P_d 为年平均二氧化硫沉积速率[mg/($m^2 \cdot d$)]；S_d 为年平均氯离子沉积速率[mg/($m^2 \cdot d$)]；RH 为年平均相对湿度（%）；f_{st} 为温度系数，当年平均温度 $t \leqslant 10℃$ 时 $f_{st} = 0.150(t - 10)$，其他情况下 $f_{st} = 0.054(t - 10)$。

此外 ISO 标准还指出，若在氯离子丰富的海洋大气环境中，结构钢腐蚀动力学方程中的幂指数 n 还需要考虑氯离子的腐蚀作用。仅考虑海洋大气环境氯离子加强作用的指数 n 为：

$$n = 0.523 + 0.0845 S_d^{0.26} \tag{21}$$

（2）获取结构钢的化学成分。本文第 2 节研究表明，结构钢的化学成分直接影响着金属腐蚀动力学方程中的幂指数 n，可参考规范计算式：

$$n = 0.569 + \sum b_i w_i \tag{22}$$

式中，b_i 为第 i 个合金元素的乘数，参见表 7；w_i 为第 i 个合金元素的质量分数。

合金元素的乘数 表 7

元素	b_i	元素	b_i
C	−0.084	Ni	−0.066
P	−0.490	Cr	−0.124
S	+1.440	Cu	−0.069
Si	−0.163		

（3）确定结构服役年限，对构件等效均匀腐蚀深度 d_C 进行计算。当服役周期小于 20 年时采用式（23）计算，当服役周期在 20～100 年时采用式（24）计算。

$$d_C = r_{corr} t_{corr}^n \tag{23}$$

$$d_C = r_{corr} [20^n + n(20^{n-1})(t_{corr} - 20)] \tag{24}$$

式中，d_c 为该腐蚀周期下的最大腐蚀深度（μm）；t_{corr} 为服役周期（年）；n 为与低碳钢和腐蚀性环境相关的时间指数在统计分布调查中的均值，ISO 标准规定在非海洋大气环境且忽略合金元素对腐蚀行为的影响的前提下一般取 0.523。

当仅需要对空间网格结构的锈损程度进行初步粗略时，可基于步骤（1）算得的结构钢第一年的腐蚀速率对结构服役的大气环境进行分级[6]（表8），从而获得不同等级大气腐蚀性环境中的结构钢关键腐蚀周期的最大腐蚀深度（表9）。

不同等级大气腐蚀性环境中的结构钢第一年的腐蚀速率　　　　表8

腐蚀等级	C1	C2	C3	C4	C5	CX
腐蚀速率（μm/年）	≤1.3	>1.3，≤25	>25，≤50	>50，≤80	>80，≤200	>200，≤700

在不同等级大气腐蚀性环境中的结构钢关键腐蚀周期的最大腐蚀深度（μm）　　　　表9

腐蚀等级	服役时间（年）					
	1	2	5	10	15	20
C1	1.3	1.9	3.0	4.3	5.4	6.2
C2	25	36	58	83	103	120
C3	50	72	116	167	206	240
C4	80	115	186	267	330	383
C5	200	287	464	667	824	958
CX	700	1006	1624	2334	2885	3354

若现有条件甚至连步骤（1）中的现场环境腐蚀性指标的采集都无法完成，则可依据对典型大气环境腐蚀性分级的定性描述来对网格结构服役环境锈蚀性进行分级（表10）。

典型大气环境腐蚀性分级的定性描述　　　　表10

腐蚀等级	服役时间（年）	
	室内	室外
C1	相对湿度低、污染不明显的加热的空间，如办公室、学校、博物馆等	干燥或寒冷地带，低污染和低湿度的大气环境，如某些沙漠、北极/南极洲中部
C2	温度和相对湿度变化的非加热空间；冷凝频率低，污染小，如储物间、体育馆等	① 温带、低污染大气环境（$SO_2<5\mu g/m^3$），如农村、小城镇； ② 干燥或寒冷地带，短时间湿润的大气环境，如沙漠、亚北极地区
C3	生产过程中冷凝和污染频率适中的空间，如食品加工厂、洗衣房、啤酒厂、奶牛场等	① 温带、中等污染（SO_2：$5\sim30\mu g/m^3$）或受氯化物的影响，如氯化物沉积较低的城市地区、沿海地区； ② 大气污染低的亚热带和热带地区
C4	冷凝频率高、生产过程污染大的空间，如工业加工厂、游泳池等	① 温带、高污染的大气环境（SO_2：$30\sim90\mu g/m^3$）或受大量氯化物的影响，如受污染的城市地区、工业区、没有盐水喷雾的沿海地区或暴露于融冰盐的地区； ② 大气中等污染的亚热带和热带地区

腐蚀等级	服役时间（年）	
	室内	室外
C5	冷凝频率很高和/或生产过程污染严重的空间，如矿山、工业洞穴、亚热带和热带地区通风不良的棚屋	温带和亚热带地区，污染非常严重的大气环境（SO₂：$90\sim250\mu g/m^3$）或氯化物影响显著，例如工业区、沿海地区、海岸线上的遮蔽位置
CX	几乎永久凝结或长期暴露于极端湿度影响和/或生产过程高污染的空间，例如潮湿的热带地区不通风的棚屋；室外污染渗透，包括空气中的氯化物和腐蚀性颗粒物质	亚热带和热带地区（湿度非常高），SO₂污染非常严重的大气环境（高于$250\mu g/m^3$），包括伴随和生产因素或氯化物的强烈影响，例如极端工业区、偶尔接触盐雾的沿海和近海地区

7.1.2 考虑单腐蚀特征参数的锈损数据获取方法

通用无损检测方法直接采用传统测量工具（如超声波测厚仪）测量节点和构件的剩余壁厚，再基于最小壁厚计算节点的剩余承载力。该方法一方面需耗费大量人力、物力和时间且人为操作误差大；另一方面，当构件表面存在明显蚀坑时，很难保证人为选取的测点中能涵盖最大蚀坑，即很难保证获取的壁厚最小值是构件真实的最小壁厚。鉴于通用无损检测方法的局限性，本文提出一种与三维激光扫描技术和数据处理方法相结合的锈蚀空间网格结构安全性能的现场无损检测方法，如图20所示，具体描述如下。

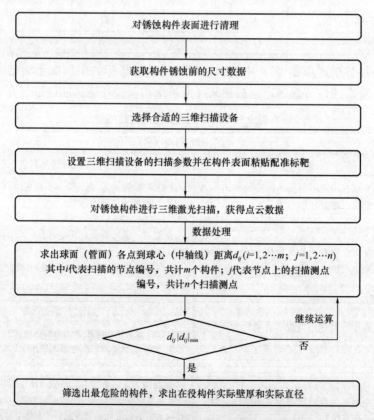

图20　考虑单腐蚀特征参数的锈损数据获取方法

（1）对构件表面进行清理，同时依据设计书获取结构锈蚀前各构件的原始尺寸数据。可以但不限于选择下述除锈方法：用钢丝刷刷除表面疏松锈层，用角磨机适当去除紧附在表面的致密锈层，用软毛刷清洁除锈后的空心球表面。

（2）选择合适的三维扫描设备。比如便携式 3D 扫描仪 HandySCAN 700TM，将三维扫描仪与电脑相连并接上电源线，对扫描仪进行标定。设置三维扫描设备的扫描参数，并在构件表面等间距粘贴配准标靶。

（3）对锈蚀构件进行三维激光扫描，获得点云数据。比如 HandySCAN 700TM，光源为 7 束交叉激光线，设定其扫描距离为 200mm，扫描速度为每秒 480000 次测量，分辨率为 0.05mm，检测距离为 0.5m。

（4）对单个被测构件全部点云数据进行综合处理，得到一组关于该被测构件的定量化锈蚀数据 d_j。

（5）对空间网格结构上每个构件（或一定比例的构件）按步骤（4）进行数据处理，获得该结构上所有节点的定量化锈蚀数据，即测点到拟合球心的距离 d_{ij}（其中 i 表示第 i 个节点，j 表示该节点上的扫描测点编号）。

（6）筛选出 d_{ij} 的最小值 $|d_{ij}|_{min}$，即结构的单腐蚀特征参数。构件原始尺寸与单腐蚀特征参数的差值就表示该空间网格结构的锈蚀情况。

7.1.3 考虑多腐蚀特征参数的锈损数据获取方法

在 7.1.2 节三维扫描技术的基础上，当对点蚀特征体现或者对检测精度提出更高要求时，可以考虑采用考虑多腐蚀特征参数的锈损数据获取方法，具体步骤如下：

（1）等同于 7.1.2 节步骤（1）～（3），即选择合适的三维扫描设备对构件进行扫描。

（2）在 7.1.2 节步骤（4）的基础上，提取出更多的腐蚀特征参数。比如构件表面的均匀腐蚀深度、点蚀深度分布函数的均值和方差、点蚀深径比的范围、点蚀密度等。

（3）假定点蚀缺陷随机分布在焊接空心球表面和焊缝表面，且假定加工过程中材料特性的改变可以被忽略，建立包含多腐蚀特征参数的构件腐蚀模型。

（4）在有限元软件中计算腐蚀模型，得到锈损构件的剩余极限承载力和应力应变云图，再依据相关规范中的承载力计算公式反推节点的剩余等效壁厚。则构件原始尺寸与多腐蚀特征参数影响下的剩余等效壁厚的差值就表示该空间网格结构的锈蚀情况。

7.2 锈损空间结构的安全评估方法

目前还未见专门的锈蚀空间网格结构的鉴定标准。参考《火灾后建筑结构鉴定标准》CECS 252：2009[35]的鉴定评估思路和文献[36]对火灾后空间网格结构安全性评估方法，本文将上述锈蚀后空间钢网格结构实用鉴定法中的调查检测程序和锈蚀全过程分析的数值方法相结合，提出一种"一对一"的精细化锈损空间网格结构安全性能评估方法。评估流程如图 21 所示，具体描述如下：

（1）获取空间网格结构原始设计报告并对现场情况进行观察，编写锈损前的空间网格结构建模程序。

（2）进行服役环境锈蚀作用调查，粗略预测结构材料的等效均匀腐蚀程度。

（3）选用适合的表面处理方法，分析结构构件锈损情况，依据验证后的构件锈损情况

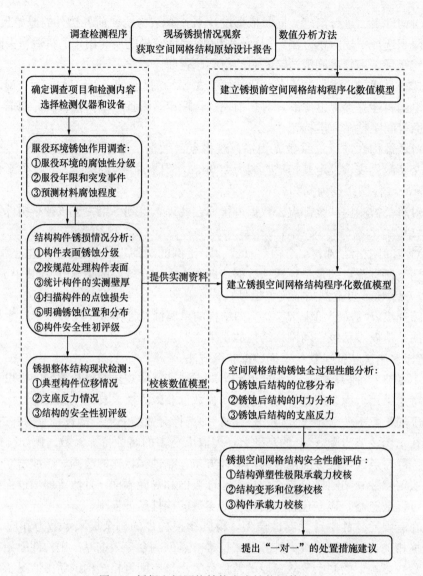

图 21　锈损空间网格结构安全性能评估流程

实测资料，改写空间网格结构建模 Python 程序，在 ABAQUS 软件中建立锈损空间网格结构数值分析模型。

（4）对空间网格结构进行锈蚀全过程的力学性能分析，与对结构典型部位的现场实测结果对比，验证并调整所建立的数值分析模型。

（5）采用验证后的结构数值分析模型，计算该锈损结构的弹塑性极限承载力和重要部位的变形和位移，并校核杆件和连接节点的承载力。

（6）得出"一对一"的精确到特定项目的特定部位和构件的锈损后处置措施建议。

8. 结论

本文对建筑空间结构中的常用拉索、焊缝连接、钢管构件、螺栓球节点、焊接空心球节点、K 形相贯节点以及整体空间结构进行了锈蚀后的剩余性能分析和评估方法研究。

（1）建立了四种拉索的锈蚀劣化模型，并提出了拉索在建筑空间网格结构常见服役环境下的加速倍率参数和抗锈性参数，用于拉索的锈蚀预测。

（2）乙酸盐雾锈蚀 116d（类似于青岛环境 15～20 年），三种焊缝连接的承载力退化不会超过 25％，且锈蚀主要影响的是对接焊缝；借助 Python 脚本并基于 Weibull 概率函数提出并验证了三种焊缝连接的锈蚀模型；建立了锈损焊缝连接的剩余承载力计算公式。

（3）基于一般大气腐蚀条件，提出了针对锈损钢管构件的剩余承载力实用评估方法；提出了基于规范计算公式的锈损螺栓球节点承载力简化计算公式。

（4）青岛环境 50 年内，等效均匀腐蚀对轴向力作用下焊接空心球节点极限承载力的影响会被其他加工误差的影响覆盖，承受轴向力的焊接球节点的极限荷载随腐蚀时间没有明显的递减规律，波动范围不超过 10％。承受偏心压力的节点试件的屈服荷载和极限荷载随腐蚀时间增加而呈现更明显的下降规律，最大下降程度约 22％。提出了锈损焊接球节点的简化计算公式和实用评估方法。

（5）提出了几种空间网格结构锈损数据采集和处理方法。建立了适用于空间网格结构的调查检测和全过程分析相结合的锈损结构安全性能评估方法。

参考文献

[1] 雷宏刚. 钢结构事故分析与处理[M]. 北京：中国建材工业出版社，2003.

[2] 罗尧治，吴玄成，沈雁彬，等. 干煤棚网壳结构使用现状与缺陷分析[J]. 工业建筑，2005，35(5)：88-91.

[3] 葛变. 某焊接空心球网架车间坍塌事故分析[D]. 太原：太原理工大学，2014.

[4] 张婷婷. 拱桥吊杆承载能力计算方法及锈蚀钢丝力学性能研究[D]. 杭州：浙江大学，2016.

[5] 叶忠明. 锈蚀钢绞线力学性能试验研究[D]. 重庆：重庆交通大学，2016.

[6] 马伟龙. 不均匀锈蚀对拱桥吊杆力学性能研究[D]. 重庆：重庆交通大学，2016.

[7] XU J, CHEN W Z. Behavior of wires in parallel wire stayed cable under general corrosion effects[J]. Journal of Constructional Steel Research, 2013, 85: 40-47.

[8] SUN H H, XU J, CHEN W Z, et al. Time-dependent effect of corrosion on the mechanical characteristics of stay cable[J]. Journal of Bridge Engineering, 2018, 23(5): 04018019.

[9] JIANG C, WU C, JIANG X. Experimental study on fatigue performance of corroded high-strength steel wires used in bridges[J]. Construction and Building Materials, 2018, 187: 681-690.

[10] WANG H K, YU Y, YU J X, et al. Effect of 3D random pitting defects on the collapse pressure of pipe — Part I: Experiment[J]. Thin-Wall Structures, 2018, 129: 512-526.

[11] WANG H K, YU Y, YU J X, et al. Effect of 3D random pitting defects on the collapse pressure of pipe —PartII: Numerical analysis[J]. Thin-Wall Structures, 2018, 129: 527-541.

[12] YU J X, WANG H K, FAN Z Y, et al. Computation of plastic collapse capacity of 2D ring with random pitting corrosion defect[J]. Thin-Wall Structures, 2017, 119: 727-736.

[13] 徐善华，张宗星，苏超，等. 中性盐雾环境锈蚀 H 型钢柱抗震性能试验研究[J]. 建筑结构学报，2019，40(1)：49-57.

[14] 潘典书. 锈蚀 H 型钢构件受弯承载性能研究[D]. 西安：西安建筑科技大学，2009.

[15] 薛南. 锈蚀 H 型钢柱偏心受压性能的试验研究与分析[D]. 西安：西安建筑科技大学，2013.

[16] 张华. 锈蚀 H 型钢柱压弯性能试验研究与理论分析[D]. 西安：西安建筑科技大学，2013.

[17] KARAGAH H，SHI C，DAWOOD M，et al. Experimental investigation of short steel columns with localized corrosion[J]. Thin-Walled Structures，2015，87：191-199.

[18] 余东东. 酸性大气环境锈损钢框架节点抗震性能试验及理论研究[D]. 西安：西安建筑科技大学，2017.

[19] 郑山锁，王晓飞，韩言召. 酸性大气环境下锈蚀钢框架柱双参数地震损伤模型研究[J]. 工程力学，2016，33(7)：129-143.

[20] 郑山锁，张晓辉，王晓飞，等. 锈蚀钢框架柱抗震性能试验研究及有限元分析[J]. 工程力学，2016，33(10)：145-154.

[21] 王小盾，黄丙宁，周婷. 在役升降网架结构的力学性能检测与评估[J]. 天津大学学报（自然科学与工程技术版），2017，50(增刊)：53-58.

[22] 高维成，于岩磊，刘伟，等. 大气腐蚀下网架结构症状可靠度及寿命预测[J]. 建筑结构学报，2009，30(4)：38-46.

[23] 郑军. 网架腐蚀承载能力研究[J]. 山西建筑，2010，05：65-66.

[24] 孔祥. 某游泳馆焊接空心球网架腐蚀评价及原因探讨[J]. 山西建筑，2009，13：150-151.

[25] 国家市场监督管理总局. 人造气氛腐蚀试验 盐雾试验：GB/T 10125—2021[S]. 北京：中国标准出版社，2012.

[26] 国家质量监督检验检疫总局. 金属和合金的腐蚀 腐蚀试样上腐蚀产物的清除：GB/T 16545—2015[S]. 北京：中国标准出版社，2015.

[27] International Standard Organization. Corrosion of metals and alloys—Corrosivity of atmospheres—Classification，determination and estimation：ISO 9223-2012[S]. Switzerland，2012.

[28] International Standard Organization. Corrosion of metals and alloys—Corrosivity of atmospheres—Guiding values for the corrosivity categories：ISO 9224-2012[S]. Switzerland，2012.

[29] LIU H B，CHEN H Y，CHEN Z H. Residual behavior of welded hollow spherical joints under corrosion and de-rusting[J]. Journal of Constructional Steel Research，2020(167)：105977.

[30] 杨传嵩. 锈损焊缝连接节点剩余承载力评估方法研究[D]. 天津：天津大学，2020.

[31] 钢网架螺栓球节点用高强度螺栓：GB/T 16939—2016[S]. 北京：中国标准出版社，2016.

[32] 国家质量监督检验检疫总局. 碳素结构钢：GB/T 700—2006[S]. 北京：中国标准出版社，2006.

[33] 建设部. 钢网架焊接空心球：JG/T 11—2009[S]. 北京：中国标准出版社，2009.

[34] 住房和城乡建设部. 空间网格结构技术规程：JGJ 7—2010[S]. 北京：中国工业建筑出版社，2010.

[35] 中国工程建设标准化协会. 火灾后建筑结构鉴定标准：CECS 252—2009[S]. 北京：中国计划出版社，2009.

[36] 卢杰. 火灾后焊接空心球节点空间网格结构残余力学性能研究[D]. 天津：天津大学，2019.

09 大开孔正交索网结构整体牵引提升方法对比分析研究

罗　斌[1,2,3]，朱　磊[1,2,3]，黄立凡[1,2,3]，张宁远[1,2,3]，阮杨捷[1,2,3]

（1. 东南大学土木工程学院，南京；

2. 东南大学混凝土及预应力混凝土结构教育部重点实验室，南京；

3. 东南大学国家预应力工程技术研究中心，南京）

摘　要： 大开孔正交索网结构是一种结合了正交索网与轮辐式索网结构特点的新型索网结构形式，由内拉环索、外压环梁和正交索网构成，属于预应力自平衡结构体系。由于正交索网填充在内外环之间，大开孔正交索网结构具有独特的构形和力流，其施工成型技术应展开专门的研究。本文基于西安国际足球场屋盖工程，针对整体牵引提升方法进行了对比分析研究。提出了单向牵引和双向牵引两种方法，采用NDFEM法进行了两种方案的典型工况分析，对比了正交索网位形、内环形状、牵引力等变化规律，指出单向牵引提升导致内环孔形状出现长短轴显著变化，而双向牵引提升能有效控制过程中的索网整体位形。经对比分析，确定采用双向牵引提升方法，并成功应用于西安国际足球场工程。

关键词： 大开孔正交索网，牵引提升，找形，施工

Comparative Analysis and Research on the Integral Traction Lifting Method of Large Opening Orthogonal Cable Structure

LUO Bin[1,2,3]，ZHU Lei[1,2,3]，HUANG Lifan[1,2,3]，ZHANG Ningyuan[1,2,3]，RUAN Yangjie[1,2,3]

（1. Department of Civil Engineering, Southeast University, Nanjing;

2. Key Laboratory of Concrete and Prestressed Concrete Structures of Ministry of Education, Southeast University, Nanjing;

3. National Pre-stressed Engineering Center of China, Southeast University, Nanjing）

Abstract: Large opening orthogonal cable structure is a new type of cable structure, which combines the characteristics of orthogonal cable net and spoke cable structure. It is composed of internal pull ring cable, external pressure ring beam and orthogonal cable net, which belongs to the prestressed self-balancing structure system. The large opening orthogonal cable structure has a unique configuration and force flow path due to the orthogonal cable net filled between the inner and outer rings, which means its construction molding technology should be specially studied. Based on the project of Xi'an International Football Stadium roof, this paper makes a comparative analysis and research on the integral traction lifting method of large opening orthogonal cable structure. Two traction lifting schemes' typical calculation conditions are analyzed through NDFEM method, and the variations of orthogonal cable net configuration, inner ring shape and traction force are compared. The results indicate that the one-way traction lifting leads to significant changes in the shape of the inner ring, and the double-way traction lifting can effectively control the overall configuration of the cable net in the whole construction process. Through comparison and analysis, the double-way traction lifting method is adopted and successfully applied to Xi'an International Football Stadium project.

Keywords: large opening orthogonal cable net, traction lifting, form finding, construction

1. 引言

大开孔正交索网结构是由传统正交索网结构和轮辐式索网结构组合而成的一种新型组合结构，借鉴了轮辐式索网结构的"内拉环＋径向索＋外压环"的结构特点，并基于传统的正交索网结构，在内部开孔设置内拉环，将径向索换成正交索网，形成"内拉环＋正交索网＋外压环"的预应力自平衡索结构，其中正交索网是由承重索、稳定索上下叠交形成[1-3]。该结构在保有正交索网马鞍形曲面受力稳定、结构轻质高强的优点的同时，拓展了正交索网结构的适用结构形制，使其可以应用于体育场、足球场等需要场心露天的体育建筑当中。本文以西安足球场大开孔正交索网结构为例，对其索网预拉力建立的核心过程即索网的牵引提升过程展开分析研究。

2. 工程概况

西安国际足球场的屋盖结构平面呈倒圆角矩形，尺寸约为 295.6m×250.6m。屋盖结构分为外部刚性网壳结构和内部柔性索网结构两部分，其中外部的刚性网壳屋盖是在空间不规则曲面中通过正放四角锥形式发展出来的空间网壳结构，内部的柔性索网屋面是基于建筑师的"马鞍形曲面"的设计构思发展而来的。内部索网屋面呈中央开孔的马鞍形曲面，外压环的平面尺寸约为 203.0m×178.6m，高差约 23.5m，内拉环的平面尺寸约为 115.0m×92.4m，高差约 4.9m，结构平面如图 1 所示，建筑效果图如图 2 所示。

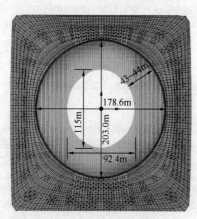

图 1　屋盖结构平面示意　　　　　　图 2　西安国际足球中心效果图

2.1　结构概况

整体屋盖结构体系主要由外部刚性屋盖结构和内部柔性索膜结构构成，如图 3 所示。

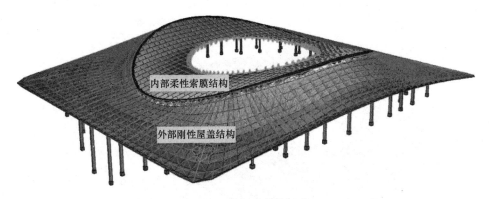

图 3　整体屋盖结构示意

（1）外部刚性屋盖结构

外部刚性屋盖结构采用空间网壳体系，整个网壳支承于 68 根型钢混凝土柱顶，柱顶设置成品球铰支座，其中南侧和北侧均为双排柱支承，如图 4 所示；东侧和西侧局部为单排柱支承，如图 5 所示。

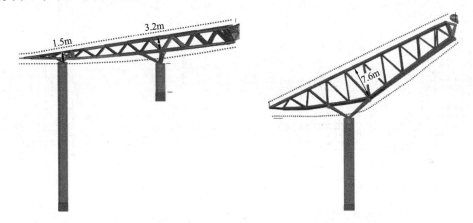

图 4　南侧网壳屋盖剖面示意　　　　　图 5　西侧网壳屋盖剖面示意

（2）内部柔性索膜结构

内部柔性索膜结构包括外压环、悬臂梁、内拉环以及其间张拉的双层双向的正交索网体系，其中双层双向的正交索网体系由承重索、上层稳定索、下层稳定索以及连接上、下层索网的膜面和提升索构成。

承重索和上层稳定索直接锚接于外压环，下层稳定索通过设置的悬臂梁连接到外压环上，内拉环由 6 根 φ95 环索组成柔性拉环，与内拉环相交的拉索通过环索索夹连接。膜面张拉于上、下层稳定索之间，上层稳定索形成了膜结构的谷索，下层稳定索形成了膜结构的脊索，有效提供了膜结构的空间刚度。索网组成如图 6 所示。

2.2　结构特点

西安国际足球中心大开孔正交索网结构特点如下：

（1）内拉环和外压环呈闭合的马鞍形曲线，而内部双向拉索呈正交布置，三者间的力流传递复杂，无论环索还是正交索网的索力都不均匀。

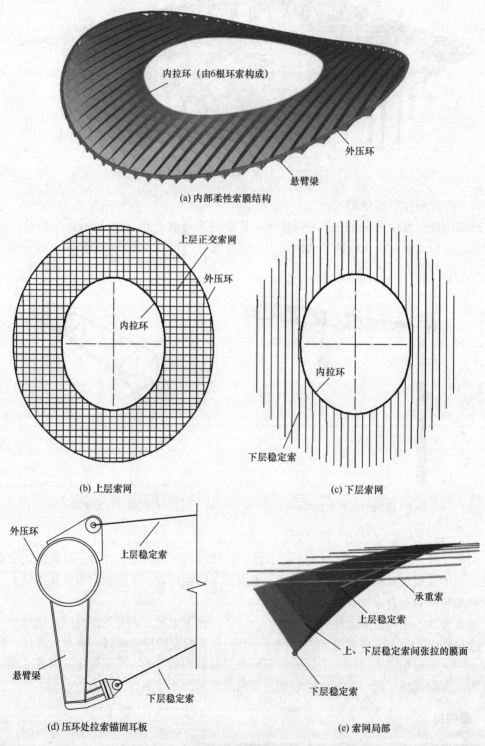

(a) 内部柔性索膜结构

内拉环（由6根环索构成）

外压环

悬臂梁

(b) 上层索网

上层正交索网

外压环

内拉环

(c) 下层索网

内拉环

下层稳定索

(d) 压环处拉索锚固耳板

外压环

上层稳定索

悬臂梁

下层稳定索

(e) 索网局部

承重索

上层稳定索

上、下层稳定索间张拉的膜面

下层稳定索

图 6　索网组成

（2）外压环和内部索网形成自锚式结构体系，即在索网施工过程中，压环下的滑动支座应自由滑动，待结构达到预应力恒载态后，再将滑动支座永久固定，这样可以有效地减小内部索网预应力对外部钢结构的影响。

（3）上层正交索网直接锚接于外压环上，下层稳定索则锚接于外压环下伸的悬臂梁底端，该悬臂梁长达 3m 左右，外压环不仅需要承受压力和弯矩，还承受较大的扭矩。

（4）环索索夹处正交拉索与环索的夹角各不相同，且部分位置夹角很小，在索夹两侧存在较大的索力差。

（5）正交拉索中既有与内环相连的拉索，也有不与内环相连的拉索，各拉索长度差异大。拉索分布如图 7 所示。

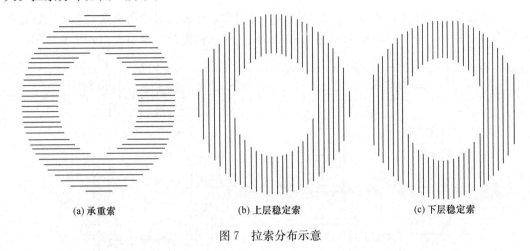

(a) 承重索 (b) 上层稳定索 (c) 下层稳定索

图 7　拉索分布示意

（6）上、下层索主要通过膜面联系，下层稳定索的空间刚度完全通过膜面张拉形成［见图 6（e）］，因此膜面是保证上层索网与下层稳定索形成整体结构的重要组成部分之一。

（7）拉索均采用定长索，索端不设调节装置。

3. 整体牵引提升对比方案

西安国际足球场大开孔正交索网结构的跨度大，外压环的刚度小，下层索锚固点偏离外压环中心的距离大，周边支承状况复杂，拉索的总量大，这些无疑会给索结构施工带来重大挑战。传统满堂支架施工方法场内地面占用时间长，高空作业量大，并且由于本工程索网高度大、覆盖平面广，支架施工措施费将会非常大，因此，该方法不适用于本工程。正交索网高空溜索的施工方式需要通长的承重索搭设工作面，大开孔正交索网大部分承重索中间断开，不具备通过承重索在高空搭设工作面的条件，所以这种施工方式也不适合。

整体牵引提升法具有设备需求简易、高空作业少、牵引提升全过程结构整体性及稳定性好的优点[4]，且西安足球场作为大型场馆，内部地面平坦，四周为看台，具备地面铺展索网的天然条件，拉索整体一旦从地面提升后，将不再占用场内空间，有利于其他专业施工作业开展。因此，本文采用整体牵引提升的方法，通过对比分析两种不同方案，优选出合理方案。

索网牵引提升前，在设计位形下方的地面和看台上组装索网。本工程索网组装的具体步骤为：在地面和看台依次铺设环索、下层稳定索、承重索和上层稳定索并安装好索夹，完成低空组网；由于膜面尚未安装，上层索网和下层稳定索之间缺乏连接，因此，将下层稳定索外端索头通过工装索临时悬挂在上层稳定索上。针对大开孔正交索网结构特点，拟定以下两种索网牵引提升方案：

（1）方案一：单向牵引提升整体索网

本方案只在承重索方向设置牵引索，稳定索方向不进行牵引。通过牵引承重索来提升上层索网，下层稳定索通过工装索跟随上层索网提升，牵引方向如图8所示。

（2）方案二：双向牵引提升整体索网

本方案在承重索方向和稳定索方向均设置牵引索，通过同时牵引承重索和上层稳定索来提升上层索网，下层稳定索也通过工装索跟随上层索网提升，牵引方向如图9所示。

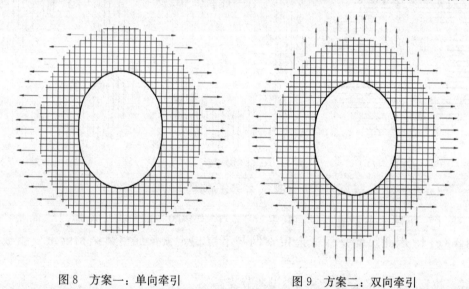

图8　方案一：单向牵引　　　　图9　方案二：双向牵引

4. 分析方法和有限元模型

4.1　分析方法

索网结构的整体刚度基本上在拉索的张拉锚固完成后才能建立起来，在拉索牵引提升过程中，索网整体处于松弛状态，拉索基本不具备刚度，索网的几何位形与设计成型有着很大差距，并且随着牵引提升，该差距变化剧烈。因此，牵引提升过程中结构存在超大机构位移，常规的线性静力有限元分析方法无法模拟索网牵引提升的过程。本文的索网牵引提升模拟分析采用非线性动力有限元法（NDFEM）[5,6]。

4.2　有限元模型

采用 ANSYS 软件进行建模和分析，有限元模型主要包括：内拉环、正交索网、牵引工装索、外压环及周边支承钢结构（包含施工阶段的支撑架）。牵引提升整体模型和局部模型如图 10 和图 11 所示。构件单元类型见表 1，材料力学参数见表 2。

构件的单元类型   表 1

序号	构件	单元类型	备注
1	劲性柱、网壳	Beam188	两端固接梁单元
2	柱顶开花杆	Beam44	两端铰接梁单元
3	外压环梁	Beam188	两端固接梁单元
4	拉索	Link180	两端铰接索单元
5	刚臂	Beam188	两端固接梁单元
6	牵引工装索	Link180	两端铰接索单元
7	环桁架下的支撑架	Link180	仅受压单元

材料力学参数   表 2

材料	弹模（MPa）	密度（t/m³）	线膨胀系数	泊松比
钢结构	2.06×10^5	8.243	1.2×10^{-5}	0.3
拉索	1.6×10^5	8.243	1.2×10^{-5}	0.3
刚臂	2.06×10^5	0	1.2×10^{-5}	0.3
劲性柱	4.518×10^4	3.13	1.0×10^{-5}	0.2

注：索与钢结构考虑节点附加重量系数 1.05。

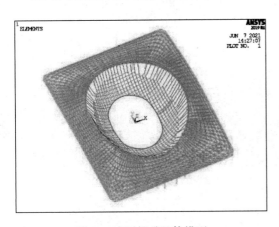

图 10　牵引提升整体模型

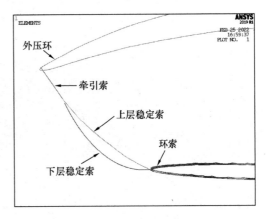

图 11　牵引提升局部模型

4.2.1　构件规格

（1）钢构

外压环和悬臂梁构成内部索膜屋盖的外边界，均采用 Q390C 钢材。外压环采用外径为 1.5m 的圆管截面，壁厚为 55mm 和 60mm 两种，其中，部分 60mm 厚管段内部设置两道横向加劲板；悬臂梁采用箱形变截面，根部截面大，端部截面小，板厚分为 20mm 和 30mm 两种。具体材料规格见表 3。

外压环和悬臂梁材料规格

表3

构件	截面规格（mm）	截面积（mm²）	材质
外压环	φ1500×55	249680	Q390C
	φ1500×60	271430	
	φ1500×60 内设2道横向加强板	325480	
悬臂梁	根部：1000×700×20×20 端部：500×700×20×20	根部：66400 端部：46400	Q390C
	根部：1000×700×30×30 端部：500×700×30×30	根部：98400 端部：68400	

（2）拉索

承重索、上层稳定索、下层稳定索及构成内拉环的环索均采用进口密封索。密封索具有非常好的横向承压能力和索夹抗滑能力，以及优秀的防锈蚀能力和抗疲劳能力。本工程的拉索规格较多，共有10种，具体规格见表4。

拉索材料规格

表4

拉索	索体规格（mm）	有效面积（mm²）	最小破断力（kN）	备注
承重索	1×φ65	2982	4220	进口密封索
	1×φ75	3913	5620	
	1×φ80	4420	6390	
	1×φ85	4995	7210	
	1×φ90	5561	8090	
	1×φ100	6760	10100	
上层稳定索	1×φ50	1740	2470	
	1×φ60	2589	3590	
	1×φ65	2982	4220	
	1×φ75	3913	5620	
	1×φ85	4995	7210	
	1×φ90	5561	8090	
下层稳定索	1×φ45	1411	2000	
	1×φ60	2589	3590	
	1×φ65	2982	4220	
环索	6×φ95	6×6148	6×9110	

4.2.2 约束与荷载条件

（1）构件连接条件

① 拉索：铰接。

② 劲性柱与柱上开花杆：铰接。

③ 网壳与柱上开花杆：铰接。

④ 压环与牛腿：通过节点耦合方式连接，如图12所示，除支座A1、A10、B1和C10仅可径向滑动外，其他支座均可沿径向和环向滑动。因此，所有支座处压环节点和牛腿节点竖向耦合，支座A1、A10、B1和C10处节点增加环向耦合。

⑤ 其他：固接。

（2）边界约束条件

钢骨混凝土柱底均采用固定支座。

（3）荷载条件

① 构件自重：根据构件截面和材料密度自动计算（索与钢结构考虑1.05倍自重系数，密度已按1.05倍计算）。

② 初始预应力：拉索初拉力＋压环预压应力。

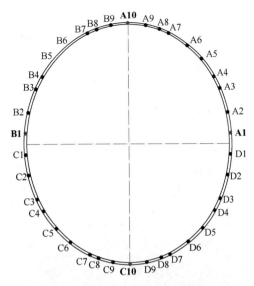

图12　压环滑动支座编号

5. 分析结果

环索标高可直接反映施工过程中索网整体位形与设计位形的差距，因此，牵引提升过程中环索标高可以作为区分各个工况的指标。为了简化分析过程，整体把握两种提升方案的规律，取索网提升至环索标高为10m、20m和35m三种工况研究。在牵引提升过程中，索网结构的整体刚度尚未建立，钢结构和拉索内力较小，应主要关注索网整体位形变化和牵引工装索的索力大小。

5.1　方案一：单向牵引提升整体索网

单向牵引提升过程中，牵引索的最大索力为374kN，索网位形变化如图13～图18所示。由图可见，内环孔径沿牵引方向显著扩大，另一正交方向的孔径显著缩小，内环最大

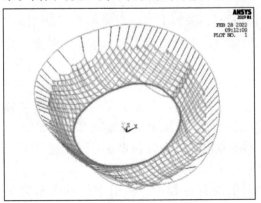

图13　工况1—索网整体位形
（环索标高10m左右）

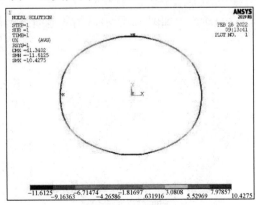

图14　工况1—环索径向位移（m）
（环索标高10m左右）

外扩 10.4m，最大内收 11.6m，出现了长短轴调换的情况。

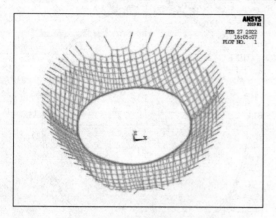

图 15　工况 2—索网整体位形
（环索标高 20m 左右）

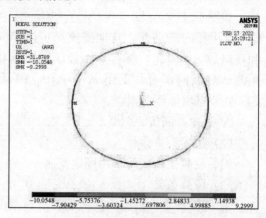

图 16　工况 2—环索径向位移（m）
（环索标高 20m 左右）

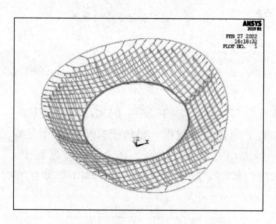

图 17　工况 3—索网整体位形
（环索标高 35m 左右）

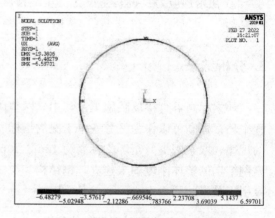

图 18　工况 3—环索径向位移（m）
（环索标高 35m 左右）

5.2　方案二：双向牵引提升整体索网

双向牵引如图 19 所示。当从地面开始牵引提升时，若对上层稳定索和承重索的所有索端都进行牵引，上层稳定索和承重索的两侧部分拉索会出现牵引索在竖向平面外偏转较大的情况（图 20），从而导致牵引设备侧弯及索头处索体弯折严重。为避免这种问题，对于上层索网的两侧部分拉索不设置牵引，双向牵引设置的牵引索如图 21 所示，待后期索网接近设计位形时，对未进行牵引的上层拉索索端再增设牵引索。

双向牵引提升过程中，牵引索的最大索力为 456kN，索网位形变化如图 22～图 27 所示，可见提升过程中环索的最大径向位移约为 −2.8～1.0m，

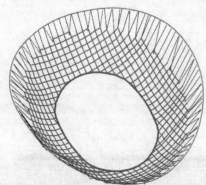

图 19　双向牵引示意（环索置于地面）

环索平面位形基本维持设计位形。

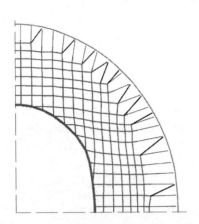

图 20　部分牵引索竖向面外偏转示意

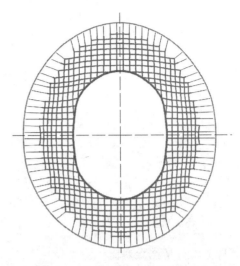

图 21　双向牵引模型的牵引索分布

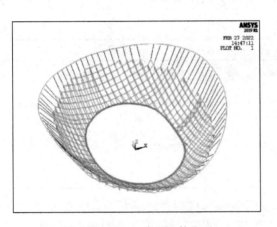

图 22　工况 1—索网整体位形
（环索标高 10m 左右）

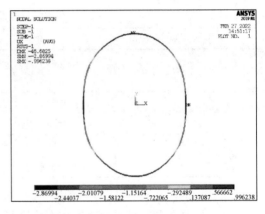

图 23　工况 1—环索径向位移（m）
（环索标高 10m 左右）

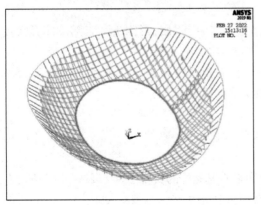

图 24　工况 2—索网整体位形
（环索标高 20m 左右）

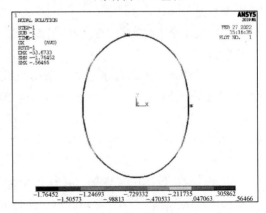

图 25　工况 2—环索径向位移（m）
（环索标高 20m 左右）

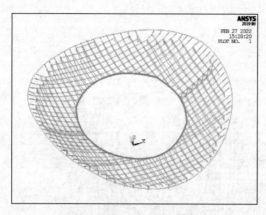

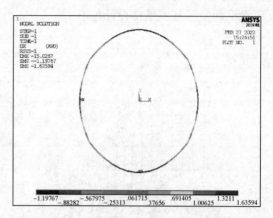

图 26　工况 3—索网整体位形
（环索标高 35m 左右）

图 27　工况 3—环索径向位移（m）
（环索标高 35m 左右）

5.3　两种方案分析结果对比

牵引提升各工况的环索径向位移和最大牵引索索力对比见表 5。

两种牵引提升方案结果对比　　　　　　　　　　表 5

牵引提升工况	方案	环索径向位移（m）	最大牵引索索力（kN）
工况 1：环索标高 10m 左右	单向牵引	−11.6～10.4	170
	双向牵引	−2.8～1.0	165
工况 2：环索标高 20m 左右	单向牵引	−10.1～9.3	185
	双向牵引	−1.8～0.6	197
工况 3：环索标高 35m 左右	单向牵引	−6.5～6.6	374
	双向牵引	−1.2～1.6	456

综上所述，可见牵引提升过程中两种方案的索网整体位形差异很大，具体如下：

（1）单向牵引过程中，环索平面位形严重偏离设计位形，出现了长短轴调换的情况，牵引方向的孔径显著扩大，另一正交方向的孔径显著缩小，这一情况无法通过调节牵引索长度来避免。

（2）双向牵引过程中，环索的平面位形基本能维持在设计位形附近，索网整体形状较容易控制。

（3）无论是单向牵引还是双向牵引，在牵引提升过程中牵引工装索的牵引力都较小（成型态上层索网索力约 1000～3000kN），两种方案差距不大。

6. 结论

本文针对西安国际足球场大开孔正交索网整体牵引提升的典型工况，采用非线性动力有限元找形法（NDFEM）分别分析了单向和双向两种牵引提升方案，对比了正交索网位形、内环形状及牵引力的变化规律，主要结论如下：

（1）单向牵引过程中，内环孔径沿牵引方向显著扩大，沿另一方向显著缩小，出现了长短轴调换的情况，单向牵引提升难以有效控制牵引过程中环索孔形和整体索网形状。

（2）双向牵引过程中，索网整体形状较容易控制，环索的平面位形基本能维持在设计形状附近。

因此，双向整体牵引提升方案适用于大开孔正交索网结构，并在西安国际足球场屋盖索网施工中得到了成功应用，验证了双向整体牵引提升的实际成效。

参考文献

［1］张士昌，徐晓明，高峰．苏州奥体中心游泳馆钢屋盖结构设计［J］．建筑结构，2019，49(23)：6.

［2］郭彦林，王昆，孙文波，等．宝安体育场结构设计关键问题研究［J］．建筑结构学报，2013，34(5)：9.

［3］GUO Z，YAN S，LUO B．Study on cable construction technology of cable-net structure of Suzhou swimming stadium［J］．Construction Technology，2016.

［4］LUO B，GUO Z X，YANG X F，et al．Research on non-bracket inclinded tow-lifting construction technology with fixed jacks and complete process analysis of cable-truss［J］．Journal of Building Structures，2014，35(2)：7.

［5］罗斌．确定索杆系静力平衡状态的非线性动力有限元法［P］．江苏：CN101582095，2009-11-18.

［6］DING M M，et al．Integral tow-lifting construction technology of a tensile beam-cable dome［J］．Journal of Zhejiang University Science A：Applied Physics & Engineering，2015，16(12)：935-950.

10 大跨度结构减振技术研究与应用

区　彤[1]，许卫晓[2]，王　建[3]，邱玲玲[4]，林松伟[1]，于德湖[5]
（1. 广东省建筑设计研究院有限公司，广州；2. 青岛理工大学，青岛；
3. 青岛零一动测数据科技有限公司，青岛；4. 隔而固（青岛）振动控制有限公司，青岛；
5. 山东建筑大学，济南）

摘　要：本文总结了由人行荷载、交通荷载、风荷载等动力荷载激励导致的大跨度结构振动问题及相应处理措施，以多个工程案例为基础，阐述了振动控制方案的多样性、有效性，得出以下结论：①以人行荷载为主的大跨度结构中，采用 TMD、MTMD 减振措施能有效抑制结构的振动，明显改善结构舒适度问题。②在交通建筑的振动和噪声问题上，可以在振源处、受振体处采取减振措施，分析结果表明减振降噪效果良好。③在风致振动控制中，应根据结构不同的控制需求采用相应的控制手段，设置 TMD、阻尼器均能取得良好的效果。④对大跨度结构，有条件时应进行结构振动监测。

关键词：大跨度结构，振动控制，TMD，MTMD，风振

Research and Application of Vibration Reduction Technology for Large-span Structures

OU Tong[1], XU Weixiao[2], WANG Jian[3], QIU Lingling[4], LIN Songwei[1], YU Dehu[5]
（1. Guangdong Architectural Design & Research Institute Co., Ltd., Guangzhou;
2. Qingdao University of Technology, Qingdao; 3. Qingdao Zero One Dynamic Measurement Data Technology Co., Ltd., Qingdao; 4. GERB (Qingdao) Structure Design Co., Ltd., Qingdao;
5. Shandong Jianzhu University, Jinan）

Abstract: This paper summarizes the vibration problems of large-span structures caused by dynamic loads such as pedestrian loads, traffic loads, wind loads and the corresponding treatment measures. Based on multiple engineering cases, the diversity and effectiveness of vibration control schemes are expounded. The following conclusions are drawn: ① In the large-span structure with pedestrian load as the main factor, the use of TMD and MTMD vibration reduction measures can effectively suppress the vibration of the structure and significantly improve the structural comfort. ② In terms of vibration and noise of traffic buildings, vibration reduction measures can be taken at the vibration source and at the vibration receiving body. The analysis results show that the vibration reduction and noise reduction effect is good. ③ In the control of wind-induced vibration, corresponding control methods should be adopted according to different control requirements of the structure, and good results can be achieved by setting TMD and damper. ④ For large-span structures, structural vibration monitoring should be carried out if conditions permit.

Keywords: large-span structure, vibration control, TMD, MTMD, wind vibration

1. 引言

　　随着当今社会经济文化的不断发展、城市化进程的不断加快，建筑效果和使用功能愈发多样，越来越多的公用建筑采用大跨度结构。大跨度结构在使用过程中，诸如结构的振动状态、结构振动是否在控制范围内、采取减振措施后效果如何、振动接近或超过限制时是否能及时预警等问题亟待解决。此外，大跨度结构在动力荷载激励下易引发共振，影响结构安全。

　　为解决上述问题，动态监测系统与减振系统的应用日益广泛，且不局限于大跨度结构，在城市规划、高层建筑、地下工程等方面均有不错效果。文献[1]说明基于 GPS 系统大跨度桥梁振动监测技术。文献[2]提出一种通过大数据进行城市系统运行的动态监测评估方法。文献[3]提出一种应用传感器网和实景三维模型的动态监测方法。文献[4]说明动态监测技术在基坑工程中的应用。

　　目前，减振系统不仅应用于轨道交通，在建筑结构抗震方面亦有不小进展[5]，并且我国还于 2021 年新发布了《建筑隔震设计标准》GB/T 51408—2021[6]。隔振理念在汽车 NVH 控制[7]等方面有着明显效果。就当前大跨度结构的减振控制技术而言，主流的减振措施大多有充分的发展空间。

　　在阻尼器的选择方面，传统调谐质量阻尼器频率不可调整，因此可根据结构自振频率调频的 TMD 将会有更大的舞台；阻尼器的参数选择以及布置位置对减振效果的影响很大，许多学者不断优化算法，对传统计算公式加以改进；阻尼器的形式不断发展，且适用范围越来越广，不再局限于单一领域。

　　城市轨道交通减振技术主要分为振源处减振、受振体处减振两方面，前者大多采用减振轨道、弹性扣件等措施，后者为施加减振垫、减振支座等。许多学者对于扣件式减振的参数选择进行算法优化，在减振垫方面不断更新选择高性能材料，以此来实现减振技术的提升。但在轨道噪声问题上，现有措施大多降噪作用有限，因此如何在保证经济性的条件下，综合运用各种减振降噪措施，取得最优的降噪效果，是当前亟待解决的难题。

2. 人致振动舒适度控制

2.1　舒适度控制指标

　　建筑结构在外荷载激励下产生的振动超过一定限度时，可能造成人心理的恐慌不安，因此需对结构的舒适度控制进行指标量化。对于结构的人致舒适度分析，一般采用结构整体振动特性和局部振动特性的双控标准，前者为保证结构的整体振动特性高于典型的人行步频（慢走 1.6Hz～快走 2.4Hz），避免产生人行激励引起的共振现象；后者为保证结构的典型区域的峰值加速度满足规范限值要求，避免能量较低的局部激励激发出局部高阶振型。已有研究表明，部分结构的自振频率虽然落入规范不建议的频率范围内，但其振动幅值仍可接受。国内外普遍采用竖向峰值加速度作为舒适度的评价指标。

　　《建筑楼盖结构振动舒适度技术标准》JGJ/T 441—2019[8]对连廊和室内天桥的振动

峰值加速度作出规定，见表1。

连廊和室内天桥的振动峰值加速度限值   表 1

楼盖使用类别	峰值加速度限值（m/s²）	
	竖向	横向
封闭连廊和室内天桥	0.15	0.10
不封闭连廊	0.50	0.10

2.2 TMD 和 MTMD 控制原理

2.2.1 TMD 控制原理

TMD（调谐质量阻尼器）作为一种吸振减震装置，常作为子结构附加在主结构上，调节其自身固有频率接近乃至等于主结构固有频率，从而改变结构共振特性，吸收结构振动能量，将系统振动能量集中于子结构，使主体结构得到保护。TMD 与主结构相连的力学模型如图 1 所示。

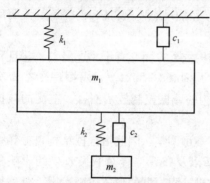

图 1 TMD 与主结构连接力学模型

图 1 所示双自由度系统，为单自由度主结构连接了一个 TMD 系统，其中 m_1、k_1、c_1 分别为主结构的质量、刚度、阻尼，m_2、k_2、c_2 分别为 TMD 的质量、刚度、阻尼。

上述系统模型结构动力学方程组如式（1）所示。

$$\begin{bmatrix} m_1 & 0 \\ 0 & m_2 \end{bmatrix}\begin{pmatrix} \ddot{x}_1 \\ \ddot{x}_2 \end{pmatrix} + \begin{bmatrix} c_1+c_2 & -c_2 \\ -c_2 & c_2 \end{bmatrix}\begin{pmatrix} \dot{x}_1 \\ \dot{x}_2 \end{pmatrix} + \begin{bmatrix} k_1+k_2 & -k_2 \\ -k_2 & k_2 \end{bmatrix}\begin{pmatrix} x_1 \\ x_2 \end{pmatrix} = \begin{pmatrix} F_1(t) \\ 0 \end{pmatrix} \quad (1)$$

式中 $F_1(t)$ 为主结构外力，TMD 上一般无荷载且自重较小，故可设为 0。I. M. Abubakar 和 B. J. M. Farid 考虑让结构所受简谐力以复数形式表示，即 $F_1(t) = F_0 e^{i\omega t}$，其中 ω 为谐波激振力的频率，并以此求解得到了主结构位移方程，如式（2）所示。

$$x_1 = F_0 \sqrt{\frac{a^2+b^2}{c^2+d^2}} \quad (2)$$

其中，$a = k_2 - \omega^2 m_2$，$b = \omega c_2$，$c = [\omega^4 m_1 m_2 - \omega^2 \{m_2(k_1+k_2) + m_1 k_2 + c_1 c_2\} + k_1 k_2]$，$d = [\omega(c_2 k_1 + c_1 k_2) - \omega^3 \{(c_1+c_2)m_2 + c_2 m_1\}]$。

此系统模型与 Den Hartog 模型类似，只是 Den Hartog 并没有考虑主结构阻尼，他推导出了无阻尼结构在收到谐波荷载时的 TMD 参数优选公式。I. M. Abubakar 和 B. J. M. Farid [9] 对 Den Hartog 的参数优选方法进行改进，获得的参数如式（3）、式（4）所示，将两式所得的数据使用 MATLAB 进行大量的曲线拟合试验后发现，所得的数据与最佳参数拟合度高。

$$\xi_{2\text{opt}} = \sqrt{\frac{3\mu}{8(1+\mu)}} + \frac{0.1616\xi_1}{(1+\mu)} \quad (3)$$

$$q_{\text{opt}} = \left(\frac{1}{1+\mu}\right)\left(1 - 1.5906\xi_1\sqrt{\frac{\mu}{(1+\mu)}}\right) \quad (4)$$

式中，q_{opt} 为 TMD 与主结构频率之比，ξ_{2opt} 为 TMD 阻尼比。此外，Warburton 和 Ayorinde[10,11]推导出了无阻尼单自由度系统在谐波和白噪声随机激励下 TMD 参数优选表达式。Sadek 等[12]提出了一种方法，用于估算单自由度有阻尼结构上的 TMD 参数。

以加速度作为评价指标时，质量比（即 TMD 质量与主结构质量的比值）与减振效果曲线如图 2 所示。

从图 2 可以看出，随着质量比逐渐增大，减振效果逐渐减弱。因此，TMD 参数应当根据实际工程选取，质量比可选范围为 0.5%～5%。

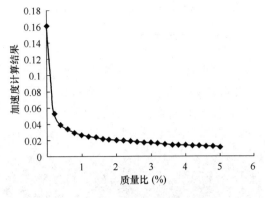

图 2　TMD 质量比与减振效果曲线

2.2.2　MTMD 控制原理

TMD 虽减振效果良好，但调谐频率比较单一，有效控制带宽较窄，由于实际工程中结构的动力特性往往难以准确把握，如果进行模拟的结构动力特性与实际偏差较大，TMD 的减振效果难以保障。因此，文献[13]首次提出了 MTMD 概念，即由固有频率接近结构频率的多个 TMD 组成的减振系统。文献[14]表明，多个子结构相当于一套黏性阻尼，该阻尼可以被添加到主结构中。这表明 MTMD 中伴随着 TMD 个数的增多，调频带更宽，适用频率范围更广。MTMD 结构模型如图 3 所示。

上述模型结构动力学方程式为：

$$M\ddot{x} + C\dot{x} + Kx = f \tag{5}$$

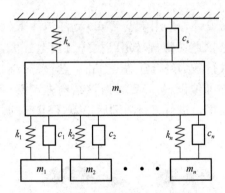

图 3　MTMD 与主结构连接力学模型

其中，向量 x 为位移向量，分别包括主结构位移 x_s 以及 n 个 TMD 系统的位移 $x_k(k = 1, 2\cdots n)$，即 $x = [x_s x_1 x_2 \cdots x_n]^T$。$M$、$C$、$K$ 分别为主结构与各个 TMD 系统的质量、阻尼、刚度矩阵。其中 M 为对角矩阵，$M = \begin{bmatrix} m_s & 0 \\ 0 & m_d \end{bmatrix}$，$C = \begin{bmatrix} c_s + \sum_{k=1}^{n} c_k & -c_k \\ -c_k & Ec_k \end{bmatrix}$，$c_k(k = 1, 2\cdots n)$ 为各个 TMD 系统阻尼矩阵。K 与 C 矩阵相似，将 c_s、c_d 矩阵换成 k_s、k_d 矩阵即可。

Hiriki Yamaguch[15]通过动力学方程式（5）求解结构响应，得到了各个 TMD 振幅与结构振幅的实际响应位移比：

$$\frac{X_k}{X_s} = \frac{\gamma_k^2 \left\{ \gamma_k^2 - \left(\frac{p}{\omega_s}\right)^2 \right\} + \left\{ 2\xi_k \gamma_k \frac{p}{\omega_s} \right\}^2 - 2\xi_k \gamma_k \left(\frac{p}{\omega_s}\right)^3}{\left\{ \gamma_k^2 - \left(\frac{p}{\omega_s}\right)^2 \right\}^2 + \left\{ 2\xi_k \gamma_k \frac{p}{\omega_s} \right\}^2} \tag{6}$$

文献[16]提出了 MTMD 的参数优化流程，以此合理拟定和优化 TMD 的参数。文献[17]提出了考虑人体舒适度的大跨楼盖 MTMD 减振设计方法，对多个大型结构进行了

MTMD 减振设计并经现场实测研究，验证了该方法的准确性。

2.3 TMD、MTMD 工程实例

2.3.1 德胜体育中心悬挂螺旋坡道舒适度研究

德胜体育中心项目位于广东佛山市顺德区，主要设计包括"一场四馆"，总建筑面积
234458m²，集体育竞技、健身休闲、商业娱乐于一体，效果图如图 4（a）所示。为了便于观
众快速疏散，在综合体育场与综合体育馆之间设置了一条螺旋坡道，如图 4（b）所示。

(a) 效果图

(b) 螺旋坡道

图 4　德胜体育中心

根据本工程的实际特点，决定对该结构进行减振设计，采用单点 TMD-黏滞流体阻尼
器消能减振系统。由于结构为连续多跨的复杂形式，因此对螺旋坡道结构进行模态分析，
得到结构最有可能发生竖向振动的位置。通过施加人行激励进行舒适度分析，若该部位在
人行激励作用下的竖向加速度超出规范限值，则在该部位设置 TMD。对该结构进行模态
分析后，在前 10 阶模态中取 7 个最不利位置布置 TMD，进行人行激励后检验 TMD 减振
效果。模态分析结果如图 5 所示。

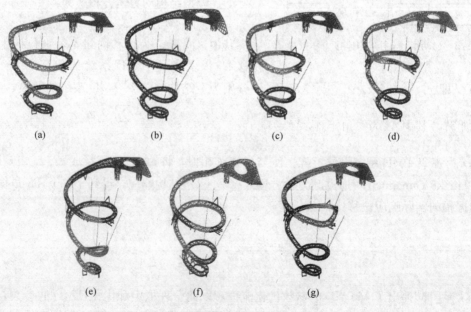
(a)　　　　　　(b)　　　　　　(c)　　　　　　(d)

(e)　　　　　　(f)　　　　　　(g)

图 5　螺旋坡道模态分析

经过优化计算，在螺旋坡道布置 13 套 TMD 减振装置，除 TMD7 布置 1 个 TMD 外，其他位置均布置 2 个 TMD。每套减振装置由黏滞阻尼器和调频质量阻尼器组成，包括弹簧减振器、黏滞阻尼器和若干连接件、万向铰等。TMD 布置如图 6 所示：

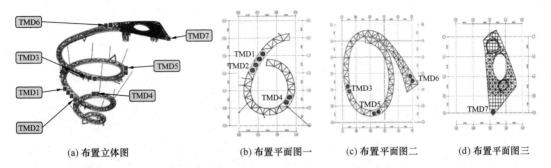

| (a) 布置立体图 | (b) 布置平面图一 | (c) 布置平面图二 | (d) 布置平面图三 |

图 6　螺旋坡道 TMD 布置示意

螺旋坡道布置的 TMD 参数如表 2 所示。

螺旋坡道 TMD 参数选择　　　　　　　　表 2

减振系统编号	有效质量（kg）	调频频率（Hz）	阻尼器参数		数量	TMD 质量/相应部位质量
			阻尼指数	阻尼系数（N·s/m）		
TMD 1	800	1.93	1	1884	2	3.7%
TMD 2	800	2.36	1	2304	2	3.7%
TMD 3	800	2.70	1	2636	2	2.5%
TMD 4	800	2.95	1	2880	2	2.2%
TMD 5	800	3.51	1	3426	2	1.7%
TMD 6	800	3.76	1	3670	2	2.0%
TMD 7	400	1.96	1	960	1	1.0%

根据法国人行桥振动评估指南[18]建立的人群荷载模型，计算研究表明，随着人群密度的提高，人行荷载频率会逐渐降低，即少数人有规律行走产生的结构振动响应会大于多人随机零散走动产生的响应。本工程参考《建筑楼盖结构振动舒适度技术标准》[8]第 9 章中天桥荷载激励的推荐公式，对坡道施加人群步行激励荷载进行舒适度分析。在不满足舒适度要求的坡道段安装 TMD 进行减振，按照上文模态分析所选择的 7 个荷载频率进行人工激励，并以行人密度大小区分少数行人与多数行人导致的荷载频率区别，形成对比试验，试验结果如表 3 所示。

螺旋坡道减振前后加速度响应峰值对比　　　　　　表 3

分析工况	行人密度（人/m²）	荷载频率（Hz）	原结构最大加速度（m/s²）	减振结构最大加速度（m/s²）	减振率
1	0.4	1.93	1.2060	0.14280	88.16%
2	0.4	2.36	0.3912	0.06571	83.20%

分析工况	行人密度 （人/m²）	荷载频率 （Hz）	原结构最大 加速度 （m/s²）	减振结构最大 加速度 （m/s²）	减振率
3	0.4	2.70	0.4351	0.07954	81.72%
4	0.4	2.95	0.4805	0.04865	89.88%
5	0.4	3.51	0.5675	0.06882	87.87%
6	0.4	3.76	0.7729	0.07960	89.70%
7	0.4	1.96	0.0631	0.04160	34.07%
8	1.5	1.36	0.0563	—	—
9	1.0	1.73	0.1264	—	—

由表 3 可以看出，在荷载最不利位置布置 TMD 后，最大加速度响应明显减小，减振率大多可以达到 80% 以上，当以第 3 阶模态频率 1.96Hz 进行激励时（工况 7），原结构响应最大加速度与其他频率相比较小，并因此导致减振率较低，与模态分析图对比可知，第 3 阶结构自振频率对应的 TMD 安装位置为 TMD7，初步分析可能是由于该位置在实际结构中与外部建筑相连接，外部建筑对其起到约束作用，导致响应加速度较小。工况 8、工况 9 为多人随机零散行走对应的荷载，在这两种工况下的荷载频率尚未达到结构自振频率，因此引发振动问题并导致舒适度低的可能性较小，不必单独试验，但在其他工况的荷载频率下，安装 TMD 后减振效果相当明显。

2.3.2 广州亚运馆—历史展览馆的减振设计

广州亚运馆—历史展览馆位于广州市南部、番禺片区中东部，为广州亚运馆三馆之一。历史展览馆前端呈碗状造型，悬挑长度 34m，碗状造型顶部为上人屋面，碗状内部有人行坡道。此项目是国内首个 TMD 用于建筑减振的项目，内有螺旋坡道减振，也有结构整体减震[19]。如图 7 所示。

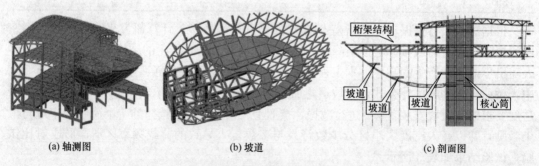

(a) 轴测图　　　　　　　(b) 坡道　　　　　　　(c) 剖面图

图 7　历史展览馆示意

由于本工程结构复杂，各部分结构振动频率相差较大，可根据上文所述选择 MTMD 系统进行减振。为确定 MTMD 系统的参数问题，首先对该结构进行模态分析。由于既需要对桁架结构整体振动进行控制，又需要对坡道进行减振处理，因此在模态分析获得结构自振频率时，重点关注结构基频（桁架整体振动频率）以及可能引起坡道振动的振型频率。进行分析处理后，得到第 1 阶振型频率为 2.36Hz，接近人行荷载频率，易导致人行走不舒适；导致坡道振动的为第 18 阶振型，频率为 6.50Hz。经分析，选择 MTMD 参数如表 4 所示：

MTMD 参数

表 4

类别	数量	安装位置	控制模态	频率(Hz)	质量(t)	刚度(kN/m)	优化频率	阻尼系数(kN·s/m)	总质量(t)
A	8	碗端	1 阶	2.36	3	625	2.30	8.9	24
B	2	梯廊	18 阶	6.50	1	1590	6.35	7.3	2

由于 MTMD 是多个 TMD 组合，本结构选择在悬挑碗端桁架下部及坡道下部安装，如图 8 所示。

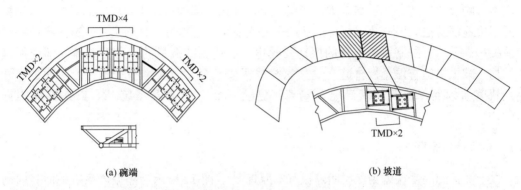

(a) 碗端　　　　　　　　　　　　　　　(b) 坡道

图 8　历史馆 MTMD 布置示意

在单人行走的人行荷载的激励下，悬挑端部和坡道减振前后加速度对比如图 9、图 10 所示。

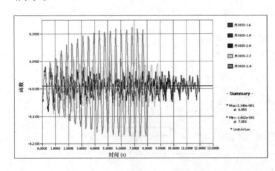
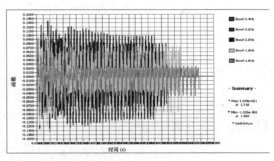

图 9　悬挑端部减振前后加速度对比（m/s²）

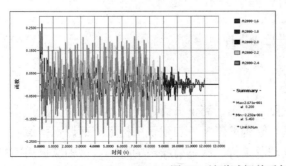
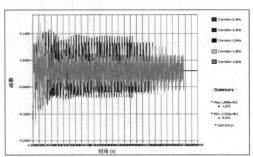

图 10　坡道减振前后加速度对比（m/s²）

由减振前后加速度对比可知，悬挑端部竖向振动加速度由 $0.22\mathrm{m/s^2}$ 降为 $0.13\mathrm{m/s^2}$，降幅 41%；坡道竖向振动加速度由 $0.27\mathrm{m/s^2}$ 降为 $0.13\mathrm{m/s^2}$，降幅 50%。达到了预期减振目标。

3. 交通结构振动控制

近年来，随着城市轨道交通的快速发展，高架车站日益成为人流聚集的一类建筑。受列车过站的影响，这类建筑物容易产生振动问题，并且列车振动还会引起建筑物振动，产生二次噪声问题[20,21]。文献[22]研究表明，地铁"桥建合一"高架车站受车致振动和结构噪声影响比"桥建分离"高架车站严重。交通结构引起的振动主要以波的形式通过结构以及周边地层传播，因此减隔振可以从两个方面着手：①振源（即轨道处）减振措施一般为减振扣件[23-25]，控制轨道本身的振动及噪声，以达到减振目的。②受振体（即受振建筑结构）减振措施有浮置板轨道[26]、聚氨酯减振垫[27]等，这类减振措施一般为通过弹性体把轨道结构上部建筑与基础完全隔离，建立一个质量-弹簧系统[28]，以达到减隔振目的。

3.1 隔振基本原理

以上文提到的受振体为例说明隔振基本原理[29]。图 11 所示为隔振体系对地面竖向动力作用反应的计算模型。其中，M 为上部主体结构的质量；K_v、C_v 分别为隔振装置的刚度和阻尼系数；X_{vg} 为地面竖向运动位移；X_{vs} 为上部主体结构竖向运动位移。由达朗贝尔原理建立的运动微分方程如式（7）所示。

$$\ddot{x}_{vs} + 2\omega_{vn}\xi_v\,\dot{x}_{vs} + \omega_{vn}^2\,x_{vs} = 2\omega_{vn}\xi_v\,\dot{x}_{vg} + \omega_{vn}^2\,x_{vg} \tag{7}$$

式中，$\omega_{vn} = \sqrt{\dfrac{k_v}{m}}$，为结构竖向振动频率；$\xi_v = \dfrac{C}{2m\omega_{vn}}$，为结构竖向振动阻尼比。

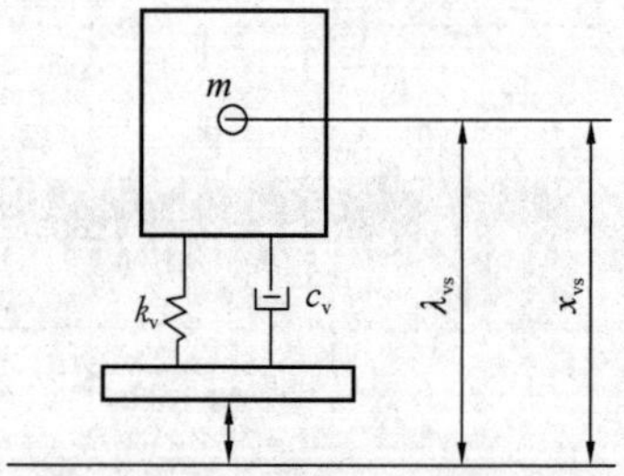

令 $L_{va} = \dfrac{\ddot{x}_{vs}}{\ddot{x}_{vg}}$，即隔振体系竖向加速度反应的衰减比，根据式（7）可得：

$$L_{va} = \sqrt{\dfrac{1 + \left(\dfrac{2\xi_v\omega}{\omega_{vn}}\right)^2}{\left[1 - \left(\dfrac{\omega}{\omega_{vn}}\right)^2\right]^2 + \left(\dfrac{2\xi_v\omega}{\omega_{vn}}\right)^2}} \tag{8}$$

图 11　隔振体系计算模型图

通过改变式（8）中的频率比 $\dfrac{\omega}{\omega_{vn}}$ 即可进行隔振控制。

3.2 隔振工程实例

项目位于广州市万博二路西侧的万惠一路，万惠一路下方为建筑物，为减少公路汽车通过时引起的振动对下部（办公及商业建筑）结构的影响，在建筑结构上方铺设钢弹簧浮置板，隔离公路交通振动对下部建筑物内振动及结构二次辐射噪声的影响，这种减振措施为受振体减振。研究表明[30]，钢弹簧浮置板固有频率较低，对低频也有一定隔振效果，且使用寿命长，具有三维弹性、水平稳定性高、易于更换和维修等优点。但是造价昂贵，维修精度要求较高，因此仅限于特殊地段地铁轨道减振。浮置板宽10m，铺设长度为139.5m。钢弹簧浮置板如图12所示。

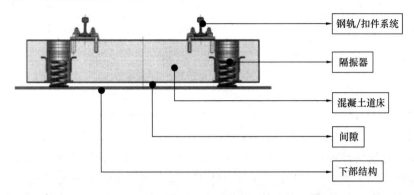

钢轨/扣件系统

隔振器

混凝土道床

间隙

下部结构

图12　钢弹簧浮置板示意

对该结构进行减振计算，建立下部结构以及钢弹簧浮置板的有限元模型，如图13所示。

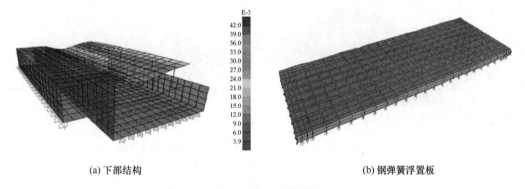

(a) 下部结构　　　　　　　　　　　　　　　　(b) 钢弹簧浮置板

图13　有限元计算模型

行车道楼板的第1阶竖向固有频率为20.265Hz，该频率在车辆激励的频率范围之内，若不采取减振措施，易引起共振。因此，下部结构模型及钢弹簧浮置板模型组合形成隔振结构模型，进而施加激励，进行稳态谐响应分析。根据稳态分析计算结果，推算加上浮置板后在单位力作用下单个隔振器传到底部的作用力，然后换算成插入损失曲线，计算各频率点对应的计算插入损失值。本例选择三个测点1、2、3，以及三种评价指标。

评价指标1：根据《环境影响评价技术导则　城市轨道交通》HJ 453—2018[31]附录D.2二次结构噪声预测计算 L_p；根据《城市轨道交通引起建筑物振动与二次辐射噪声限值及其测量方法标准》JGJ/T 170—2009[32]选择限值，昼间限值41dB，夜间限值38dB。

评价指标2：根据《城市区域环境振动测量方法》GB 10071—1988[33]计算Z振级VLZ，昼间限值75dB，夜间限值72dB。

评价指标3：根据《城市轨道交通引起建筑物振动与二次辐射噪声限值及其测量方法标准》JGJ/T 170—2009[32]计算分频最大振级 VL_{max}，昼间限值70dB，夜间限值67dB。

计算结果如表 5 所示。

三种评价指标下的减振效果测试　　　　　　　　　　　　　表 5

测点	评价指标 1			评价指标 2			评价指标 3		
	L_p（dB）（未减振）	规范限值（dB）	L_p（dB）（减振）	VL_z（dB）（未减振）	规范限值（dB）	VL_z（dB）（减振）	VL_{max}（dB）（未减振）	规范限值（dB）	VL_{max}（dB）（减振）
1	46.57	41	26.41	82.30	75	79.16	77.64	70	74.93
2	34.98	41	11.75	63.76	75	58.06	61.80	70	54.18
3	38.64	41	11.64	60.20	75	51.70	60.61	70	46.42

参照交通建筑的评价指标评定减振和降噪效果，实测值和计算值均达到不错的减振降噪效果。类似工程案例中，如珠海机场高架桥项目，由于部分建筑"桥建合一"有振动和噪声问题，经研究后决定采取聚氨酯减振垫进行减振，其高架桥和减振垫计算模型如图 14 所示。对结构施加聚氨酯减振垫后进行加速度响应计算，发现减振后加速度响应减小约 20%，减振效果明显。

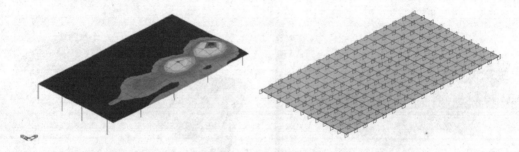

图 14　珠海高架桥（部分）和聚氨酯减振垫有限元计算模型

4. 风致振动控制

大跨度结构柔度大、频率小，对风的作用较为敏感，容易产生风致振动问题。风致振动是一种较为复杂的气动弹性力学问题[34]，结构在空气流场的作用下发生振动，振动的结构又引起空气流场变化，变化后的空气流场又会进一步导致作用于结构上的气动力的改变，二者之间相互耦合，这种耦合机制称为流固耦合。风致振动机理主要为颤振、抖振、涡振、驰振四类，在实际情况中，几种振动方式基本是共存的并且相互干扰。

1940 年，美国华盛顿州的塔科马海峡大桥由于强烈的风振问题，导致桥面断折倒塌，造成巨大损失，风致振动问题因此引发广泛关注。众多学者开展了一系列关于风振问题的研究，文献[35]表明大跨桥梁风致振动问题的核心为颤振和涡振，常用被动气动控制措施来抑振；文献[36]表明当前桥梁结构常用各类阻尼减振来控制风致振动；文献[37]表明悬索桥可通过设置抗风缆来提高结构的抗风稳定性。此外，文献[38~40]对超高层建筑风振问题进行研究，TMD 减振系统对于超高层建筑风致振动问题的改善有明显效果。下面以汕头亚青会场馆为例来对风致振动导致的问题进行补充说明。

4.1 清晰度问题

振动会严重干扰人眼正常的视觉功能,使视觉模糊,影响人眼接受信息的准确度和清晰度[41,42]。据研究表明[43],观看距离、光线、视角等对人眼的清晰度都有影响,但振动的影响更大。振动会严重干扰人眼视觉功能的敏感频率范围:垂直方向为 8~16Hz,水平方向为 4~8Hz,并且垂直方向的振动对人眼视觉功能的影响较之水平方向要大得多。因此,为了控制可能由结构振动导致的清晰度问题,要对有此需求的结构进行减振措施。

第三届亚洲青年运动会场馆项目位于汕头市东部塔岗围片区,是 2021 年第三届亚洲青年运动会的主场馆,整个项目建设规模约为 14.8 万 m²。为了及时显示赛事细节,在体育场一端设置了巨型屏幕,平面尺寸为 9.3m×16.3m,屏幕悬吊在钢桁架上,如图 15 所示。

(a) 屏幕位置   (b) 屏幕悬吊方式

图15　汕头亚青会场馆巨型屏幕

由于项目临海,至海岸线直线距离约 270m,属于强台风多发地区,因此容易因风致屏幕振动导致人们观看屏幕的清晰度受到影响,需采取减振措施。

屏幕采用钢桁架结构,桁架高度为 945mm,杆件均为热轧箱形钢材,材质 Q355B,主弦杆截面为 B200×100×8,最小杆件截面为 B40×4。屏幕恒荷载为 0.6kN/m²。选择屏幕振动的控制指标为两个:①人眼视觉功能的敏感频率范围,垂直方向为 8~16Hz,水平方向为 4~8Hz;②根据《钢结构设计标准》GB 50017—2017[44]附录 B.2.4.1,选择极端荷载作用下的屏幕控制标准,以达到清晰度要求。屏幕控制标准如表 6 所示:

屏幕控制标准　　　　　　　　　　　　　　　　　　　　　　表 6

控制指标	竖向位移	水平位移	竖向振动频率	水平振动频率
标准	≤H/125	≤H/125	≤8Hz	≤4Hz

对本项目在无控条件下进行计算。因屏幕质量较轻,立面尺寸大,屏幕桁架结构的承载力和变形由风荷载控制。该地区场地类别为 A 类,主体结构风压为 0.95kN/m²(重现期 100 年,承载力计算),基本风压为 0.80kN/m²(重现期 50 年,变形计算)。建立有限元模型进行模态分析以及结构位移计算,得到屏幕的水平 Y 向主频率为 4.093Hz,处于振动对人视觉影响的敏感范围内;屏幕底部最大水平位移为 137mm,挠度验算为 1/95,大于 1/125 的限值要求,如图 16 所示。其主要振型与频率列于表 7。

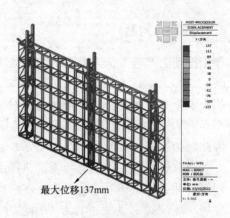

最大位移137mm

(a) 第2阶振型   (b) 位移等值线

图 16　无控结构

无控结构主要振型与频率　　　　　　　　　　　　　　表 7

模态	周期（s）	频率（Hz）	振型方向
1	0.7435	1.3449	水平 X 向
2	0.2443	4.0930	水平 Y 向
3	0.2067	4.8385	Z 向扭转
6	0.2067	5.9029	竖直 Z 向

为了控制悬挂屏幕在风荷载作用下的变形，在结构的底部设置 TMD。以结构的位移为控制目标，对 TMD 的参数进行优化比选，选择参数如表 8 所示。

TMD 参数选择　　　　　　　　　　　　　　　　　表 8

参数	结构基频	TMD总质量（kg）	质量比	阻尼比	弹簧刚度（N/mm）	有效阻尼系数（N・s/mm）
取值	4.09	237	0.03	0.105	152	1.26

安装 TMD 之后的结构振型和结构位移等值线如图 17 所示。

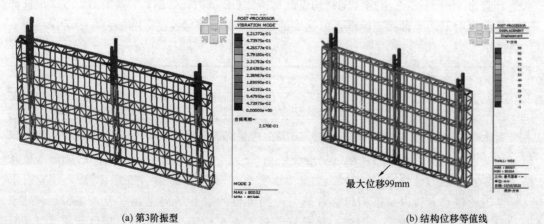

最大位移99mm

(a) 第3阶振型   (b) 结构位移等值线

图 17　安装 TMD 之后的结构

194

在结构底部设置 TMD 后，屏幕底部最大位移为 99mm，最大位移的减小幅度为 27.7%；挠度验算为 1/131，满足 1/125 的限值要求。因此，安装 TMD 进行结构减振对于人视觉效果和清晰度的提升是有一定效果的。

4.2 风致振动控制

对于汕头亚青会场馆体育场西看台部分区域，建筑师希望实现钢柱纤细、空间通透、屋面檐口轻薄的效果，钢柱高度为 20~26.5m，又因所在区域为强台风地区，场馆为大跨度钢结构，导致风致振动问题突出。因此，在西侧屋盖悬挑桁架尾部柱顶设置减振支座，数量为 9 个。支座布置及节点大样如图 18 所示，其中拉索直径为 60mm，级别为 1670MPa 级，破断力超过 3000kN。

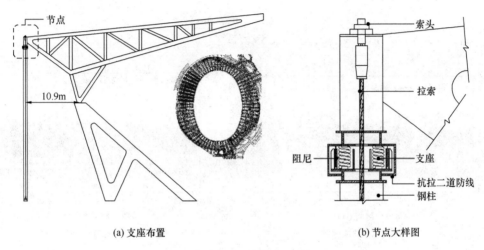

(a) 支座布置　　　　　　　　　　(b) 节点大样图

图 18　支座布置及节点大样图

根据风洞试验结果得到风荷载时程，采取分区分片的原则，按每个监测点的影响面积将其风荷载时程输入模型中，进行非线性时程分析[45]。弹簧-阻尼减振支座布置及典型节点位置如图 19 所示。

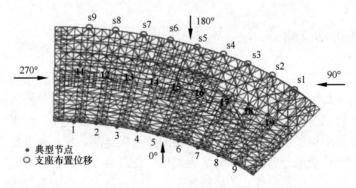

图 19　弹簧-阻尼减振支座布置及典型节点位置

选择悬挑边节点位移响应及加速度响应两个指标进行对比，如图 20 所示：以节点 11 为例进行设置减振支座前后的对比计算分析，结果如图 21 所示。

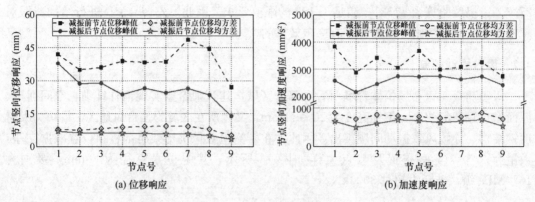

(a) 位移响应　　　　　　　　　　　　　(b) 加速度响应

图 20　悬挑边节点响应对比

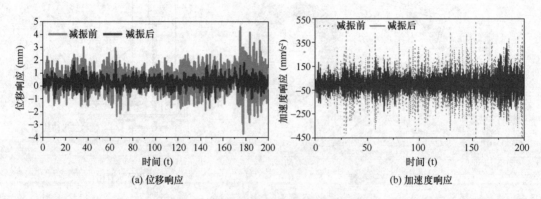

(a) 位移响应　　　　　　　　　　　　　(b) 加速度响应

图 21　节点 11 减振前后响应时程对比

　　结果表明：设置支座后，风激励时程作用下，钢柱的轴压力明显减小，由最大值 202kN 减小到 59kN，减小 70%；悬臂桁架悬挑端的竖向加速度、竖向变形均有轻微增加。

5. 大跨度结构振动监测

　　由于汕头亚青会场馆项目位于台风频发地区，本项目针对屋面板结构全寿命过程所经历的各个阶段，分析了在外荷载作用下的损伤破坏机理，确定了需要提高屋面板整体受力性能的区域为体育场内侧檐口边缘。基于光纤传感技术的特点，充分利用光纤传感技术的分布特性，提出并应用了以光纤传感技术为主的屋面板监测系统。通过分布式光纤智能筋测量系统对屋面板应变进行监测，同时实现损伤定位；通过实测数据验证了预应力柱内拉索+弹簧阻尼支座的抗风减震体系的减振效果。屋面板分布式全寿命位移监测系统和光纤传感器安装分别如图 22（a）、（b）所示。

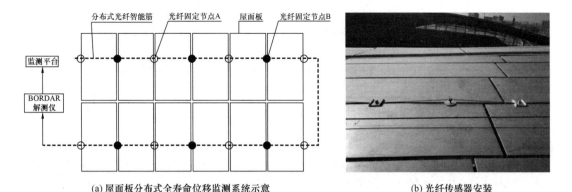

| (a) 屋面板分布式全寿命位移监测系统示意 | (b) 光纤传感器安装 |

图 22　亚青会场馆项目振动监测技术

6. 结论

（1）阐述了 TMD、MTMD 的振动控制基本原理，分别以德胜体育中心悬挂螺旋坡道、广州亚运馆—历史展览馆为例，给出了 TMD、MTMD 的布置方案，得到了 TMD、MTMD 的减振效果。以人行荷载为主的大跨度结构中，采用 TMD、MTMD 减振措施能有效抑制结构的振动，明显改善结构舒适度问题。

（2）以广州市万惠一路下方的建筑物、珠海机场高架桥为交通建筑的振动控制案例，分别给出了相应的振动方案，使得有控结构满足相应规范的要求。对于交通建筑的振动和噪声问题，可以在振源处、受振体处采取减振措施，分析结果表明减振降噪效果良好。

（3）对汕头亚青会场馆项目的屏幕、体育场西看台的钢柱采用对应的减振方案，进行风振响应分析，结果表明减振效果良好。在风致振动控制中，应根据结构不同的控制需求采用相应的控制手段，设置 TMD、阻尼器均能取得良好的效果。

（4）阐述了汕头亚青会场馆项目的结构监测技术，为大跨度结构振动监测的进一步推广做铺垫。

参考文献

[1]　朱彦，承宇，张宇峰，等．基于 GPS 技术的大跨桥梁实时动态监测系统[J]．现代交通技术，2010，7(3)：48-51.

[2]　席广亮，甄峰．基于大数据的城市规划评估思路与方法探讨[J]．城市规划学刊，2017，(1)：56-62.

[3]　徐敬海，杜东升，李枝军，等．一种应用传感器网和实景三维模型的复杂建筑物实时动态监测方法[J]．武汉大学学报(信息科学版)，2021，46(5)：630-639.

[4]　于艺林，张帅，杨晓毅，等．动态监测技术在城市中心紧邻地铁深基坑工程施工中的应用[J]．建筑技术，2015，46(12)：1069-1072.

[5]　周锡元，阎维明，杨润林．建筑结构的隔震、减振和振动控制[J]．建筑结构学报，2002(2)：2-12＋26.

[6]　住房和城乡建设部．建筑隔震设计标准：GB/T 51408—2021[S]．北京：中国计划出版社，2021.

[7]　《中国公路学报》编辑部．中国汽车工程学术研究综述 2017[J]．中国公路学报，2017，30(6)：

1-197.

[8] 住房和城乡建设部. 建筑楼盖结构振动舒适度技术标准：JGJ/T 441—2019[S]. 北京：中国建筑工业出版社，2020.

[9] ABUBAKAR I M, FARID B J M. Generalized Den Hartog tuned mass damper system for control of vibrations in structures[J]. Earthquake Resistant Engineering Structures VII, 2009, 104: 185-193.

[10] WARBURTON G B, AYORINDE E O. Optimum absorber parameters for simple systems[J]. Earthquake Engineering & Structural Dynamics, 1980, 8(3): 197-217.

[11] WARBURTON G B. Optimum absorber parameters for various combinations of response and excitation parameters[J]. Earthquake Engineering & Structural Dynamics, 2010, 10(3): 381-401.

[12] SADEK F, MOHRAZ B, TAYLOR A W, et al. A method of estimating the parameters of tuned mass dampers for seismic applicationS[J]. Earthquake Engineering & Structural Dynamics, 1997, 26(6): 617-635.

[13] CLARKAJ. Multiple passive tuned mass dampers for reducing earthquake induced building motion [J]. Proceedings of ninth World Conference on Earthquake Engintening, Tokyo, 1988: 283-290.

[14] XU K, IGUSA T. Dynamic characteristics of multiple substructures with closely spaced frequencies [J]. Earthquake Engineering & Structural Dynamics, 1992.

[15] YAMAGUCHI H, HARNPORNCHAI N. Fundamental characteristics of multiple tuned mass dampers for suppressing harmonically forced oscillations[J]. Earthquake Engineering and Structural Dynamics, 1993, 22(1): 51-62.

[16] 张相勇，滕起，苗峰，等. 大跨双向悬索结构屋盖 MTMD 减振控制分析[J]. 空间结构，2021，27(3): 32-40.

[17] 李爱群，陈鑫，张志强. 大跨楼盖结构减振设计与分析[J]. 建筑结构学报，2010，31(6): 160-170.

[18] Service d'Études techniques des routes et autoroutes[S]. France: Service d'Études Techniques des Routes et Autoroutes, 2006.

[19] 王建，区彤，王建立，等. 悬挑结构人致振动的 TMD 振动控制[J]. 桂林理工大学学报，2012，32(3): 402-406.

[20] 姜鹏，罗晓娟，侯明明，等. 城市轨道交通中环境振动污染的研究进展[J]. 重庆工商大学学报（自然科学版），2012(8): 61-64.

[21] 夏禾，曹艳梅. 轨道交通引起的环境振动问题[J]. 铁道科学与工程学报，2004(1): 1-8.

[22] 谢伟平，杨友志，李伟. "桥建合一"型地铁高架车站振动与结构噪声测试研究[J]. 铁道科学与工程学报，2021，18(7): 1837-1845.

[23] 王文斌，刘维宁，贾颖绚，等. 更换减振扣件前后地铁运营引起地面振动的研究[J]. 中国铁道科学，2010，31: 87-92.

[24] 王志强，王安斌，雷涛，等. 谐振式浮轨扣件系统减振效果的分析[J]. 噪声与振动控制，2014，34: 95-100.

[25] 王志强，王安斌，白健，等. 成都地铁轨道 GJ－Ⅲ型减振扣件振动控制效果分析[J]. 噪声与振动控制，2014，34: 190-194.

[26] 高世兵. 钢弹簧浮置板减振轨道在城市地铁中的应用[J]. 铁道工程学报，2008(3): 88-91.

[27] 何鉴辞，王平，唐剑，等. 聚氨酯减振垫与橡胶减振垫浮置板轨道振动控制效果分析[J]. 铁道标准设计，2018，62(2): 57-61.

[28] 苏经宇，曾德民. 我国建筑结构隔震技术的研究和应用[J]. 地震工程与工程振动，2001(S1): 94-101.

[29] 周建民．城市轨道交通中的振动和噪声控制[J]．城市轨道交通研究，2000，(4)：16-18.

[30] 李锐，陈柯龙，冯辉宗，等．地铁浮置板轨道结构隔振研究进展[J]．机械科学与技术，2012，31(11)：1760-1766.

[31] 生态环境部．环境影响评价技术导则 城市轨道交通：HJ 453—2018[S]．北京：中国环境科学出版社，2018.

[32] 住房和城乡建设部．城市轨道交通引起建筑物振动与二次辐射噪声限值及其测量方法标准：JGJ/T 170—2009[S]．北京：中国建筑工业出版社，2009.

[33] 国家环境保护总局．城市区域环境振动测量方法：GB 10071—1988[S]．北京：中国标准出版社，1989.

[34] 曹旸，陈仁文．基于风致振动机理的微型压电风能采集器[J]．压电与声光，2016，38(4)：558-561.

[35] 赵林，李珂，王昌将，等．大跨桥梁主梁风致稳定性被动气动控制措施综述[J]．中国公路学报，2019，32(10)：34-48.

[36] 汪正兴，柴小鹏，马长飞．桥梁结构阻尼减振技术研究与应用[J]．桥梁建设，2019，49(S1)：7-12.

[37] 吴长青，张志田，吴肖波．抗风缆对人行悬索桥动力特性和静风稳定性的影响[J]．桥梁建设，2017，47(3)：77-82.

[38] 汪大绥，包联进．我国超高层建筑结构发展与展望[J]．建筑结构，2019，49(19)：11-24.

[39] 徐怀兵，欧进萍．设置混合调谐质量阻尼器的高层建筑风振控制实用设计方法[J]．建筑结构学报，2017，38(6)：144-154.

[40] 刘勋，施卫星，陈希．单摆式 TMD 简介及其减振性能分析[J]．结构工程师，2012，28(6)：66-71.

[41] 王黎静，王郁珲．振动对人眼辨识刻度带信息能力的影响[J]．照明工程学报，2015，26(6)：131-136.

[42] 王玮，孙耀杰，林燕丹．振动对人眼视觉绩效的影响研究[J]．照明工程学报，2013，24(3)：24-29.

[43] 吴国梁．振动对人眼视觉功能的影响[J]．东南大学学报，1997(1)：94-97.

[44] 住房和城乡建设部．钢结构设计标准：GB 50017—2017[S]：北京．中国建筑工业出版社，2017.

[45] 任红霞，区彤，汪大洋，等．弹簧-阻尼减振支座性能试验研究[J]．建筑结构，2022，52(5)：48-54.

11 大开口轮辐式半刚性张拉结构体系参数分析与设计方法研究

张 峥，王哲睿，张月强

（同济大学建筑设计研究院（集团）有限公司，上海）

摘 要：论述了大开口轮辐式半刚性张拉结构体系的基本受力原理，对结构体系基本参数进行分类及系统分析，得出基本参数的合理取值范围；结合实际工程案例的结构参数和难点分析，论述了实际工程结构设计的重点、难点，并考虑设计施工一体化的节点细部构造，为类似项目提供参考。

关键词：半刚性轮辐式张拉结构，受力原理，基本参数，设计施工一体化，细部构造

Study on Parameter Analysis and Design Method of Large Opening Spoke Semi-rigid Tension Structure System

ZHANG Zheng，WANG Zherui，ZHANG Yueqiang

（Tongji Architectural Design (Group) Co., Ltd., Shanghai）

Abstract：The basic stress principle of the large opening spoke semi－rigid tension structure system is discussed in this paper. The basic parameters of the structure system are classified and analyzed systematically, and the reasonable value range of the basic parameters is obtained. Through the analysis of structural parameters and difficulties of practical engineering application cases, this paper discusses the design means of optimizing structural design in practical engineering design, and considers the node detail structure of the integration of design and construction, so as to provide reference for similar projects.

Keywords：semi-rigid spoke tension structure, stress principle, basic parameters, integration of design and construction, detail structure

1. 结构体系组成与基本受力原理

1.1 体系演变与体系研究

体育场由于其功能性需求，通常为中央露天场地，屋盖结构中央通常存在大开口，一般采用悬挑结构，包括网架结构与悬臂桁架结构。该类刚性悬挑结构杆件布置通常较为复杂，难以达到理想的建筑效果。

近些年，由于其通透、轻盈的建筑效果，轮辐式张拉结构[1,2]在国内逐渐兴起，数个

轮辐式张拉结构体育场结构在国内建成，其中单层索结构案例有苏州工业园区体育场，轮辐式索桁架结构案例有宝安体育场、乐山体育场、海口五源河体育场等。轮辐式张拉结构的屋面覆盖材料通常为膜材，屋面系统具有一定的局限性。

为追求简洁、轻盈的建筑效果，同时能够拥有更广泛的屋面系统适应性，结合轮辐式索桁架结构布置方式以及张弦梁结构受力特性，近些年提出了一种空间索杆梁杂交结构体系——大开口轮辐式半刚性张拉结构[3]。该结构体系布置与轮辐式张拉结构类似，上弦刚性结构由刚性主梁与内外压环共同组成；下部索杆体系由内环索与径向拉索构成，通过撑杆与飞柱支撑上部刚性结构，形成自平衡结构体系。

1.2 工程应用概况

2011年以来我国已陆续建成该类型结构体系建筑，如徐州体育场、郑州奥体中心体育场、武汉东西湖体育场、浦东足球场、泰安文旅中心体育场（图1）等。

图1 泰安文旅中心体育场

2. 结构体系参数研究与设计方法建议

本文针对大开口轮辐式半刚性张拉结构体系的几何参数进行研究，从结构体系与建筑造型适应性以及结构中关键参数的取值范围两方面为工程方案阶段结构体系选型提供依据。

2.1 结构参数分类

将该类结构体系中的重点几何参数分为几何参数与其余参数（图2）。

几何参数根据体育建筑常见几何形态又可分为竖向几何参数与平面几何参数。竖向几何参数中主要关注飞柱高度与屋面结构高差；平面几何参数为内环椭圆长短轴比值与外环椭圆长短轴比值。

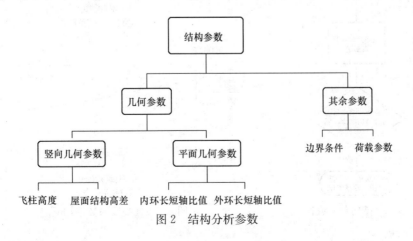

图2 结构分析参数

其余参数主要影响结构受力特性，为结构边界条件，结构边界条件又直接影响结构刚度。另外，由于该结构为几何大变形，荷载与变形均会对结构刚度产生影响，因此荷载对该类结构体系而言也是重要影响因素。

按照对该类结构体系常用几何尺寸的统计，设定基本模型的几何尺寸为：外环直径215m；悬挑长度40m；单榀结构矢高取5m，垂度取10m，即飞柱高度15m。

本文研究通过输入结构各参数作为前置条件，利用 grasshopper 快速建模，采用 SAP2000 作为结构计算软件，找到合理初始态预应力，进行结构分析计算，得到计算结果。结构分析流程如图 3 所示。

2.2 结构竖向几何参数

2.2.1 飞柱高度

飞柱高度取值范围为悬挑长度的 25%～50%，即 10m～20m。根据飞柱高度参数计算结构响应如图 4 所示。

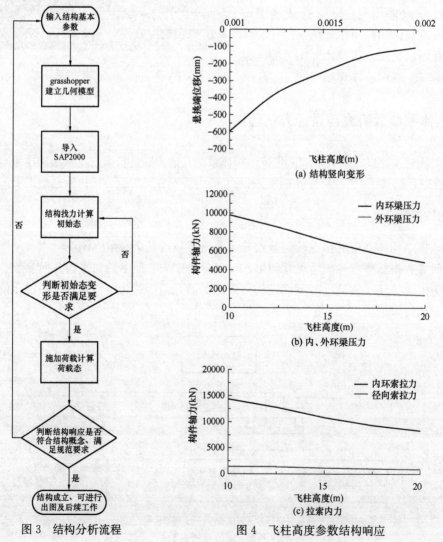

图 3　结构分析流程　　　　图 4　飞柱高度参数结构响应

由计算结果可知，在飞柱高度最小达到10m的情况下，内环索拉力达到14361kN，内环梁压力达到9800kN。本文中数据仅为标准组合荷载组合内力，考虑到工程设计中采用基本组合内力，因此，飞柱高度小于12m的结构布置方案在该结构尺度范围内不具有经济性、合理性与安全性。

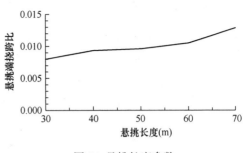

图 5　悬挑长度参数

为了得到常规体育场尺寸范围内的通用计算结果，对飞柱高度进行无量纲化处理，以悬挑长度40m、飞柱高度取30%作为参照，考虑悬挑长度30～70m范围。从图5以及工程经验可知，在常规体育场尺寸中，悬挑长度在30～50m范围内，飞柱高度建议取值范围不宜小于悬挑长度的30%。

2.2.2　屋面高差

屋面高差取值范围为0～20m。根据高差参数计算结构响应如图6所示。

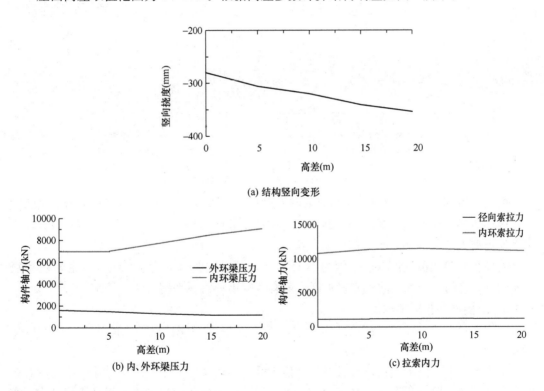

(a) 结构竖向变形

(b) 内、外环梁压力

(c) 拉索内力

图 6　屋面高差参数结构响应

屋面高差过大时对结构刚度削弱较大，内环受力效率降低，内环梁压力大幅度增加。当屋面高差大于15m时，环索最大不平衡力达到542kN，对索夹设计不利，且对结构刚度削弱过大。因此，工程设计时，建议屋面高差小于15m。

2.3 结构平面几何参数

2.3.1 结构内环长短轴比值

结构内环长短轴比值取值范围为 1.00～1.20。根据内环长短轴比值计算结构响应如图 7 所示。

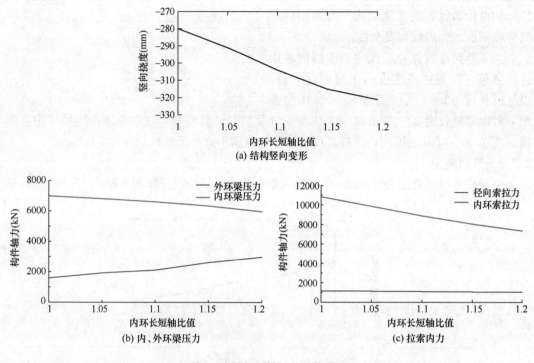

(a) 结构竖向变形

(b) 内、外环梁压力

(c) 拉索内力

图 7 内环长短轴比值结构响应

由图 7 可知，随着结构内环长短轴比值上升，结构刚度下降，结构内环带桁架内力减小，内环桁架空间作用下降，外环结构受力增加，整体结构内力、变形分布不均匀。环索不平衡力最大处在内环曲率变化率最大处。

内环长短轴比值建议取值范围为小于 1.15，同时在曲率变化率最大处（通常位于场心 40°～50°之间）增加径向索布置密度，可有效减小环索不平衡力。

2.3.2 结构外环长短轴比值

结构外环长短轴比值取值范围为 1.00～1.20。根据外环长短轴比值计算结构响应如图 8 所示。

由图 8 可知，随着结构外环长短轴比值上升，结构挠度变小、刚度增加，结构所有构件内力均减小。除环索存在不平衡力外，外环椭圆长短轴比值对结构无明显不利影响。实际工程中对外环长短轴可不作限制。

2.4 其余参数

2.4.1 边界条件

本文研究了边界完全刚接、钢柱 3m 刚接、钢柱 6m 刚接、外环完全滑动四种边界条件参数。计算结果如图 9 所示。

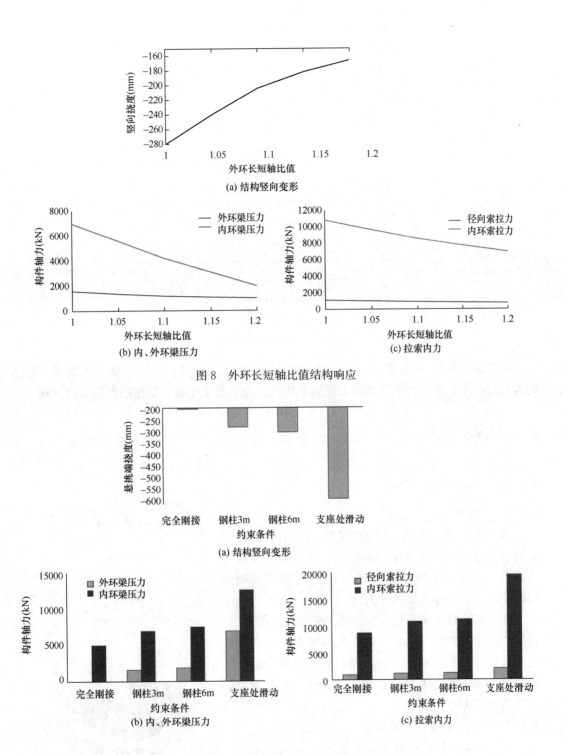

(a) 结构竖向变形

(b) 内、外环梁压力

(c) 拉索内力

图 8   外环长短轴比值结构响应

(a) 结构竖向变形

(b) 内、外环梁压力

(c) 拉索内力

图 9   边界条件参数结构响应

2.4.2   荷载参数

结构荷载取值范围为 $-5 \sim 5 \mathrm{kN/m^2}$。根据荷载参数计算结构响应如图 10 所示。

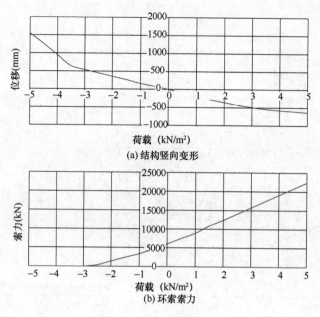

(a) 结构竖向变形

(b) 环索索力

图 10　荷载参数结构响应

由图 10 可知，在荷载向上取 3kN/m² 时，拉索发生松弛，结构刚度急剧削弱。在结构设计过程中，需要特别注意向上风荷载作用，一旦发生松弛，结构刚度将急剧下降。

3. 工程应用

3.1　泰安文旅中心体育场

3.1.1　工程概况与结构设计基本信息

泰安文旅中心项目位于山东省泰安市中西部地区，项目包括体育场、体育馆、游泳馆、全民健身馆等多个单体。其中，本项目体育场单体地上建筑面积约 5.0 万 m²，观众座位数约 3 万个。

体育场整体屋面造型为马鞍形，平面为近似圆形，长轴 265m，短轴 253m，屋盖最高标高约 42m，屋盖东看台处最大悬挑长度 44m，屋盖南北看台处最小悬挑长度 18m。看台钢柱支撑点为直径 216m 的圆。结构体系如图 11 所示。

3.1.2　结构设计重点及难点

（1）屋面内环长短轴比值较大

建筑内环大开洞长轴长度为 180m，短轴长度为 140m，长短轴比值为 1.29。由上文可知，建议内环长短轴比值小于 1.15。

图 11　结构体系构成

本项目通过在短轴方向设置悬挑梁，改变主受力环的短轴尺寸，将其扩大为 160m，内环长短轴比值调整为 1.13。该措施有效减小了内环长短轴比值过大带来的不利影响。结构平面尺寸如图 12 所示。

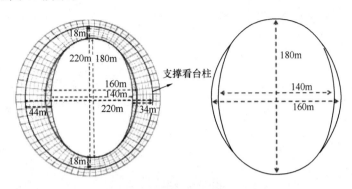

图 12　结构平面尺寸

（2）屋面高差大

结构屋面最高处为西侧悬挑结构高度 43m，最低处为南北悬挑结构高度 24m，最大结构高差为 19m。如图 13 所示。

由于马鞍形屋面高差过大，环索无法设置于同一平面内，通过比选图 14 所示几种环索竖向尺寸布置方案，达到建筑功能要求的同时，减小高差带来的环索不平衡力。

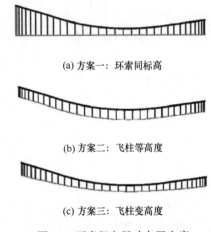

(a) 方案一：环索同标高

(b) 方案二：飞柱等高度

(c) 方案三：飞柱变高度

图 13　结构立面尺寸　　　　图 14　环索竖向尺寸布置方案

方案一，东西看台处飞柱高度过大，严重影响看台视线；方案二，等高度飞柱使得环索空间兜起效应强烈，南北看台低处向上位移过大，且环索分布不均匀；方案三，通过飞柱高度变化减小了环索竖向高差，最大飞柱高度为 10m，最小飞柱高度为 4.9m，将环索高差缩小至 13.9m。可见，方案三大幅度缩小了环索高差，减小了对结构受力的不利影响。

（3）飞柱高度受限

由于看台视线要求，结构最大高度被限制为 10m，飞柱高度为悬挑长度的 23%，由结构高度带来的飞柱高度不足。

看台钢柱后座跨长达 17m，通过后座跨形成拉压杆系，对屋面结构起到辅助作用，提供刚度；通过径向梁与钢梁刚接，利用梁柱节点的抗弯刚度形成屋盖整体受力刚度（图 15）。

设计中考虑该部分结构对内屋面主结构的有利影响，因此要求在施工张拉前，外围钢结构需安装完成。同时对无后座跨结构进行验算，如图16和表1所示。

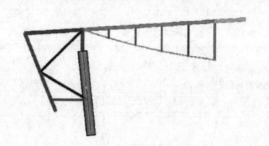

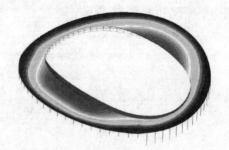

图15　体育场结构剖面 　　　　　图16　无后座跨结构模型变形

模型位移值对比　　　　　　　　　　表1

工况	模型	位移（mm）
S+PRES	无后座跨模型	−131
	原模型	−150
S+D+L（竖向）	无后座跨模型	−390
	原模型	−353
S+D+L（水平）	无后座跨模型	56
	原模型	15

3.1.3　施工张拉问题研究

（1）施工张拉影响结构内力分布

由于该结构体系为张拉结构，需要施工至预应力初始态，结构方可成立，因此施工张拉方案影响到初始态结构内力分布以及结构刚度。

胎架布置直接影响施工过程中结构内力。由于结构主受力内压环与内环索平面投影位置相同，胎架需避开环索平面位置布置。根据施工方案，胎架布置于内压环相邻环向次梁处（图17），经验算，施工工况下该环向次梁须由 $\phi402\times16$ 增大至 $\phi600\times20$。

该结构在东西悬挑处设置了悬挑单梁与交叉支撑，为保证主受力环为内压环，封边梁与屋面支撑采用张拉后安装，保证张拉过程中的结构空间作用不作用于封边梁（图18）。

图17　胎架布置 　　　　　　　图18　封边梁张拉

（2）施工可行性与便捷性

考虑到施工的可行性与便捷性，对结构的飞柱进行优化，由棱形飞柱优化为竖直单飞柱（图19）。优化后方案保证在张拉过程中飞柱下端节点能够移动，满足施工的可行性；同时，飞柱可转动，张拉时较小拉力即可完成张拉过程。

（3）结构几何特殊性

本工程几何特殊性主要体现在结构屋面大高差及东西不对称。结构环向高差造成环带桁架施工过程变形不均匀，导致相邻两榀结构之间环带桁架产生位移差（图20）。采用刚性交叉支撑作为环带桁架腹杆会导致施工张拉后交叉支撑长度变化，无法安装等困难，因此，本项目交叉支撑由传统的刚性支撑改为交叉拉索形式，保证张拉后安装的简便性。

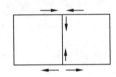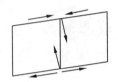

图19　飞柱形式优化　　　　　　　　图20　环带桁架变形示意

本项目结构过大高差导致环索索夹处不平衡力较大，需要依靠索夹抗滑移摩擦力抵抗环索不平衡力。索夹抗滑移力需要通过试验进行验证（图21）。

图21　索夹抗滑移试验

（4）小结

该结构体系施工张拉过程直接影响结构内力分布及结构刚度。通过合理的施工方案以及严格的现场管控，保证了设计计算结果、施工模拟分析结果、现场施工实际完成状态三者的一致性。

3.2　茂名奥体中心体育场

3.2.1　工程概况与结构设计基本信息

茂名奥体中心项目位于茂名市共青新城，北侧为奥体大道，南侧为东成二街，西侧为中央景观湖，主体建筑包括一座体育场（下文简称茂名体育场）、体育馆及会展、游泳馆和配套滨江商业，总建筑面积约18万 m^2，主要功能为承办体育赛事及相关配套。

体育场观众座位约 28000 个。体育场屋盖为轻微上拱型完整闭合屋面。体育场屋面与立面均为斜向布置的折板形屋盖，屋面与立面一体化设计，屋面采用直立锁边金属屋面系统，立面采用铝板幕墙，以均匀分布的菱形网格开洞表现建筑立面语言。

体育场屋盖钢结构结合建筑造型布置，东西南北均对称布置。屋盖在东西侧看台结构最高点的结构标高约为 39m，南北侧看台结构最高点标高为 37m。体育场平面投影为正圆形，直径为 240m，结构在东西侧看台最大悬挑长度为 39m，南北侧看台最小悬挑长度为 23m。立面可视为屋盖向下的延伸，与屋面形成一个完整的曲面造型。

结构体系如图 22 所示。

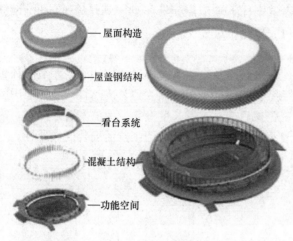

图 22 结构体系构成

标注：屋面构造、屋盖钢结构、看台系统、混凝土结构、功能空间

3.2.2 结构设计重点及难点

（1）建筑结构一体化设计

体育场建筑以"荔枝"为主题，屋面立面均采用棱形网格为基本元素。通过 grass-hopper 将建筑屋面立面分隔与结构布置一体化设计（图 23）。

建筑分隔尺寸对于结构受力来说较小，结构布置较密，用钢量大。采用主次网格布置（图 24），满足建筑表皮分隔的前提下使结构网格布置合理化，结构用量最小化。

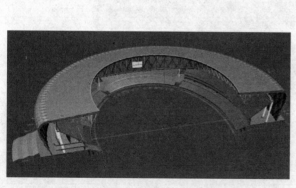

图 23 建筑结构一体化模型

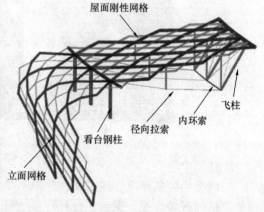

图 24 主次网格布置

标注：屋面刚性网格、飞柱、内环索、径向拉索、看台钢柱、立面网格

（2）屋面内环长短轴比值较大

建筑内环大开洞长轴长度为 170m，短轴长度为 140m，长短轴比值为 1.21。由上文可知，建议内环长短轴比值小于 1.15。本项目通过设置斜向飞柱，不改变主受压环的平面位置，将内环索的长短轴比值调整为 1.13。该措施有效减小了内环长短轴比值过大带来的不利影响。

（3）环索数量优化

结构环索由于受力较大，通常采用 6 根或者 8 根拉索。径向索与环索索夹尺寸巨大，且索夹由铸钢或锻件制成，自重大，给主体结构设计带来较大荷载，并为施工过程带来一定难度。

在保证安全系数与结构冗余度的前提下，将环索数量改为 4 根，将索夹尺寸控制在 1m×0.6m 的范围，大幅度减小索夹重量，为结构设计与施工带来便捷（图 25）。

图 25　索夹优化

（4）撑杆数量优化

该结构体系上弦为刚性棱形网格结构，整体结构刚度大，将内撑杆布置优化为一道，在满足结构安全性的前提下，进一步增加结构通透性（图 26）。

（5）马道设计创新

体育场马道通常设置于环带桁架旁。为保证在实现通透、轻盈的建筑效果的前提下不影响视觉效果，本工程马道设置于结构上方，使其不出现在看台观众视线中（图 27）。马道梁从内压环边缘悬挑设置，整体位于屋面上方。

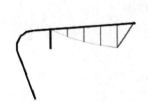

图 26　内撑杆数量优化　　　　图 27　马道设置示意

4. 结论

（1）本文主要从结构体系层面研究了几何参数、边界条件、荷载条件对大开口轮辐式半刚性张拉结构刚度、内力分布等结构特性的影响，并根据工程实践经验给出合理的取值范围。

（2）根据泰安文旅中心体育场与茂名奥体中心体育场工程实践案例，总结结构设计中对结构重点及难点采取的设计方法与解决思路。

（3）从考虑设计施工一体化角度，分析施工张拉的可行性、便捷性以及与设计假定的一致性，并对设计要点进行总结。

参考文献

[1] 张月强. 轮辐式张拉结构设计理论与分析方法研究[D]. 上海：同济大学，2015.
[2] 张峥. 轮辐式张拉结构体系选型与工程应用研究[D]. 上海：同济大学，2015.
[3] 冯远，向新岸，王恒，等. 大开口车辐式索承网格结构构建及其受力机制和找形研究[J]. 建筑结构学报，2019，40(3)：69-80.

12 大跨度胶合木空间网格结构研究进展

赵仕兴[1]，刘红波[2]，杨姝姮[1]，赵敬贤[2]，何　飞[1]，刘金员[2]

（1. 四川省建筑设计研究院有限公司，成都；2. 天津大学，天津）

摘　要：胶合木具有环保、强重比高等优点，已广泛应用于现代结构中。胶合木空间网格结构是具有代表性的大跨度胶合木空间结构，可分为胶合木网架结构、网壳结构、可展后成型网格结构和互承网格结构等。本文综述了胶合木空间网格结构的形式与发展，并从节点和整体结构力学性能等方面对其研究进展进行了阐述，最后提出了有待进一步研究的问题。本文对胶合木空间网格结构的研究具有一定参考意义，有利于促进相关工程应用的进一步发展。

关键词：胶合木空间网格结构，胶合木节点，改进胶合木节点，蠕变特性

Research Progress of Large-span Glulam Space Frame Structures

ZHAO Shixing[1], LIU Hongbo[2], YANG Shuheng[1], ZHAO Jingxian[2], HE Fei[1], LIU Jinyuan[2]

（1. Sichuan Provincial Architectural Design and Research Institute Co., Ltd., Chengdu;

2. School of Civil Engineering, Tianjin University, Tianjin）

Abstract: With the advantages of environmentally friendliness and high strength-to-weight ratio, glulam has been widely applied to modern structures. The glulam space frame structure is a representative large-span glulam spatial structure, which can be categorized as glulam space grid structure, geodesic dome, post formed gridshell, and reciprocal structure, etc.. A comprehensive review of the main research advances of the glulam space frame structure is presented and mainly expounded from the aspects of mechanical performance of joints and overall structures. Finally, the further researches worth investigating were put forward. This paper has certain reference significance for the research and can also promote the development of relative engineering applications.

Keywords: glulam space frame structures, glulam joints, improved glulam joints, creep characteristics

1. 引言

　　2020 年 9 月 22 日，在北京举行的第 75 届联合国大会上，习近平主席宣布了"碳达峰"的目标和"碳中和"的愿景[1]。据统计，2021 年我国碳排放量达 101.5 亿 t，约占全球碳排放量的 1/4，居世界首位，其中建筑业全寿命周期碳排放量约占我国碳排放总量的

1/2。建筑业作为国民经济重要支柱产业，同时又是高能耗、高污染、高碳排放的产业。因此，"双碳"目标的实现，建筑业任重而道远。木材是可再生材料，绿色、环保且强重比高，相比于高能耗、高碳排放建材如钢材、水泥等，目前引起了人们的广泛关注。现代木结构基本上采用胶合木，作为一种工程木制品，胶合木几乎可以制造成任何形状和尺寸。胶合木构件通常在工厂加工制作，单元的轻便性使运输问题得以简化，通过各种节点连接，便可实现在现场轻松快速地组装。因此，胶合木空间网格结构因其美观、舒适、轻便、工业化等优点，近年来越来越受欢迎。

基于此，本文结合理论研究与工程实践，从典型分类、节点连接、整体结构力学性能等方面，对大跨度胶合木空间网格结构的研究进展进行总结、归纳。

2. 大跨度胶合木空间网格结构

随着木材规格化、木构件生产标准化以及各类工程木（如层板胶合木、正交胶合木、定向木片板、平行木片胶合木等）的研发和应用，不仅提高了木材的强度，还使得木构件的截面和形式更加不受限制。因而近年来，国内外涌现出大量的木结构建筑。

胶合木空间网格结构是一种将胶合木构件按一定规律布置、通过节点连接而构成的空间结构，包括网架结构、网壳结构、可展后成型网格结构和互承网格结构等。

2.1 网架结构

网架结构是由多个构件通过节点连接而成，定义为一种轻型桁架式结构。按结构形式不同可分为：十字桁架系统、三角形锥体系统、四边形锥体系统及六边形锥体系统。网架结构利用构件的轴向力传递荷载，从而充分利用材料强度，节省材料成本，减轻结构重量。胶合木空间网架结构可用于剧院、展览馆、体育场馆等大跨度空间建筑。图1所示日本小国民町体育馆[2]是四棱锥空间网格结构的代表应用，长60m，宽40m。

图1　小国民町体育馆

2.2 网壳结构

R. Buckminster Fuller 构思并推广了将穹顶用作建筑的概念。网壳被定义为由多个相似的轻质单元组成的结构，这些单元形成一个圆顶形状的网格[3]。概括地说，它是一种由复杂的三角形或多边形网络组成的球形、圆柱形、抛物面形或自由曲面形空间网格结构，具有重量轻、受力可靠、美观等优点。图2（a）所示美国塔科马穹顶[4]是最著名的木制圆顶之一，直径为160m，高度为46m。

网壳结构的应用十分广泛，在我国，也不乏具有特色的现代胶合木网壳结构。较为著名的天津欢乐谷演艺厅，于2013年建成，跨度约85m，采用木结构单层球面网壳，是木结构在我国大型公共建筑中良好运用的范例［图2（b）］。上海崇明游泳馆，采用钢木组合单层网壳结构，跨度约60m［图2（c）］。太原植物园展览温室结构独特，采用三层双向交叉叠放胶合木网壳＋不锈钢拉索的新型结构体系［图 2（d）］，该结构荣获"IStructE 2021 世界结构大奖"。

(a) 塔科马穹顶　　　　　　　　　　　　　(b) 天津欢乐谷演艺厅

(c) 上海崇明游泳馆　　　　　　　　　　　(d) 太原植物园展览温室

图 2　胶合木网壳结构的工程应用

2.3　可展后成型的网格结构

可展后成型的网格结构技术最早由 Frei Otto 开发，将直木板条的扁平网格变形为弯曲形状，并在曼海姆网格结构[5]中得到了应用，如图 3 所示。截至目前，曼海姆网格结构仍是世界上最大的自支撑木格壳，屋顶跨度超过 60m，峰高约 19m。结构由单根铁杉板条用螺栓连接形成，构件主要表现为受压，从而能有效地承受垂直荷载。

2.4　互承网格结构

互承网格（Reciprocal frame）结构，也称为 Nexorade，是一种自支撑结构形式，其单个组件由其相邻构件支撑。互承网格结构可以由相互支撑的线性构件构成，并以某种方式排列以形成一个封闭的单元，如图 4 所示。

图 3　曼海姆网格结构　　　　　　　　图 4　互承网格结构实例

3. 胶合木节点

胶合木工程项目中，节点通常是结构设计的关键，也是整个建筑结构安全可靠的保证。胶合木工程在大跨度和高层建筑领域的快速发展与进步，对节点的可靠性、承载力和刚度提出了更高的要求[6]。现有的胶合木节点按照连接方式主要有榫卯节点、胶接节点、销式节点和植筋节点。榫卯节点是在两个构件上采用凹凸部位相结合的一种衔接方式，在我国古建筑中大量运用，节点呈现典型的半刚性特性，有一定的抗拉压、抗弯和抗扭能力。胶接节点，顾名思义，即利用胶粘剂使构件连接起来，其胶接质量和性能好坏受多种因素的影响。销式节点是采用销轴类紧固件将构件连成一体的连接方式，具有紧密性好、韧性充分、安全可靠、施工便捷等特点。植筋节点是利用环保型胶粘剂将钢杆植入带有预留孔洞的胶合木构件的连接方式，可提供较高的抗弯刚度。考虑到力传递的可靠性、施工的方便性和成本的经济性要求，在胶合木空间网格结构中，销式节点［图5（a）、（b）］和植筋节点［图5（c）］是应用最广泛的两种节点。

(a) 销式节点一　　　　(b)销式节点二　　　　(c)植筋节点

图5　典型的胶合木节点

3.1 销式节点

销式紧固件包括螺栓、自攻螺钉、钉子和销钉，其共同点是力通过木材和紧固件之间的界面从木材传递到紧固件。K·W·Johansen 教授首先将屈服理论应用于木材紧固件[7]，失效模式总结如表1所示。模式Ⅰ和Ⅱ仅涉及构件的破坏，紧固件保持刚性；模式Ⅲ和Ⅳ分别为紧固件的单塑性铰和双塑性铰破坏。

销式紧固件的失效模式　　　　　　　　　　　　　表1

失效模式	Ⅰm	Ⅰs	Ⅱ	Ⅲm	Ⅲs	Ⅳ
单向剪切						
双向剪切			—			

对于胶合板螺栓连接，嵌入强度是设计过程中采用的一个重要参数，广泛的研究集中在单个螺栓的性能及其嵌入强度上[8-11]。此外，欧洲规范[12]、美国规范[13]和中国规范[14]提出了估算单个螺栓的嵌入强度和抗剪能力的设计公式。通常，多螺栓节点的设计是基于

单个螺栓的性能，然而，多螺栓节点的力学性能不能通过把所有螺栓的力学性能简单叠加计算。目前，国内外已对多螺栓节点的静力[15-25]和动力性能[16,19,26]进行了广泛的试验研究，研究发现，螺栓连接的承载能力和失效模式与材料性能[15,16]、螺栓布置[17-19]、几何形状[19-21]、加载方向[21]和初始裂纹[22-26]有关。使用小直径螺栓可以实现相对较大的耗能性能和延性，并且在螺栓连接的胶合木节点中首选细长螺栓以避免脆性破坏模式[26]。文献［27］、［28］提出并研究了几种用于空间网格结构的螺栓连接，如图6所示。

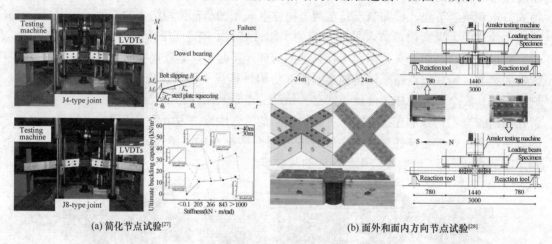

(a) 简化节点试验[27]　　　　　　　　　　　　(b) 面外和面内方向节点试验[28]

图6　胶合木空间网格结构中的螺栓节点

相关研究表明，由于螺钉与螺孔之间的紧密接触，螺钉节点可以克服传统螺栓节点转动刚度低的缺点。文献［29］～［34］报道了自攻螺钉用作木材节点中的一种抗剪连接件的研究。在避免自攻螺钉拔出失败的情况下，文献［35］～［40］对自攻螺钉作为抗弯节点的紧固件进行了试验分析和数值研究，结果表明了自攻螺钉的应用前景极为广阔。自攻螺钉用作紧固件能够组成具有相当强度和刚度的节点。

关于现代大跨度木结构常用的梁式连接节点，笔者研究了不同参数对大尺寸胶合木钢填板螺栓连接节点（截面高度≥600mm）受力性能的影响，通过抗弯试验研究，得到了不同参数下节点的抗弯刚度、承载力及变化规律，并提出了不同开裂模式下开裂荷载和抗弯刚度的计算方法及节点的弯矩转角曲线，如图7所示。

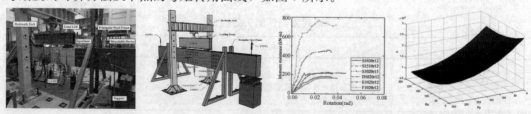

图7　大尺寸胶合木钢填板节点抗弯性能

3.2　植筋节点

销式节点的加工需要高精度，以便正确插入销钉并连接。因此，植筋（GIR）节点因其现场施工方便的优点得到了普及。

自 20 世纪 80 年代以来，有关植筋节点的研究持续不断。大多数研究都集中在单个植筋的轴向拉出强度[41-44]。单根植筋的轴向拉拔强度取决于各种参数，例如锚固长度[42-43,48-54]、胶接厚度[42,43,51-53]、植筋直径[50-54]、木材密度[49,56]、胶粘剂类型[52,55-56,58]、工程木类型[44,57,58] 和植筋类型[44,56]。单植筋节点有四种失效模式，即木材剪切破坏引起的杆拔出、木构件的拉伸破坏、木材的劈裂和杆的屈服（表 2）。文献 [45]、[46] 中广泛采用杆直径的 2.5 倍（即 2.5d）作为最小边缘距离，其他研究也建议最小边缘距离为 1.5d[47] 和 3.5d[48]。

对于多植筋节点，除了上述失效模式外，还可以观察到剪切块失效（表 2）。对于平行于纹理的胶合，已有研究提出了不同的最小杆间距值：2d[59]、3d[60]、4d[12] 和 5d[46]。基于杆径、杆长细比、杆距与杆径、杆数等主要影响因素，有学者提出了以植筋拔出为初始失效时的经验公式[61,62]。文献 [63]、[64] 专门提出并研究了几种用于空间网格结构的植筋节点，如图 8 所示。

胶合节点失效模式[41]   表 2

失效模式	杆拔出	拉伸断裂失效	劈裂失效	杆的屈服	剪切块失效（多植筋节点）
示意图	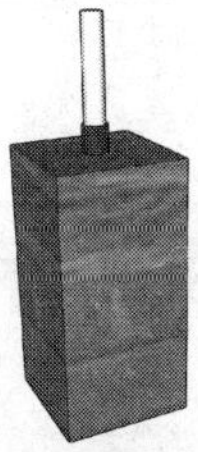	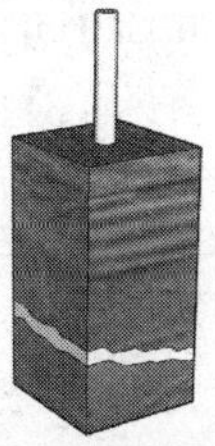	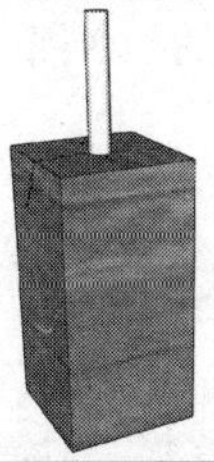		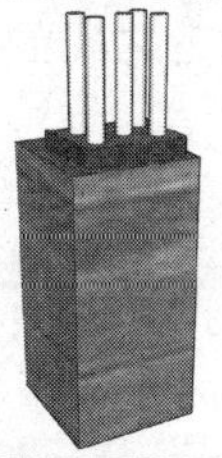

(a) 胶合杆接头[63]   (b) 带有胶合杆的圆顶钢接头[64]

图 8　胶合木空间网格结构中的植筋接头

3.3　改进胶合木节点

现代胶合木构件之间的连接一般采用金属连接件。木材和金属材不同的材料特性决定

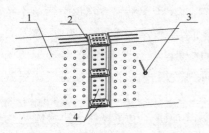

1—木构件；2—组合件；3—螺栓；4—夹板

图9 可调式木结构隐藏式拼接节点

了该连接方式相较于钢结构、混凝土结构有独特的要求。在现代复杂胶合木空间网格结构中，常规木结构节点往往具有一定局限性，因而各类改进胶合木节点不断涌现。笔者结合工程实践经验，对木结构节点进行了初步探究，提出了多种改进胶合木节点。

3.3.1 可调式木结构隐藏式拼接节点

为了适应构件加工的误差和安装时的变形，提出一种可调式木结构隐藏式拼接节点（图9），以解决构件长度误差带来的施工问题，实现节点长度方向的可调节性。该拼接节点包括木构件、螺栓、组合件和夹板，通过在夹板上开长圆孔，使得夹板和连接板通过螺栓连接后，可沿木系构件的长度方向移动来实现。

3.3.2 缓解应力集中的木结构连接节点

木材在温度或湿度等外界环境的改变下，会产生木料尺寸的收缩或膨胀，加之木结构节点在施工时面对木料尺寸误差难以调整，因而节点极易出现应力集中。缓解应力集中的木结构连接节点（图10）通过螺纹套连接两个钢连接件的螺杆，可在现场施工时灵活调节两者之间的间距，实现了连接节点的可调整性，降低应力集中的影响。

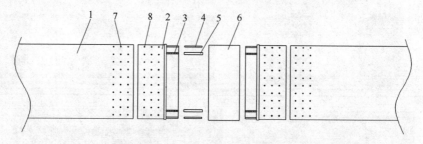

1—胶合木梁；2—钢连接件；3—螺杆；4—第一连接板；5—螺纹套；
6—第二连接板；7—第一固定螺孔；8—第二固定螺孔

图10 缓解应力集中的木结构连接节点

3.3.3 预应力胶合木钢填板螺栓连接节点

预应力胶合木钢填板螺栓连接节点是针对最为常用的销式节点改进而成，以解决其劈裂破坏问题的节点，由胶合木梁、钢填板、螺栓、高强钢带和锁扣组成（图11）。通过试验研究发现，预应力钢带能有效延缓胶合木螺栓连接节点发生脆性劈裂破坏，阻止裂缝扩

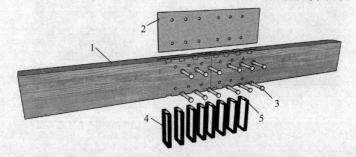

1—胶合木梁；2—钢填板；3—螺栓；4—高强钢带；5—锁扣

图11 预应力胶合木钢填板螺栓连接节点

展，增强了胶合木梁和钢填板的协同工作性能，提高节点的承载力和延性。

4. 胶合木空间网格结构的力学性能

4.1　静力稳定性

无论是由木材、钢材或是铝材构成，空间网格结构的关键问题都是整体稳定或者局部稳定。Ramm 和 Stegmuller [65] 提出了通过有限元位移法对壳体稳定性分析的综合研究。文献［66］对现有木空间结构的有限元分析进行了回顾，包括径向肋圆顶、网状圆顶和其他旋转对称结构。考虑到高径比的变化、网格密度、檩条数量的变化，评估了木网壳的受力性能[67,68]。铰接节点的假定会使胶合木结构难以满足设计要求，而刚性节点的假设可能会高估其承载能力，因此，有研究采用增加连接节点屈服度的方法来研究现有木网壳的稳定性，得出网壳稳定性易受长细比和节点刚度降低相互作用影响的结论[69]。为了进一步研究木空间网格结构的静力稳定性和抗震性能，对木网壳进行了一系列静力试验[70-74]和动力试验[74,75]。现有的试验研究总结如图 12 所示。

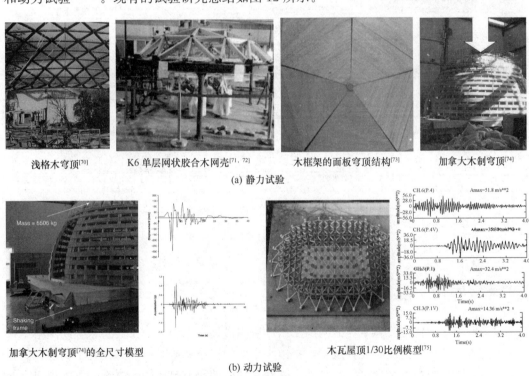

浅格木穹顶[70]　　K6 单层网状胶合木网壳[71, 72]　　木框架的面板穹顶结构[73]　　加拿大木制穹顶[74]

(a) 静力试验

加拿大木制穹顶[74]的全尺寸模型　　　　　　　　木瓦屋顶1/30比例模型[75]

(b) 动力试验

图 12　木空间网格结构试验

4.2　蠕变特性

蠕变是木材和工程木制品与其他材料区分开来的特征之一。蠕变对结构的影响值得研究，以便预测结构的长期性能。早在 1740 年就有学者对木材的蠕变进行了研究。布冯对橡木梁进行了试验，以确定长期承载的安全荷载[76]。从那时起，木材和木结构的蠕变一直是研究的焦点[77-80]。

哈米德等[81]研究了球形浅混凝土穹顶的时间相关性能，发现材料的蠕变在结构的长期性能中起着至关重要的作用，并可能导致穹顶的蠕变屈曲。然而，与蠕变相关的木空间网格结构的屈曲至今仍是一个未解决的问题。如图13（a）所示，有研究在2001～2013年对典型的屋顶木结构进行了长期测量，发现变形的实际值很小，结构静态模型与理论变形模型能够很好地吻合[82]。如图13（b）所示，有研究开发了预测单层网壳长期性能的有限元模型，通过分析揭示了壳体蠕变屈曲荷载与屈曲时间之间的相互依赖关系，定义了网壳在使用寿命期间的抗屈曲安全荷载[83]。

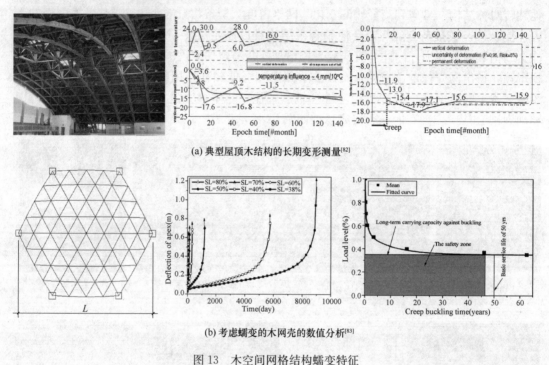

(a) 典型屋顶木结构的长期变形测量[82]

(b) 考虑蠕变的木网壳的数值分析[83]

图13　木空间网格结构蠕变特征

5. 结论与展望

本文回顾了大跨度胶合木空间网格结构的研究进展，系统介绍了胶合木空间网格结构现有主要节点形式的性能和研究现状，提出了空间网格结构研究应注意的几个问题，如整体稳定性和蠕变特性。结合当前胶合木空间网格结构的研究与应用，提出如下值得研究的课题：

（1）在实际工程中考虑常规胶合木节点承载力不足和延性低的问题并进行改进。尽管以往研究中已经研究了各种加固方法，但加固效果有限。因此，对传力可靠、施工方便、成本经济的改进胶合木节点的研究具有重要意义。

（2）木材易受周围环境气候的影响，发生自然吸附过程，因此应进行调查研究，确定与蠕变和机械吸附性能相关的材料参数。

（3）现阶段虽然已有一些关于木构件在火灾下的力学性能的研究，但火灾对胶合木空间网格结构的影响仍是一个未深度触及的问题。

参考文献

[1]   Runa A，Zhang Z B，Zhang H. Carbon emission peak and carbon neutrality under the new target and vision[C]. 2021 International Conference on Advanced Electrical Equipment and Reliable Operation，AEERO，2021.

[2]   斋藤公男. 空间结构的发展与展望——空间结构设计的过去·现在·未来[M]. 季小莲，徐华，译. 北京：中国建筑工业出版社，2007.

[3]   HARRIS C M. dictionary of architecture and construction[M]. New York：McGraw-Hill，2005.

[4]   GILHAM P C. The tacoma dome：a case history of a successful timber multipurpose arena[J]. World architecture，2002(9)：80-81.

[5]   LIDDELL I. Frei Otto and the development of grid shells[J]. Case Studies in Structural Engineering，2015(4)：39-49.

[6]   MCLAIN T E. Connectors and fasteners：research needs and goals[M]//Fridley K J. Wood Engineering in the 21st Century. Reston：ASCE，1998：56-69.

[7]   JOHANSEN K W. Theory of timber connections[M]. Bern：International Association of Bridge and Structural Engineering，1949.

[8]   JORISSEN A J M. Double shear timber connections with dowel type fasteners[M]. Netherlands：Delft University Press Delft，1998.

[9]   KEI S，TAKANOBU S，SATORU K. Estimation of shear strength of dowel-type timber connections with multiple slotted-in steel plates by european yield theory[J]. Journal of Wood Science，2006(52)：496-502.

[10]   SANTOS C L，DE JESUS A M P，MORAIS J J L，et al. Quasi-static Mechanical Behaviour of a Double-shear Single Dowel Wood Connection[J]. Construction and Building Materials，2009(23)：171-182.

[11]   DONG W Q，WANG Z Q，ZHOU J H，et al. Embedment strength of smooth dowel-type fasteners in cross-laminated timber[J]. Construction and Building Materials，2020(233)：117-243.

[12]   European Committee for Standardization (CEN). Eurocode 5—Design of timber structures. Part 1-1. General. Common rules and rules for buildings：EN 1995-1-1[S]. Brussels，Belgium，2004.

[13]   American Forest & Paper Association (AF&PA). National design specification for wood construction：NDS 2015[S]. Washington D C，USA，2015.

[14]   住房和城乡建设部. 木结构设计标准：GB/T 50005—2017[S]. 北京：中国建筑工业出版社，2017.

[15]   DAVIS T J，CLAISSE P A. Bolted joints in glulam and structural timber composites[J]. Construction and Building Materials，2004(14)：407-417.

[16]   GEISER M，FURRER L，KRAMER L，et al. Investigations of connection detailing and steel properties for high ductility doweled timber connections[J]. Construction and Building Materials，2022(324)：126670.

[17]   AWALUDIN A，SMITTAKORN W，HAYASHIKAWA T，et al. M-θ curve of timber connection with various bolt arrangements under monotonic loading[J]. Journal of Structural Engineering，2007(53)：853-862.

[18] XU B H, BOUCHAÏR A, RACHER P. Mechanical behavior and modeling of dowelled steel-to-timber moment-resisting connections[J]. Journal of Structural Engineering, 2014(141): 04014165.

[19] SHU Z, LI Z, YU X S, et al. Rotational performance of glulam bolted joints: experimental investigation and analytical approach[J]. Construction and Building Materials, 2019(213): 675-695.

[20] LEIJTEN A J M, SCHOENMAKERS J C M. Timber beams loaded perpendicular to grain by multiple connections[J]. Engineering Structures, 2014(80): 147-152.

[21] CAO J X, XIONG H B, LIU Y Y. Experimental study and analytical model of bolted connections under monotonic loading[J]. Construction and Building Materials, 2021(270): 121380.

[22] HE M J, ZHANG J, LI Z. Influence of cracks on the mechanical performance of dowel type glulam bolted joints[J]. Construction and Building Materials, 2017(153): 445-452.

[23] ZHANG J, HE M J, LI Z. Mechanical performance assessment of bolted glulam joints with local cracks[J]. Journal of Materials in Civil Engineering, 2018(30).

[24] TIAN P P, QIU H X, WANG H Y. Influence of shrinkage cracks on the mechanical properties of bolted-type glulam joint with slotted-in steel plate: experimental study[J]. Journal of Building Engineering, 2021(44): 102632.

[25] ZHANG J, HE M J, LI Z. Numerical analysis on tensile performance of bolted glulam joints with initial local cracks[J]. Journal of Wood Science, 2018(64): 364-376.

[26] ZHANG J, LIU Z F, XU Y, et al. Cyclic behavior and modeling of bolted glulam joint with cracks loaded parallel to grain[J]. Advances in Civil Engineering, 2021(5): 1-16.

[27] SHU Z, LI Z, HE M J, et al. Bolted joints for small and medium reticulated timber domes: experimental study, numerical simulation, and design strength estimation[J]. Archives of Civil and Mechanical Engineering, 2020(20).

[28] HARADA H, NAKAJIMA S, YAMAZAKI Y, et al. Rotational stiffness and bending strength of steel connections in timber lattice shell[J]. Journal of Structural and Construction Engineering (Transactions of AIJ), 2018(83): 577-587.

[29] BEJTKA I, BLAB H J. Screws with continuous threads in timber connections[C]//RILEM Symposium. Joints in timber structures, Proceedings PRO 22. Stuttgart, Germany, 2001.

[30] [28]BEJTKA I, BLAB H J. Joints with inclined screws[C]//CIB Working Commission W18—Timber structure. Proceedings from meeting thirty-five of the international council for building research studies and documentation. Kyoto, Japan, 2002.

[31] TOMASI R, CROSATTI A, PIAZZA M. Theoretical and experimental analysis of timber-to-timber joints connected with inclined screws [J]. Construction and Building Materials, 2010 (24): 1560-1571.

[32] JOCKWER R, STEIGER R, FRANGI A. Fully threaded self-tapping screws subjected to combined axial and lateral loading with different load to grain angles[J]. RILEM Bookseries, 2014(9): 265-272.

[33] GIRHAMMAR U A, JACQUIER N, KALLSNER B. Stiffness model for inclined screws in shear-tension mode in timber-to-timber joints[J]. Engineering Structures, 2017(136): 580-595.

[34] BEDON C, FRAGIACOMO M. Numerical analysis of timber-to-timber joints and composite beams with inclined self-tapping screws[J]. Composite Structures, 2019(207): 13-28.

[35] ELLINGSBØ P, MALO K A. Cantilever glulam beam fastened with long threaded steel rods[C]// Proceedings of WCTE 2010—World conference on timber engineering. Trentino, Italy, 2010.

[36] MALO K A, STAMATOPOULOS H. Connections with threaded rods in moment resisting frames[C]//Pro-

ceedings of WCTE 2016—World conference on timber engineering. Vienna, Austria, 2016.

[37] VILGUTS A, MALO K A, STAMATOPOULOS H. Moment resisting frames and connections using threaded rods in beam-to-column timber joints[C]//Proceedings of WCTE 2018—World conference on timber engineering. Seoul, Republic of Korea, 2018.

[38] KASAL B, GUINDOS P, POLOCOSER T, et al. Heavy laminated timber frames with rigid three-dimensional beam-to-column connections[J]. Journal of Performance of Constructed Facilities, 2014(28): A4014014.

[39] KOMATSU K, TENG Q, LI Z, et al. Experimental and analytical investigation on the nonlinear behaviors of glulam moment-resisting joints composed of inclined self-tapping screws with steel side plates[J]. Advances in Structural Engineering, 2019(22): 3190-3206.

[40] FANG L, QU W, ZHANG S. Rotational behavior of glulam moment-resisting connections with long self-tapping screws[J]. Construction and Building Materials, 2022(324): 126604.

[41] TLUSTOCHOWICZ G, SERRANO E, STEIGER R. State-of-the-art review on timber connections with glued-in steel rods[J]. Materials and Structures, 2011(44): 997-1020.

[42] LING Z, YANG H, LIU W, et al. Pull-out strength and bond behaviour of axially loaded rebar glued-in glulam[J]. Construction and Building Materials, 2014(65): 440-449.

[43] LING Z, LIU W, LAM F, et al. Bond behavior between softwood glulam and epoxy bonded-in threaded steel rod[J]. Journal of Materials in Civil Engineering, 2016(28): 06015011.

[44] GRUNWALD C, VALL'EE T, FECHT S, et al. Rods glued in engineered hardwood products part i: experimental results under quasi-static loading[J]. International Journal of Adhesion and Adhesives, 2019(90): 163-181.

[45] BLAB H J, LASKEWITZ B. Effects of spacing and edge distance on the axial strength of glued in rods[C]//CIB Int. Council for Research and Innovation. Proceedings 32nd Meeting of the Working Commission W18-Timber Structures. Graz, Australia, 1999.

[46] Deutsches Institut fuʳr Normung e. V. DIN. Norm DIN 1052: 2004-08 Entwurf, Berechnung und Bemessung von Holzbauwerken. DIN[S]. Berlin, Germany, 2004.

[47] JOHANSSON C J. Glued-in Bolts: Timber engineering, Step 1 Basis of design, material properties, structural components and joints[M]. Netherlands: Centrum Hout, Almere, 1995.

[48] O'NEILL C, MCPOLIN D, TAYLOR S E, et al. Glued-in basalt FRP rods under combined axial force and bending moment: an experimental study[J]. Composite Structures, 2018(186): 267-273.

[49] STEIGER R, GEHRI E, WIDMANN R. Pull-out strength of axially loaded steel rods bonded in glulam parallel to the grain[J]. Materials and Structures, 2006(40): 69-78.

[50] ROSSIGNON A, ESPION B. Experimental assessment of the pull-out strength of single rods bonded in glulam parallel to the grain[J]. Holz Roh-Werkst, 2008(66): 419-432.

[51] 聂玉静. 胶合木植筋抗拔性能研究[D]. 北京: 中国林业科学研究院, 2012.

[52] BROUGHTON J G, HUTCHINSON A R. Pull-out behaviour of steel rods bonded into timber[J]. Materials and Structures, 2006(34): 100-109.

[53] OTERO CHANS D, CIMADEVILA J E, MARTÍN G E. Influence of the geometric and material characteristics on the strength of glued joints made in chestnut timber[J]. Materials and Design, 2009(30): 1325-1332.

[54] YAN Y, LIU H, ZHANG X, et al. The effect of depth and diameter of glued-in rods on pull-out connection strength of bamboo glulam[J]. Journal of Wood Science, 2016(62): 109-115.

[55] FELIGIONI L, LAVISCI P, DUCHANOIS G, et al. Influence of glue rheology and joint thickness

on the strength of bonded-in rods[J]. Holz Roh-Werkst, 2003(61): 281-287.

[56] SERRANO E. Glued-in rods for timber structures—An experimental study of softening behaviour [J]. Materials and Structures, 2001(34): 228-234.

[57] OTERO CHANS M D, CIMADEVILA J E, GUTI′ERREZ E M, et al. Influence of timber density on the axial strength of joints made with glued-in steel rods: an experimental approach[J]. International Journal of Adhesion & Adhesives, 2010(30): 380-385.

[58] KONNERTH J, KLUGE M, SCHWEIZER G, et al. Survey of selected adhesive bonding properties of nine european softwood and hardwood species[J]. European Journal of Wood and Wood Products, 2016(74): 809-819.

[59] JOHANSSON C J. Glued-in bolts[M]//Blass H J. Timber Engineering STEP 1-lecture C14. 1st Ed. , Centrum Hout, Almere, Netherlands, C14/1-C14/7, 1995.

[60] FAYE C, LE MAGOROU L, MORLIER P, SURLEAU J. French data concerning glued-in rods [C]//CIB Int. Council for Research and Innovation. Proceedings 37th meeting of the working commission W18—Timber structures. Edinburgh, Scotland, 2004.

[61] XU B H, LI D F, ZHAO Y H, et al. Load-carrying capacity of timber joints with multiple glued-in steel rods loaded parallel to grain[J]. Engineering Structures, 2020(225): 111302.

[62] NAVARATNAM S, THAMBOO J, PONNAMPALAM T, et al. Mechanical performance of glued-in rod glulam beam to column moment connection: an experimental study[J]. Journal of Building Engineering, 2022(50): 104131.

[63] HÄRING C. Dome structures. Saldome 2[M]. Seminário Coberturas de Madeira, P. B. Lourenço e J. M. Branco (eds.), 2012.

[64] VAŠEK M. Semi-rigid timber frame and space structure connections by glued-in rods[M]. Prague, Czech Republic, 2008.

[65] RAMM E, STEGMULLER H. The displacement finite element method in nonlinear buckling analysis of shells[C]//Proceedings of a state-of-the-art colloquium in buckling of shells. University at Stuttgart, Germany, 1982.

[66] HOLZER S M, DAVALOS J F, HUANG C V. A Review of finite element stability investigations of spatial wood structures[J]. Bulletin of the International Association for Shell and Spatial Structures, 1990(31): 161-171.

[67] PAN D H, GIRHAMMAR U A. Influence of geometrical parameters on behavior of reticulated timber domes[J]. International Journal of Space Structures, 2003(18).

[68] PAN D H, GIRHAMMAR U A. Effect of ring beam stiffness on behavior of reticulated timber domes[J]. International Journal of Space Structures, 2005(20).

[69] Manuello A. Semi-rigid connection in timber structure: stiffness reduction and instability interaction [J]. International Journal of Structural Stability and Dynamics, 2020(20): 050072.

[70] SHAN W, ODA K, HANGAI Y, et al. Design and static behaviour of a shallow lattice wooden dome[J]. Engineering Structures, 1994(16): 602-608.

[71] LUO W, LU W D, SUN X L, et al. Overall stability test of semi-rigid single-layer spherical reticulated shells[J]. Journal of Nanjing Tech University (Natural Science Edition), 2016(38).

[72] SUN X L, LIU W Q, LU W D, et al. Experimental investigation on mechanical performance of k6 single-layer reticulated glulam shells[J]. Journal of Building Structures, 2017(38).

[73] YING G, MASAMITSU O. Deformation analysis of timber-framed panel dome structure I: simulation of a dome model connected by elastic springs[J]. Journal of Wood Science, 2007(53): 100-107.

[74] MEHDI H K, KHARRAZI, ELDEIB S, et al. Experimental evaluation of an orthotropic monolith-ic, modular wooden-dome structural system[J]. Canadian Journal of Civil Engineering, 2008(35): 1163-1176.

[75] LJUBOMIR T, LIDIJA K. Shaking table test of 1/30 scale model of palasport in Bologna with tim-ber shell roof structure[J]. Advanced Materials Research, 2013(778): 503-510.

[76] Buffon G L. Experiences sur la Force du Bois[J]. Paris L'Academic Royale des Sciences, Histoire et Memoires, 1740(292): 453-467.

[77] Wood L W. Behaviour of wood under continued loading[J]. Eng News-Record, 1947(139): 108-111.

[78] WOOD L. W. Relation of strength of wood to duration of stress[R]. Madison (WI, USA): USDA Forest Products Laboratory, 1951.

[79] WILLIAM S. Clouser, creep of small wood beams under constant bending load[R]. Forest Products Laboratory, Forest Service U. S. Department of Agriculture, 1959.

[80] MADSEN B, BARRETT J D. Time strength relationship for lumber[R]. Structural research series report No. 13. Vancouver (Canada): University of British Columbia, 1976.

[81] HAMED E, BRADFORD M, GILBERT R. Time-dependent and thermal behavior of spherical shal-low concrete domes[J]. Engineering Structures, 2009(31): 1919-1929.

[82] BUREŠ J, ŠVÁBENSKÝ O, KALINA M. Long-term deformation measurements of a typical roof timber structures[J]. Geoinformatics Fce Ctu, 2014(12): 22-27.

[83] ZHOU H Z, FAN F, ZHU E C. Buckling of reticulated laminated veneer lumber shells in considera-tion of the creep[J]. Engineering Structures, 2010(32): 2912-2918.

13　大跨度空间结构支座隔减震中的理论问题探讨

支旭东[1,2]，梁倪漪[1,2]，聂桂波[3]

（1. 哈尔滨工业大学，结构工程灾变与控制教育部重点实验室，哈尔滨；

2. 哈尔滨工业大学，土木工程智能防灾减灾工信部重点实验室，哈尔滨；

3. 中国地震局工程力学研究所，中国地震局地震工程与工程地震重点实验室，哈尔滨）

摘　要：为深入掌握大跨度空间结构的支座隔减震机理，本文以网壳结构为例，研究了采用三维隔震的必要性，讨论了隔震与减震对结构的控制影响，分析了长周期空间结构的隔震适用性，并结合振动台试验对支座隔震层的设置位置给出应用建议。研究结果表明，仅设置水平隔震支座可能放大结构的竖向振动响应，需采用三维隔震支座才能获得更好的振动控制效果。支座的隔震与耗能减震随频率比、阻尼比的改变表现出不同的控制机理。为实现长周期空间结构的振动控制，应同时应用支座隔震与耗能减震，以控制隔震层变形。对于大跨度空间结构的隔震层，宜在屋盖支座与基础顶部同时设置，才能取得对屋盖的最佳隔震效果。

关键词：大跨度空间结构，隔减震机理，三维隔震，长周期，隔震层

Discussion on Theoretical Problems of Bearing Isolation and Vibration Reduction for Long-span Spatial Structures

ZHI Xudong[1,2]，LIANG Niyi[1,2]，NIE Guibo[3]

（1. Key Lab of Structural Engineering Disaster Control，Harbin Institute of Technology，Harbin；

2. Key Lab of Civil Engineering Intelligent Disaster Prevention and Mitigation

Control，Harbin Institute of Technology，Harbin；

3. Key Laboratory of Earthquake Engineering and Engineering Vibration，Institute of

Engineering Mechanics，China Earthquake Administration，Harbin）

Abstract：In order to deeply understand the mechanism of bearing isolation and vibration reduction of long-span spatial structures, this paper takes reticulated shell structure as an example to study the necessity of using three-dimensional isolation, discuss the control effects of isolation and damping on the structure, analyze the isolation applicability of long-period spatial structures and give application suggestions on the location of bearing isolation layer in combination with shaking table test. The results show that the vertical vibration response of the structure can be amplified by only setting the horizontal isolation bearing, and the better vibration control effect can be obtained by using three-dimensional isolation bearings. The isolation and energy dissipation of bearings show different control mechanisms with the change of frequency ratio and damping ratio. In order to control the vibration of long-period spatial structures, both bearing isolation and energy dissipation should be used to control the deformation of the isolation layer. For long-span spatial structures, the isolation layer should be set at the top of the roof support and foundation at the same time, so as to achieve the best isolation effect.

Keywords：long-span spatial structures，isolation and damping mechanism，three-dimensional isolation，long-period，isolation layer

1. 引言

大跨度空间结构由于具有用料经济、造型优美等特点，被重要和标志性建筑广泛采用；同时由于其受力合理、使用空间大，常作为地震灾后的避难场所。因此，合理运用隔减震技术减轻空间结构的震后损伤程度具有重要意义。国内外学者针对大跨度空间结构的支座隔减震问题已经开展了较多的工作。国内学者[1,2]较早探讨了板式橡胶支座在空间结构中的应用。随后有学者陆续对摩擦摆支座[3-6]、铅芯橡胶隔震支座[7,8]、三维复合隔震支座[9-11]等的隔减震效果进行了较为系统的讨论。隔震技术也已在空间结构工程中得到应用，如日本京都水上娱乐中心采用叠层橡胶支座和U型钢阻尼器有效地减小了屋盖结构的地震响应[12]；美国旧金山国际机场候机大厅采用摩擦摆支座对大跨度桁架结构进行隔震[13]；国内的北京大兴国际机场，其隔震层采用多种隔震支座组合的形式，成为目前全球最大的单体隔震建筑[14]。

但大跨度空间结构体系复杂，结构动力特性具有显著不同特点，因此大跨度空间结构的隔震机理问题具有特殊性，一些关键的理论问题尚不清晰。具体包括：前期的研究表明，大跨度空间结构即使采用水平隔震，减震率已较好，如采用三维隔震则效果更佳[15,16]，但"水平"和"竖向"的减震率比重以及二者之间是否存在耦合效应尚不明确。一些隔震装置往往同时具有支座隔震和耗能减震的效果，如摩擦摆支座除了具有较强的隔震能力外，还具有滑动摩擦提供的耗能性能[17-19]，铅芯橡胶支座由于铅芯的高阻尼特性而具有耗能能力，故还应从原理上明确支座隔震与减震对大跨度空间结构的振动控制机理。一些空间结构往往具有跨度较大、结构刚度偏小的特点，因此在探讨大跨度空间结构隔减震机理时，应对长周期结构的隔震效果及适用的方法展开分析，同时还应考虑隔震层设置位置不同对屋盖结构的控制影响等。本文即针对以上理论问题展开讨论，希望可为大跨度空间结构的隔减震应用提供有用的理论支持。

2. 三维隔震的必要性讨论

2.1　结构模型及分析参数

本文中的数值分析利用通用有限元软件 ABAQUS，以K6型单层球面网壳为例展开讨论，结构几何形状及杆件布置如图1所示，隔震支座设置在网壳结构最外环环杆节点处。结构的设计满足《空间网格结构技术规程》JGJ 7—2010 的[20]相关规定，支座性能参数及设置在常用范围内选取，如表1所示。

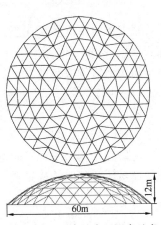

12m

60m

图1　K6型单层球面网壳示意

隔震支座参数   表 1

支座类型	支座性能	刚度系数（N/m）	
		水平	竖向
水平隔震支座	水平隔震	2×10^5	—
三维隔震支座	水平＋竖向隔震	2×10^5	5×10^6

2.2 隔震效果的理论分析

对无隔震与表 1 所示支座类型共计三种情况的网壳结构分别进行模态分析，绘出结构水平和竖向地震影响系数曲线[21]如图 2 所示。采用水平隔震支座时，结构水平第一周期延长了 392.05%，地震影响系数降低了 78.15%；结构竖向第一周期仅延长了 4.75%，地震影响系数降低了 5.17%。采用三维隔震支座时，结构水平第一周期延长了 392.82%，地震影响系数降低了 78.19%；结构竖向第一周期延长了 42.18%，地震影响系数降低了 29.35%。以上数据说明，隔震支座中的水平隔震分量能有效延长结构水平自振周期，但无法延长结构竖向自振周期，对竖向振动的隔震效果将较弱；同理，隔震支座中竖向隔震分量无法有效延长结构水平自振周期。

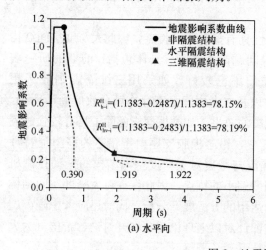
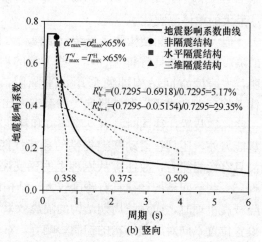

图 2　地震影响系数曲线

根据单自由度体系在正弦荷载作用下的运动方程[22]，可推导出隔震体系的传递系数如式（1）所示。传递系数定义为结构地震响应幅值与基底响应幅值之比，故当 TR>1 时，结构地震响应被放大；当 TR<1 时，结构地震响应降低。

$$TR = \sqrt{\frac{1+(2\xi\beta)^2}{[1-\beta^2]^2+(2\xi\beta)^2}} \tag{1}$$

式中，TR 为传递系数；ξ 为阻尼比；β 为频率比。

为研究结构水平和竖向地震响应，根据结构自振频率将隔震结构传递系数解耦为水平向传递系数和竖向传递系数，如式（2）和式（3）所示。

$$TR_H = \sqrt{\frac{1+(2\xi\beta_H)^2}{[1-\beta_H^2]^2+(2\xi\beta_H)^2}} \tag{2}$$

$$TR_V = \sqrt{\frac{1 + (2\xi\beta_V)^2}{[1 - \beta_V^2]^2 + (2\xi\beta_V)^2}} \qquad (3)$$

式中，TR_H 为水平传递系数；TR_V 为竖向传递系数；β_H 为结构水平频率比；β_V 为结构竖向频率比。

水平隔震结构和三维隔震结构的水平响应和竖向响应传递系数曲线如图 3 所示。当采用水平隔震支座，激励频率在 0～5Hz 范围内，结构水平响应被放大；激励频率在 0～25Hz 范围内，结构竖向响应被放大，这是由于结构自振频率范围与激励频率较为接近，导致结构产生共振效应。当采用三维隔震支座，竖向响应被放大的激励频率范围缩小为 0～17Hz。故三维隔震支座能缩小结构竖向响应被放大的激励频率范围，有效缓解结构竖向响应被放大的现象。

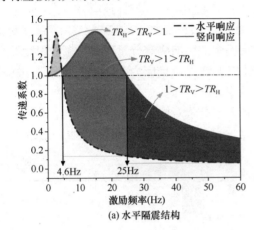
(a) 水平隔震结构

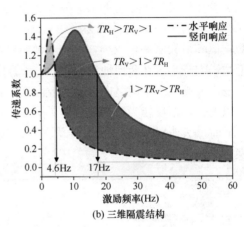
(b) 三维隔震结构

图 3　隔震结构传递系数曲线

2.3　网壳结构的隔震效果分析

通过数值仿真，可获得网壳结构的各项地震响应减振率如表 2 所示。仅水平地震作用时，水平隔震支座对结构有显著的隔震效果，节点最大加速度和最大位移降幅超过 60%，杆件应力也显著降低，最大降幅达 74%。相较于水平隔震支座，三维隔震结构中各项地震响应的隔震效果变化不大，这说明三维隔震支座中的竖向隔震分量对水平振动缺乏控制作用。当仅竖向地震作用时，水平隔震结构的地震响应有所放大，同时结构各类杆件应力也有大幅度增加；相较于水平隔震支座，三维隔震结构的隔震效果显著提高。当地震三维输入时，结构各项响应的减振率均不同程度降低，其中三维隔震支座结构最大降幅达 76%。

网壳结构各项地震响应减振率　　　　　　　　　　　　　　　　表 2

支座类型	地震方向	δ_a（%）		δ_d（%）		δ_s（%）		
		水平	竖向	水平	竖向	环杆	肋杆	斜杆
水平隔震支座	水平	74.11	94.41	66.37	74.50	74.35	18.85	35.76
	竖向	−9.20	41.07	−117.67	−47.17	−75.99	−34.88	−39.78
	三向	35.25	14.62	26.62	5.30	34.24	−20.20	10.25

支座类型	地震方向	δ_a (%)		δ_d (%)		δ_s (%)		
		水平	竖向	水平	竖向	环杆	肋杆	斜杆
三维隔震支座	水平	74.14	95.28	66.16	79.83	75.74	17.90	35.31
	竖向	43.97	68.43	−28.07	10.55	32.51	30.37	18.41
	三向	65.01	54.64	64.10	43.02	76.77	3.31	36.89

网壳结构的杆件应力变化系数如图 4 所示。水平隔震结构在水平地震时，结构 97％ 的杆件应力降低，应力变化系数均值为 0.27，表明绝大部分杆件应力显著降低。但在竖向地震输入时，98％的杆件应力增大，应力变化系数均值达 1.64，最大值达 3.42，说明绝大多数杆件出现了显著的应力放大。在三维地震输入时，20％的杆件应力增大，应力变化系数均值为 0.86，杆件应力降幅较小。而三维隔震结构在水平地震时，杆件应力变化系数均值和最大值变化较小，进一步说明隔震支座中的竖向隔震分量对水平振动引起的杆件应力影响较小；在竖向地震时，仅 6％的杆件应力增大，且应力变化系数均值为 0.69，可见三维隔震支座中的竖向分量有效降低了杆件应力。

以上分析不仅较为清晰地解释了隔震支座各方向分量对网壳结构各方向响应的影响规律，同时也表明对于实际的地震动（三维输入），网壳结构采用三维隔震才是最理想的方案。

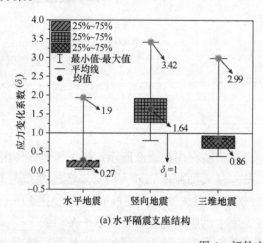
(a) 水平隔震支座结构

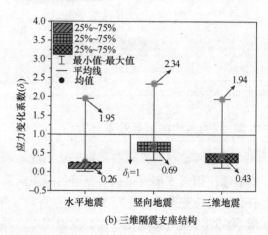
(b) 三维隔震支座结构

图 4　杆件应力变化系数

3. 支座隔震和减震的关系

3.1　理论分析

根据式（1）可绘制出简单结构体系中传递系数随阻尼比和频率比的变化曲线，如图 5 所示。当频率比 $\beta<1.414$ 时，传递系数 $TR>1$，此时结构为传统的抗震结构体系，增加体系的阻尼比可降低结构地震响应；当 $\beta>1.414$ 时，$TR<1$，结构为隔震结构体系，增加阻尼比反而会降低结构的隔震效率。因此，隔震结构地震响应传递系数随频率比增加

而降低，随阻尼比增加而增加。

3.2 网壳结构数值分析

开展了考虑不同支座刚度系数和阻尼系数的网壳结构地震响应分析。图 6 所示为结构减振率随支座刚度系数的变化规律。对于结构的水平振动，支座刚度系数越小，结构隔震效果越好，当刚度系数从 2.0×10^5 N/m 减小为 1.0×10^5 N/m，节点最大加速度和最大位移减振率分别提高了 13.25％和 17.54％，肋杆最大应力减振率提高了 42.59％。对于竖向振动，结构的地震响应有所放大，且支座刚度系数对结构减振率几乎没有影响。

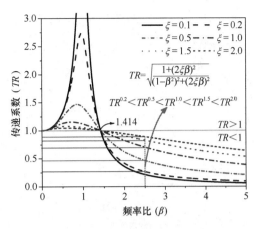

图 5　传递系数曲线

图 7 所示为结构减振率随支座阻尼系数的变化规律。对于结构的水平振动，支座阻尼系数越大，结构减振效果越弱，当阻尼系数从 5.0×10^3 N·s/m 增大为 1.0×10^7 N·s/m，节点最大加速度和最大位移减振率分别降低了 63％和 79％，肋杆最大应力减振率降低了 99％。对于竖向振动，随阻尼系数增大，结构减振率大致呈先增大后降低趋势，当阻尼系数从 5.0×10^3 N·s/m 增大为 1.0×10^6 N·s/m，减振率有所增加，其中节点最大位移提高了 75％；当阻尼系数进一步从 1.0×10^5 N·s/m 增大为 1.0×10^7 N·s/m，减振率有所降低，其中杆件最大应力降低了 68％。

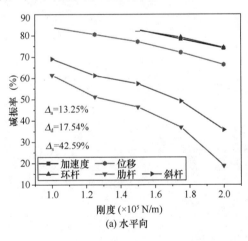

(a) 水平向

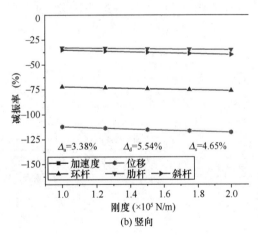

(b) 竖向

图 6　减振率随刚度变化规律

对于工程中采用的同时具有隔震和耗能减震能力的支座，还应讨论以上两项参数的耦合控制效果，结构的地震响应减振率随支座参数的耦合变化规律如图 8 所示。当阻尼系数较小时，减震与隔减震的减振率曲线差值较大，节点加速度和位移最大差值分别为 25％和 28％，杆件应力最大差值为 78％，同时隔减震降幅与仅隔震时接近，故此时的结构减振效果主要由支座的隔震分量提供。随阻尼系数增加，两曲线逐渐接近，此时支座的耗能减震分量逐渐发挥作用。故在大跨度空间结构隔减震设计中，需充分考虑支座中隔震与减

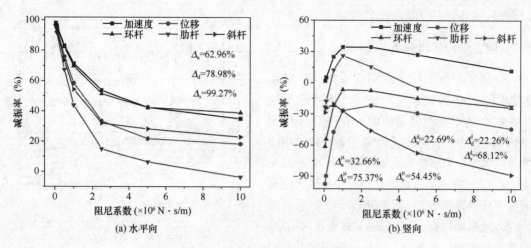

图 7　减振率随阻尼变化规律

振分量的耦合控制效果，确定两者的参数优化关系，以确保支座能为结构提供优异的隔减震表现。

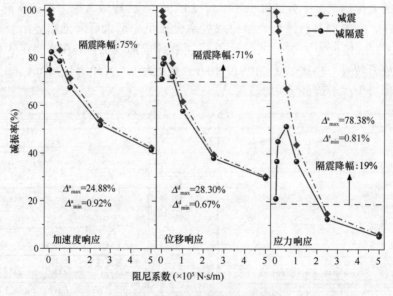

图 8　减振率随各参数变化规律

4. 长周期大跨度结构隔震的适用性

对于长周期结构的支座隔震，一个值得关注的问题就是隔震层的相对位移较大，特别是对于空间结构所需的竖向隔震，隔震支座很难提供足够的竖向变位，因此，对于长周期大跨度空间结构的隔震应用尚需探讨。文献［22］的研究为我们提供了一个可行的思路，即对于长周期大跨度空间结构的隔震，需与减震配合使用，才可有效解决支座变位过大的问题。图 9 所示为隔震层位移反应放大比（R_{d}）与频率比、阻尼比的关系曲线[22]，当结构频率远离地震特征频率时，隔震层位移较小；隔震层相对位移随阻尼比增大而降低，故增大支座的阻尼比可有效降低隔震层相对位移。

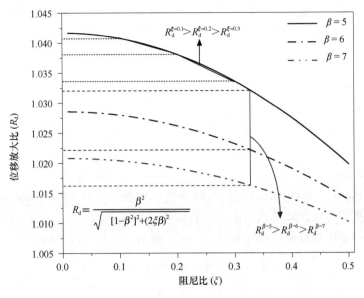

图 9　隔震层位移反应放大比曲线

为验证以上思路，首先以竖向自振周期较大的细长梁为分析对象，对其进行竖向隔震下的响应分析，隔震前后的动力特性见表 3，隔震层和结构减振率变化规律如图 10 所示。

隔震前后细长梁的动力特性 表 3

细长梁编号	隔震前自振周期（s）	隔震后自振周期（s）
A	1.1	2.3
B	2.2	3.2
C	3.3	4.3

当隔震层设置无阻尼时，隔震层相对位移很大，说明在实际工程中难于实现；当隔震层设置阻尼后，隔震层相对位移随阻尼系数增大而降低，但结构减振率会随阻尼系数增大而减小，隔震效果变差。如将表 3 中 3 根细长梁隔震层的相对位移均控制在 1cm 左右时，此时细长梁 A 的减振率大于 50%，细长梁 C 的减振率最小，隔震效果最弱，说明长周期

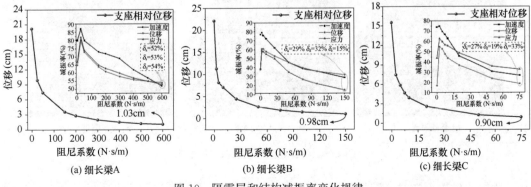

(a) 细长梁A　　　　　　　(b) 细长梁B　　　　　　　(c) 细长梁C

图 10　隔震层和结构减振率变化规律

结构的隔震效果变差。

本研究计算了不同跨度单层网壳结构及一个 800m 跨度的超大跨网壳结构的自振频率，同时搜集了几个实际大跨度结构的动力特性数据，如表 4 所示。可以发现，与超高层结构相比，现有的多数大跨度空间结构工程的自振周期并不算长，故基于以上理论给出的隔震与减震联合应用的方案，对于大跨度空间结构仍然是有效的方案。

不同结构的动力特性 表 4

结构类型	跨度（m）	周期（s）	项目名称	平面尺寸（m）	周期（s）
球面网壳	80	0.44	昆明长水国际机场	324×256	0.99
球面网壳	150	0.61	海口美兰机场	750×405	1.03
球面网壳	800	2.18	北京大兴国际机场	996×1144	1.27

以跨度 150m 的单层球面网壳结构为例，通过数值分析获得的结构各项减振率如表 5 所示，采用三维隔震支座后，结构水平和竖向自振频率可降低 75.82% 和 55.28%，结构节点各向最大加速度和最大位移均有显著降低，同时结构杆件应力降低了 71.8%。

跨度 150m 单层网壳结构的减振率（%） 表 5

自振频率		加速度		位移		杆件应力
水平	竖向	水平	竖向	水平	竖向	
75.82	55.28	77.72	83.81	63.86	75.96	71.80

5. 隔震层的布置位置

大跨度空间结构的隔震层，既可以设置在基础顶部，也可以设置在大跨度屋盖下部的柱顶，或两处均设置，本文分别称为基础隔震、层间隔震和双重隔震。课题组前期开展了针对该目的的振动台试验，试验模型如图 11 所示，其中基础隔震结构将三维隔震支座设置于柱下，层间隔震结构将三维隔震支座设置于柱上，双重隔震结构在柱上和柱下分别设置三维隔震支座。

（a）基础隔震　　　　　　　（b）层间隔震　　　　　　　（c）双重隔震

图 11　不同隔震层设置的试验模型

隔震层位置不同时，结构柱底、柱顶、壳底和壳心加速度响应如图 12 所示。观察到

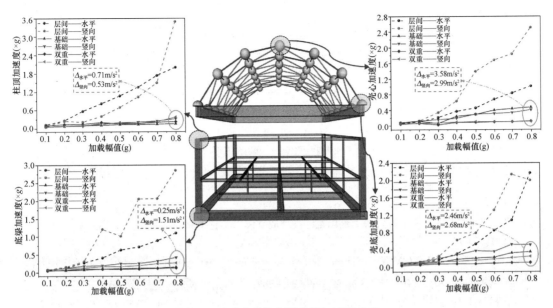

图 12　试验中结构各部位的加速度响应

基础隔震和双重隔震的结构各向加速度响应明显小于层间隔震，且随加载幅值增加，加速度响应差值较大。基础隔震和双重隔震结构的柱底和柱顶各向加速度响应较为接近，说明两种隔震情况对下部支承结构的隔震效果近似；但结构壳底和壳心的加速度响应差值较大，且随加载幅值增加，该差值愈加明显，水平最大差值达 3.58m/s²，竖向最大差值达2.99m/s²。故为保证带下部结构的大跨度空间结构屋盖也具有优异的隔震效果，应考虑采用双重隔震，即对下部结构及上部屋架结构均进行隔震。本文同时对试验工况建立了相应的数值模型，通过参数分析得到的结论相同，不再赘述。

6. 研究展望

本文对大跨度空间结构支座隔减震应用中的 4 项理论问题进行了讨论，评估了大跨度屋盖采用三维隔震的必要性，分析了支座隔震及耗能减震对结构响应的控制机理与联合控制效果，讨论了大跨度长周期网壳结构隔震的适用性，并给出了隔震层布置的具体建议。但限于篇幅，本文还主要是从概念上进行论述，对于定量化的、广泛适用于实际工程的隔减震设计方法还需开展更系统的研究工作。除此之外，竖向承载力高、适用于大跨度空间结构的三维隔减震装置仍较少，基于以上理论成果研发新型隔减震支座或振动控制模式也是未来需重点关注的工作。

参考文献

[1]　严慧，董石麟．板式橡胶支座节点的设计与应用研究[J]．空间结构，1995，1(2)：33-40＋22.

[2]　肖建春，聂建国，马克俭，等．预应力网壳结构中加劲板式橡胶支座的计算模型及设计[J]．建筑结构学报，2001，22(03)：54-59.

[3]　薛素铎，赵伟，李雄彦．摩擦摆支座在单层球面网壳结构隔震控制中的参数分析[J]．北京工业大

学学报，2009，35(07)：933-938.

[4] FAN F, KONG D W, SUN M H, et al. Anti-seismic effect of lattice grid structure with friction pendulum bearings under the earthquake impact of various dimensions[J]. International Journal of Steel Structures, 2014, 14(4)：777-784.

[5] KONG D W, FAN F, ZHI X D. Seismic performance of single-layer lattice shells with VF-FPB[J]. International Journal of Steel Structures, 2014, 14(4)：901-911.

[6] KIM Y C, XUE S D, ZHUANG P, et al. Seismic isolation analysis of FPS bearings in spatial lattice shell structures[J]. Earthquake Engineering and Engineering Vibration, 2010, 9(1)：93-102.

[7] NIU J T, DING Y, SHI Y D, et al. Oil damper with variable stiffness for the seismic mitigation of cable-stayed bridge in transverse direction[J]. Soil Dynamics and Earthquake Engineering, 2019, 125 (Oct.)：105719.1-105719.15.

[8] 薛素铎，高佳玉，姜春环，等. 高阻尼隔震橡胶支座力学性能试验研究[J]. 建筑结构，2020，50 (21)：71-75.

[9] LI X Y, XUE S D, CAI Y C. Three-dimensional seismic isolation bearing and its application in long span hangars[J]. Earthquake Engineering and Engineering Vibration, 2013, 12(1)：55-65.

[10] DING Y L, CHEN X, LI A Q, et al. A new isolation device using shape memory alloy and its application for long-span structures[J]. Earthquake Engineering and Engineering Vibration, 2011, 10 (2)：239-252.

[11] HAN Q H, JING M, LU Y, et al. Mechanical behaviors of air spring-FPS three-dimensional isolation bearing and isolation performance analysis[J]. Soil Dynamics and Earthquake Engineering, 2021, 149：1-26.

[12] 李雄彦，薛素铎. 大跨度空间结构隔震技术的现状与新进展[J]. 空间结构，2010，16：87-95.

[13] MOKHA A, LEE P, WANG X, et al. Smismic isolation design of the new international terminal at San Francisco international airport[C]//Proceedings of the 1999 Structures Congress Structural Engineering in the 21st Century. New Orleans, LA, USA, 1999：95-98.

[14] 束伟农，朱忠义，张琳，等. 北京新机场航站楼隔震设计与探讨[J]. 建筑结构，2017，47(18)：6-9.

[15] 薛素铎，李雄彦，潘克君. 大跨度空间结构隔震支座的应用研究[J]. 建筑结构学报，2010，31 (S2)：56-61.

[16] KITAYAMA S, LEE D, CONSTANTINOU M C, et al. Probabilistic seismic assessment of seismically isolated electrical transformers considering vertical isolation and vertical ground motion[J]. Engineering Structures, 2017, 152：888-900.

[17] 交通运输部. 公路桥梁铅芯隔震橡胶支座：JT/T 822—2011[S]. 北京：人民交通出版社，2011.

[18] KAZEMINEZHAD E, KAZEMI M T, MIRHOSSEINI S M. Modified procedure of lead rubber isolator design used in the reinforced concrete building[J]. Structures, 2020, 27：2245-2273.

[19] 单明岳，李雄彦，薛素铎. 单层柱面网壳结构 HDR 支座隔震性能试验研究[J]. 空间结构，2017，23(3)：53-59+52.

[20] 住房和城乡建设部. 空间网格结构技术规程：JGJ 7—2010[S]. 北京：中国建筑工业出版社，2010.

[21] 住房和城乡建设部. 建筑抗震设计规范：GB 50011—2010[S]. 北京：中国建筑工业出版社，2010.

[22] 周福霖. 工程结构减震控制[M]. 北京：地震出版社，1997.

14 杭州萧山机场 T4 航站楼钢屋盖设计 —— 兼论空间结构支承柱的选型

周 健 王瑞峰 朱 希

（华东建筑设计研究院有限公司，上海）

摘 要：本文首先对已有航站楼大跨屋盖支承柱的结构形式进行了梳理，然后从屋盖形态对支承柱选型的影响、下部主体结构条件对柱选型的制约和建筑表达对柱选型的期望这三个维度，讨论了空间结构支承柱的选型原则，最后以杭州萧山机场 T4 航站楼钢结构屋盖为例，对以支撑柱为表达核心的大跨度屋盖结构设计进行了介绍。

关键词：大跨屋盖，支承柱，建筑结构一体化，航站楼设计，伞状柱

Design of Roof Structural for Terminal T4 of Hangzhou Xiaoshan Airport——Also Discuss the Selection of Space Structure Support Columns

ZHOU Jian，WANG Ruifeng，ZHU Xi

（East China Architecture Design & Research Institute，Shanghai）

Abstract：This paper firstly sorts out the structural forms of the existing terminal building's long-span roof support columns. Then, the selection principle of the support column of space structure is discussed in three dimensions：the influence of the roof shape on the selection of the support column, the restriction of the main structure condition on the selection of the column, and the influence of the architectural expression expectation on the selection of the column. Finally, taking the steel structure roof of Hangzhou Xiaoshan Airport T4 terminal as an example, the design of the long-span roof structure with the support columns as the building's focus is introduced.

Keywords：long-span roof structure, supporting columns, integration of architecture and structure, terminal design, umbrella shape column

1. 空间结构支承柱的选型

1.1 柱的表达功能

支撑大跨度屋盖的结构柱是屋盖结构体系的有机组成部分。不同的柱网布置和不同的柱形样式可以调节屋盖结构的跨度，也可以提供不同的抗侧刚度，从而对屋盖的整体受力

情况起到关键的作用；同时，不论是否再做外包装饰，柱的形态总是不可避免地出现在使用者的视线之内，直接对建筑的效果带来影响。因此，如何处理好支撑屋盖结构的柱成为大跨度空间结构设计的关键问题之一。

在以机场航站楼为代表的这一类内部空间品质要求高、使用者停留时间长、建筑受近距离观察机会多的公共建筑的设计中，建筑结构的一体化理念，即通过建筑形态与结构力学逻辑的有机结合实现轻盈美观的建筑效果和高效可靠的结构受力统一，日益受到建筑师和结构工程师的认可。由于平面形状较为多变、空间形态因限高而相对扁平，航站楼的大跨度屋盖较多采用整体受弯的结构体系，其跨越结构的一体化表达受到限制的可能性较高，此时结构柱自身往往更有机会成为建筑空间中的表达亮点。建筑结构一体化程度较高的支承柱往往会成为建筑师乐于去展现而非尽力减少的结构构件。

1.2 柱的常用形式

从整体形态来分，支撑大跨度屋盖的柱可以分为一字柱、分叉柱和组合柱三大类，每一类根据受力需求又可以做成不同的形式。

1.2.1 一字柱

一字柱占用空间少、简洁干净，是大跨度屋盖结构中最常见的柱式。根据柱底与柱顶的约束方式，可分为柱顶铰接、柱底铰接、两端铰接和两端刚接四种形式。

（1）柱顶铰接柱

柱顶铰接柱通过各种形式的铰接支座与屋盖的跨越结构连接，较少干扰跨越结构原本的传力路径，对各种整体受弯型的屋盖形式适应性强。通过减小柱顶连接的视觉尺寸，可以达到强调屋面整体连续性的效果。刚接的柱底作为上部跨越结构的基础，主要通过柱截面的抗弯能力给屋盖提供抗侧刚度。柱截面需求由根部往柱顶逐渐减小，有条件做成锥形立面，在人视角度的透视效果下，可以使柱显得更为纤细（图1）。由于屋盖结构对柱面外的约束刚度小，柱顶铰接柱也常称作悬臂柱。下部混凝土楼面结构与钢管柱的刚接连接节点是柱顶铰接钢柱的设计难点。柱顶铰接柱也可以采用钢筋混凝土柱形式，此时柱截面往往做得比较大，较多用于对柱抗侧刚度需求较大的情况，如用于支承拱形结构或悬索结构（图2）。

(a) 南京禄口机场T2

(b) 宁波栎社机场T2

图1 柱顶铰接钢柱

（2）柱底铰接柱

柱底铰接柱同样依靠柱截面的抗弯能力给屋盖结构提供抗侧刚度。与柱顶铰接柱相

238

(a) 吉隆坡机场

(b) 华盛顿杜勒斯机场

图2　柱顶铰接混凝土柱

比，由于屋面跨越结构的抗弯约束能力有限，柱底铰接柱的抗侧刚度略小。当其作为屋盖边跨支承时，刚接的柱顶可以平衡边跨跨越结构的支座弯矩从而减小其跨中截面的需求。柱的截面需求由上往下逐渐减小，可做成倒锥形（图3），与下部结构的铰接通常也通过各类成品铰接支座实现，是可以进行建筑表达的重要部位。钢柱与下部混凝土结构的连接简单，施工方便。

(a) 深圳机场交通中心

(b) 太原南站

图3　柱底铰接柱

（3）两端铰接柱

单独的两端铰接柱没有抗侧刚度，故常称为摇摆柱，需要与能够提供足够刚度的其他竖向构件结合使用。由于仅承受轴向力，因而有机会将截面做得远小于柱顶或柱底铰接柱，从而达到极纤细的建筑效果。柱子的整体稳定性往往是决定其承载力的关键，因而常做成两端小、中间大的梭形截面，梭形截面的比例关系以及如何与支座结合表达更精致的端部是实现摇摆柱优美效果的关键问题（图4）。

（4）两端刚接柱

两端刚接柱可以为屋盖提供较大的抗侧刚度，同时有机会为跨越结构分担更大的弯矩。由于两端都显得较为粗大，因此对其进行建筑表达的难度较大。

(a) 呼和浩特新机场   (b) 乌鲁木齐机场T4交通中心

图 4　两端铰接柱

1.2.2　分叉柱

分叉柱的下端与主体结构连接于一点，上端与屋盖多点连接，从而达到在减小跨越结构跨度的同时提高屋盖抗侧刚度的目的。分叉柱对屋盖抗侧刚度的作用由分叉柱轴向刚度的水平分量及柱顶与屋盖多点连接形成的整体刚接效果两部分组成。分叉柱有 V 形柱、Y 形柱、树状柱和伞状柱等多种形式，可以营造出丰富的室内表达效果。

（1）V 形柱

柱在平面内的双肢分叉便形成 V 形柱（图 5），V 形柱的分肢较多做成两端铰接，也可以双肢在底部相互刚接后再与下部主体结构铰接，当双肢的柱顶间有很强的连接时，这两种方式对分肢截面的需求相差不大；而当连接较弱分肢间叉开趋势明显时，第二种连接方式的柱下部受弯明显，需要更大的截面。

(a) 杨泰机场   (b) 奥斯陆机场

图 5　V 形柱

（2）Y 形柱

柱下部先单肢上升一段以减小对下部建筑布置和人行流线的干扰，然后再分叉为两肢，便成了 Y 形柱（图 6）。主次三肢位于同一平面，三肢间通常相互刚接，与顶部屋盖通常铰接。当 Y 形柱与底部主体结构采用铰接时，三肢连接处需承受的弯矩最大，因此需要较大的截面；与底部主体结构刚接时，柱底需要截面最大。所有的铰接端都可以收小。Y 形柱也可以是下肢为刚度足够大的悬臂段，两个上分叉肢如前述 V 形柱般设置。

(a) 南京禄口机场T2

(b) 太原武宿机场T2

(c) 马德里机场

图 6　Y 形柱

（3）树状柱

V 形柱或 Y 形柱的分肢在三维空间内分布便形成树状柱（图 7），合理的分叉位置和

(a) 浦东机场T2

(b) 昆明长水机场T2

(c) 斯图加特机场

图 7　树形柱

适当的肢间角度关系是树状柱设计的关键。为了更具象地表达树形，树状柱可以多级分叉，并通过拓扑优化的方式寻找受力更高效的树形；在树状柱负荷较小的情况下，也可以对分肢进行一定程度的弯曲，通过适当牺牲结构效率换取更丰富的形态图。柱分肢处经常会用到铸钢节点以实现杆件间自由的交接。

（4）伞状柱

当树状柱的分肢数量较多、平面上沿圆弧分布时便形成了伞状柱（图8）。当其分肢有一定程度的弯曲时，分肢间可以设置一定的环向构件协调各肢的变形并改善各肢的受弯情况。当伞状柱的受荷面积较大时，对各分肢截面的需求也会较大。

(a) 萧山机场　　　　　　　　　　　　　　　(b) 麦地那机场

图 8　伞形柱

1.2.3　组合柱

这里把通过杆件格构化组合而成但又不属于上述分叉柱的各种柱统称为组合柱（图9）。由于其构成形式的丰富性，不管有意与否，组合柱都不可避免地会成为航站楼室内空间中的视觉焦点。不同形式的组合柱能够对屋盖跨越结构形成不同的约束条件和提供不同的抗侧刚度，柱与跨越结构合适的匹配是设计成功的关键。

(a) 虹桥机场T1改造　　　　　　　　　　　(b) 伦敦斯坦斯特德机场

图 9　组合柱

1.3　影响柱选型的因素

大跨度屋盖支撑柱形式的确定需要同时考虑受力需求和效果表达，柱形的选择主要受三个因素的影响，一是屋盖形态对柱受力的需求，二是下部主体结构对柱的制约和要求，三是建筑师对柱表达作用的期望。

1.3.1 屋盖形态的需求

屋盖的形态往往揭示了其最自然的传力途径，进而暗示了最理想的设柱位置，不同位置柱的受力状态也随之被确定，然后就可以根据受力的需求选择与之适应的柱形式。

比如一个连续波浪形态的屋面，将每一个波峰视作一个拱形，那波谷就是理想设柱的位置。如果各个拱形的尺度相当，则中间各拱的推力基本平衡，可以采用抗侧刚度不大的一端铰接的一字柱；当各拱的跨度差异较大以及在边柱位置，则需要采用抗侧刚度更大的分叉柱或体量很大的一字柱。

如果屋面形态平缓，重力荷载下屋面基本是受弯的状态，普通的一字柱就可以胜任，如采用各类分叉柱则是为了减小屋盖跨度或者展示柱自身的建筑效果。

对于各类单元式的屋面，稳定状态的柱，比如下端刚接的一字柱或树状柱、塔形组合柱，都有机会使各单元独立；自身状态不稳定的柱，比如下端铰接的一字柱或分叉柱，则匹配单元间相互倚靠形态单元。

1.3.2 下部结构制约条件

下部结构对柱选型的影响体现在两个方面。

（1）柱平面位置。由于建筑功能布置和下部结构柱网的限制，对屋盖而言，理想的柱位并不一定能在下部实现，导致实际能设的柱位可能改变屋盖的理想受力状态，进而改变原本柱的受力需求。这对于原本可以利用屋面形态实现轴向受力的屋盖影响较大，而对于原本就是平缓的以受弯为主的屋盖影响较小。

（2）柱长度。由于下部结构最上层楼面所在标高的不同，使得支承屋盖柱的长度不同，进而导致抗侧刚度存在差异，特别是像航站楼这样存在众多楼层缺失和通高空间的建筑，这一刚度差异有时会非常巨大。在地震和风荷载作用下，某些特别短的柱子会分担特别大的水平力，进而导致过大的截面需求乃至无法实现，此时需要通过调整柱的约束方式甚至形态来减弱那些短柱的刚度，以使水平力的分担更为均匀，比如将悬臂柱改为下端铰接柱乃至摇摆柱。

1.3.3 建筑表达期望

柱的选型还取决于建筑师想多大程度上对柱进行表达。当屋盖结构本身已经有很强的建筑表现力时，柱往往需要简化以避免对屋盖的干扰，或者采用形式上与屋盖逻辑一脉相承的柱形；而当屋盖完全被吊顶遮挡较为内敛时，柱被作为表达重点的机会就会上升，此时形象上表现力较强的分叉柱、组合柱使用的必要性上升。摇摆柱也是一种表现力很强的柱形，由于其没有抗侧刚度，通常需要大大加强其他柱的抗侧刚度来补偿摇摆柱的刚度缺失，同时提高屋盖面内刚度保证抗侧体系的有效作用。

通过柱的节点表达建筑的精致品质也是一种有效的结构表达方式，各种类型的组合柱，特别是带有铰接节点的组合柱，此时有最大的用武之地。

2. 以柱为表达核心的杭州萧山机场 T4 航站楼主楼钢屋盖

2.1 工程概况

杭州萧山国际机场位于浙江省杭州市萧山区，目前航站区内已建有 3 座航站楼，新建的 T4 航站楼建筑面积约 72 万 m²，含一个主楼、两条水平长廊和五根指廊（图 10）。其中主楼南北面宽约 466m，东西进深约 261m；两条水平长廊宽度为 22m，五根指廊宽度为 42m。主楼地下 2 层，地上 4 层，局部 5 层，地上分别为站坪层、国内混流和行李提取层、国际到达层、出发值机办票及国际出发候机层、商业夹层，屋面最高点标高 44.55m。航站楼主楼下部有杭州机场高铁、地铁 1 号线、地铁 7 号线和机场轨道快线穿过。T4 航站楼设计使用年限为 50 年，建筑抗震设防类别为重点设防类（乙类），抗震设防烈度为 6 度，设计基本地震加速度为 0.05g，建筑场地类别为 Ⅲ 类，设计地震分组为第一组，场地特征周期为 0.45s[1]。

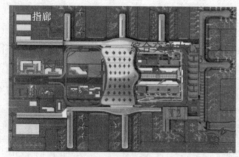
(a) 功能分区

(b) 鸟瞰效果图

图 10　航站区整体布局

2.2 主楼钢屋盖结构体系

航站楼主体结构均采用现浇钢筋混凝土框架结构体系，共划分为 39 个混凝土结构单元。主楼屋盖为一个完整结构单元，坐落于下部三个混凝土单体之上，屋盖造型为较为平坦的双向自由曲面，中间最高，南北两端在靠近挑檐位置略有上翘，结构构件贴近起伏的建筑内外形状以获得最大的结构高度，采用伞状分叉钢柱支承的曲面网架结构体系，柱顶天窗周边设封边桁架，结构模型如图 11 所示。主楼屋盖典型柱网为 36m×54m，结构厚

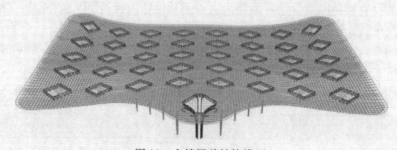

图 11　主楼屋盖结构模型

度为 2.8～4.5m，南北两侧悬挑长度最大为 40m，根部高度为 4.5m。

2.3 荷叶柱的设计

T4 航站楼的设计体现了杭州"国际、开放、包容"的城市精神和"秀雅、精致、温润"的江南文化意蕴，结合使用功能和空间特点，精心营造了空港十景，其中出发办票大厅结合天窗和支撑屋面的结构柱，重点营造"清荷映绿"的建筑效果。

结构柱造型宛如一株荷叶，为实现荷叶轻盈的效果，钢柱贴合建筑要求的荷叶形状，下段采用下小上大的变截面形式，随着高度的增大，支承柱截面逐渐变大，然后伞状分叉为 10 肢，每 5 肢间相连形成 1 个叶片，两叶片间无直接联系，留出开口让天窗的光线洒入（图 12）。根据位置的不同，柱直段在柱底截面为 $\phi800～\phi1000$，在分叉处的截面为 $\phi1400～\phi2000$，均内灌混凝土；分叉的截面最小 H900×400，最大 BOX900×1800。

为保证天窗处的通透，屋盖主体网架结构不能从柱顶通过，设计在天窗周边设置加强的封边桁架，桁架高度同网架厚度。封边桁架呈现 X 向较短、Y 向较长的菱形平面，长短轴长度分别约 36m 和 20m。同时，分叉柱主要的叉开方向为 X 向，天窗构件亦主要沿 X 向布置，因此屋盖结构的 X 向柱顶弯矩主要通过柱分叉与天窗范围单层构件形成的力偶承担，同时通过微调柱分肢的形态，使 X 向的相邻荷叶柱间形成一定的拱作用，以减小柱分肢抵抗弯矩的需求；屋盖结构的 Y 向柱顶弯矩由于网架与封边桁架的角度关系，主要通过封边桁架承担。上述结构布置降低了天窗范围内构件承担的柱顶弯矩，从而实现了荷叶柱顶分开、顶部通透的效果。分叉柱通过封边桁架与屋盖的主体网架下弦连接，最终形成了一个伞状分叉柱与屋面跨越构件连续的一体化结构体系。支承的分叉钢柱、天窗封边桁架与屋盖网架构成的标准结构单元如图 13 所示。

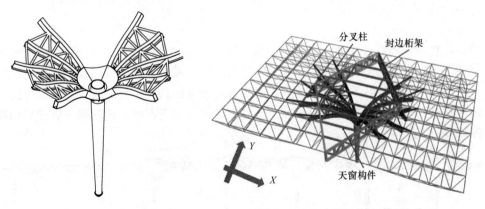

图 12　伞状分叉柱单元　　　　图 13　柱与柱顶天窗区域结构单元

柱分叉处截面的刚度和承载力需求最大，采用设锥形板和外加劲板的焊接节点(图 14)。用 ABAQUS 软件对屋盖所有形式的分叉节点进行了有限元分析[2]，典型节点在设计荷载作用下的 von Mises 应力云图如图 15 所示。分叉节点及封边桁架现场如图 16、图 17 所示。

底部与混凝土结构采用铰接连接，避免常规大屋盖钢柱下插混凝土结构造成的节点处理困难问题。荷叶柱铰接支座采用下大上小的构造，与建筑面层厚度匹配，从而实现柱脚轻盈的效果。

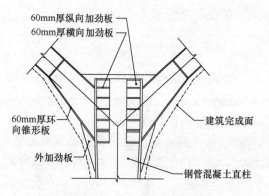

60mm厚纵向加劲板
60mm厚横向加劲板
60mm厚环
向锥形板
外加劲板
建筑完成面
钢管混凝土直柱

图 14　伞状柱分叉处节点

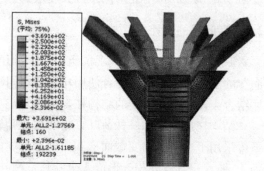

图 15　典型节点 von Mises 应力云图（MPa）

图 16　分叉节点现场

图 17　封边桁架现场

屋盖结构的整体可简化为一个梁柱刚接、柱底铰接的多跨刚架（图 18）。抵抗水平力时，抗侧刚度的来源为多个连续布置的荷叶柱与屋面网架形成的连续门式刚架；抵抗竖向力时，网架呈现多跨连续梁受弯的性能，弯矩在标准竖向构件单元处连续，从而可降低跨中的结构高度，竖向力通过伞状分叉柱、直柱往下传递至下部结构或基础。完成后的荷叶柱如图 19 所示。

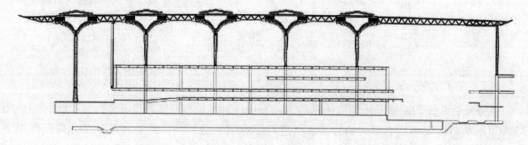

图 18　屋盖剖面示意

图 19　荷叶柱实景

2.4　超高柔性荷花谷结构设计

航站楼主楼东侧与交通中心的连接区域的南北向长度约 216m，东西向宽度最大 75m、最小 20m，是重要的空间转换节点。从地下一层直达屋顶的约 40m 高的通高空间以巨型的组合结构柱为中心，塑造了名为"荷花谷"的室内景观节点（图 20）。为保证采光的通透性，柱顶天窗区域采用单层网壳结构，周边通过收边桁架与屋盖整体网架结构过渡。

高大纤细的组合柱形态如出水芙蓉，顶托起屋面上巨大的采光天窗，结构设计中重点关注荷花谷柱建筑结构一体化的实现，即在荷花谷柱纤细的建筑效果和空间大跨度屋盖的承载力、刚度需求中取得平衡。为适应空间双曲的建筑造型需要，同时考虑构件的可加工、可实施性，荷花谷柱采用空间管桁架的结构形式。荷花谷柱的柱顶、柱底分别与网架和混凝土主体结构铰接连接，降低荷花谷柱在水平力作用下的内力效应。在竖向荷载方向，荷花谷区域以主楼东侧结合幕墙布置的 8 根摇摆柱为主要的竖向荷载支承构件，荷花谷柱作为一个刚度相对较小的弹性支座，主要用于改善屋盖在活荷载、风荷载作用下的跨中变形（图 21）。

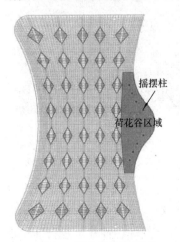

图 20　荷花谷位置示意

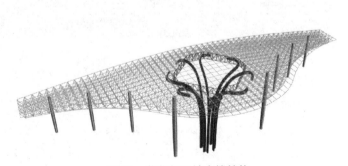

图 21　荷花谷区域支撑结构

荷花谷区域结构设计时，在恒荷载作用下不考虑荷花谷柱的作用；荷花谷柱设计时，仅考虑其自重、受荷范围内的活荷载及风荷载；屋盖施工时，要求待钢结构吊装完成、屋面系统铺设完毕后，荷花谷柱方可与屋盖主体相连（图22）。建成效果如图23所示。

(a) 施工过程

(b) 完成状态

(c) 仰视实景

图 22　荷花谷柱

图 23　办票大厅建成效果

2.5　基于柱失效的防连续倒塌及抗爆分析

考虑到屋盖坍塌可能造成的巨大影响，对是否可能因为支撑屋盖柱的失效导致连续倒塌的发生进行了分析。分析的技术路线为：①基于失效风险判断选择性抽柱，进行连续倒塌分析。②如屋盖出现的破坏未达到局部失效，则认为无连续倒塌风险，分析结束；如发生局部失效及以上破坏，则继续进行该柱的抗爆能力分析。③对相应的柱进行抗爆分析，确认其在设定当量炸弹袭击下是否会发生破坏。④如不会破坏，分析结束；如会破坏，则对相应结构柱进行加强后再返回第③步分析。

2.5.1 连续倒塌分析

连续倒塌分析采用瞬态动力时程方法，使用 ABAQUS 程序显式动力积分方式，初始荷载状态为：1.0 恒荷载＋1.0 活荷载。

综合屋盖的支撑跨度、受荷情况、所处不利位置等因素，选择了屋盖中柱、屋盖边柱、车道边柱、荷花谷区域的摇摆柱进行分析（图24）。以车道边 3 号柱的分析结果为例[3]，失效柱上方屋盖局部区域发生比较严重的塑性变形，稳定后最大竖向挠度达到 3.676m（图25、图26）；上方屋盖局部区域出现塑性，杆件最大塑性应变达到 3.4×10^{-2}（图27），进入比较严重的破坏水平，无法继续正常工作。除了失效柱外，相邻支撑柱均未进入塑性，相邻区域屋盖也无明显破坏，参考上海市工程建设规范《大跨度建筑空间结构抗连续倒塌设计标准》DG/TJ 08—2350—2021 的规定，屋盖结构属局部区域失效，尚未出现连续倒塌。

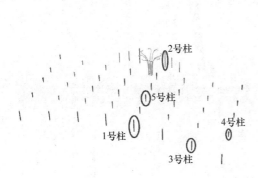

图24　抽柱分析位置

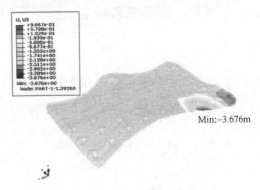

图25　3号柱抽柱后屋盖竖向变形形态

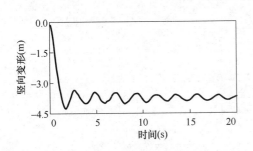

图26　3号柱抽柱后屋盖竖向变形时程

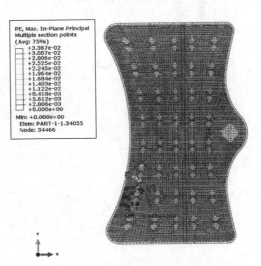

图27　3号柱抽柱后屋盖杆件塑性发展区域

2.5.2 柱抗爆分析

由于该柱靠近车道，存在受爆炸袭击的可能性，因此对其进行了抗爆性能分析[2]。抗爆分析采用 LS-DYNA 软件，分析中考虑屋盖恒荷载和爆炸荷载，其中爆炸荷载采用 CONWEP 算法，等效 TNT 当量 500kg，爆距 1.5m，爆炸点位于标高 17.050m 处的高架车道上（图 28）。在爆炸荷载作用下，柱最终呈整体弯曲变形（图 29），爆炸高度处侧向位移时程和柱顶轴向位移时程曲线如图 30、图 31 所示。经历爆炸作用后，爆炸高度处局部发生凹陷，钢管局部进入屈服且混凝土强度退化，由于钢管对核心区混凝土的约束作用，能有效防止混凝土因爆炸作用失效飞溅（图 32）。经历爆炸作用后柱轴向残余承载力为 107145kN，为原承载力的 81.8%，冗余度较高，能够满足承担原设计荷载的需求（图 33）。

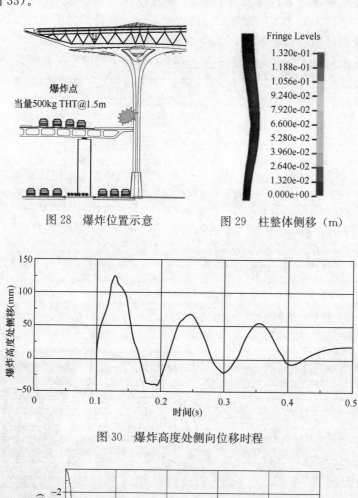

图 28　爆炸位置示意　　　　　　图 29　柱整体侧移（m）

图 30　爆炸高度处侧向位移时程

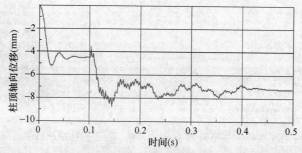

图 31　柱顶轴向位移时程（m）

250

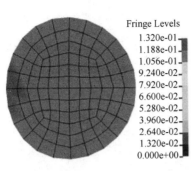

图 32 钢管混凝土柱变形情况
（变形显示比例 5 倍）

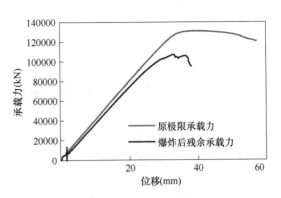

图 33 钢管混凝土柱原极限
承载力和残余承载力

3. 结论

（1）支撑屋盖柱是大跨度空间结构中关键的受力构件和重要的建筑表达元素，设计时需要兼顾这两方面的需求。

（2）柱形的选择受屋盖形态、下部主体结构制约和建筑师对柱表达作用的期望三个因素的影响。

（3）在以柱为表达核心的大跨度钢屋盖设计中，除了建筑结构一体化的设计理念，还需要充分的结构分析来支撑这一理念的实现。

参考文献

[1] 周健，王瑞峰，林晓宇，等. 杭州萧山国际机场 T4 航站楼主楼结构设计[J]. 建筑结构，2022，52（9）：104-112.

[2] 周健，王瑞峰，林晓宇，等. 杭州萧山国际机场三期项目新建航站楼及陆侧交通中心工程 T4 航站楼超限建筑结构抗震设计可行性论证报告[R]. 上海：华东建筑设计研究院有限公司，2018.

[3] 结构分析与设计学科中心，华东建筑设计研究院有限公司科创中心. 杭州萧山国际机场三期项目新建航站楼屋盖抗连续倒塌分析报告[R]. 上海，2018.

15 空间网格结构发展 120 年回顾

罗尧治，薛　宇

（浙江大学，杭州）

摘　要：网格结构具有受力合理、制作安装方便等优点，是空间结构领域最常用的结构形式。空间网格结构的概念起源于 1903 年 A. G. Bell 提出的三角锥、四角锥受力体系，发展至今已有近 120 年历史。随着技术的进步，空间网格结构工程数量不断增加，形式不断丰富，功能趋于多样。本文回顾空间网格结构的发展过程，主要介绍自 20 世纪 80 年代以来中国空间网格结构的发展，展示这类结构的技术背景，总结发展过程中的技术进步，最后提出空间网格结构的发展展望。

关键词：空间结构，网格结构，发展回顾

Review on Development of Space Grid Structures within the Last 120 Years

LUO Yaozhi, XUE Yu

（Zhejiang University，Hangzhou）

Abstract：Space grid structures have good mechanical properties，and their fabrication and installation are easy. They are the most commonly-used structural forms in the field of space structures. The concept of space grid structure originated from the triangular and quadrangular cone system proposed by A. G. Bell in 1903. It has a development history of nearly 120 years. With the advancement of technology，the number of space grid structure projects has been increasing，the forms have been enriched and the functions have become more diverse. This paper reviews the development of space grid structures，and mainly introduces the development of space grid structures in China since the 1980s. The backgrounds of space grid structures are introduced；the technical developments are summarized；finally，the future research directions of space grid structures are presented.

Keywords：Space structures，Grid structures，Development review

1. 空间网格结构发展简史（1903—2022 年）

　　空间网格结构在国际上已有近 120 年的发展历史。空间网格结构的概念最早可以追溯到 1903 年，Alexander Graham Bell（1847—1922 年）采用三角锥和四角锥单元装配空间网格（图 1），并将其应用于飞行器、瞭望塔（图 2）的结构设计[1]。之后很长一段时间内，空间网格结构的发展并无明显推动，直至 1943 年，德国 Mengeringhausen Rohrbauweise（MERO）网格结构体系被提出，开启了平板网架的商品化应用[2]；随后，英国的 Space Deck、美国的

Octet、加拿大的 Triodetic 系统等系列产品相继上市，进一步推动了空间网格结构的应用[3]。1950 年以来，Richard Buckminster Fuller（1895—1983 年）等提出了协同几何学的概念，为多面体穹顶结构奠定了理论基础；基于这种结构形式，Fuller 建造了直径 76m 的球形网壳（图 3）[4]。进一步地，西班牙结构工程师 Emilio Péreg Pinero

图 1　A. G. Bell 设计的四角锥单元结构[3]

（1936—1972 年）在 1964 年提出了可折叠展开的网格结构设计思想，并将其应用于马德里活动展馆建筑，结构在运输时处于折叠状态以提高运输效率（图 4a），在工作时处于展开状态以实现建筑功能[3]（图 4b）。1970 年，日本大阪世博会建成尺寸为 292m×108m 的空间网格结构（图 5），展示了这类结构优秀的空间跨越能力[5]。

(a) 风筝　　　　　　　　　　　(b) 瞭望塔

(c) 飞行器—小天鹅Ⅰ号　　　　(d) 飞行器—小天鹅Ⅲ号

图 2　A. G. Bell 对网格结构的应用

（注：本文未标明出处的图片均源于网络）

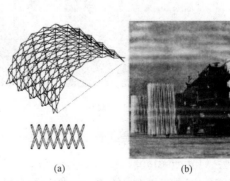

(a)　　　　　　　(b)

图 3　蒙特利尔世博会美国馆球形网壳　　　图 4　马德里活动展馆折叠展开结构[3]

图5 大阪世博会喜庆广场空间网格结构

此后，空间网格结构技术持续发展，其结构形式不断丰富，建筑材料不局限于传统钢材。建成于1980年的美国洛杉矶水晶大教堂，竖向墙体与屋顶都采用空间网格，长短轴分别为126m和63m，地面以上高度为39m[3]。建成于1988年的日本小国町民体育馆木网架结构[6]（图6），结构尺寸为63m×47m，采用自然的、可回收的木材作为结构构件，简洁美观。建成于2001年的英国伊甸园穹顶（图7），由六边形蜂窝网格和轻质ETFE膜材结合而成，跨度为115 m，进一步体现了空间网格结构轻质、美观的特点[7]。

图6 日本小国町民体育馆

图7 英国伊甸园穹顶

另一方面，空间网格结构的功能不断拓展。采用可开合的网格结构实现多样的场馆功能，代表工程有建成于1989年的加拿大多伦多天空穹顶（图8），开合式屋顶共分成四个组合段，一段固定不动，另外三段都可以移动，两个可推拉的拱形段跨度分别为208m和202m。建成于2014年的新加坡国家体育馆（图9），穹顶跨度为310 m，为世界上最大跨度的开启式穹顶建筑。

图8 加拿大多伦多天空穹顶

图9 新加坡国家体育馆

国际《空间结构》杂志主编Zygmunt Stanislaw Makowski[8]在1993年国际薄壳与空间结构协会（International Association for Shell and Spatial Structures，IASS）年会上指出："在1966年，空间结构还被认为是一种有趣但仍属陌生的非传统结构，然而现在已被全世界所接受。"伴随着技术的发展和成熟，空间网格结构被大量应用于世博会、奥运会等重大国际活动的场馆建设中，其中较具代表性的有：1992年巴塞罗那奥运会圣乔尔迪体育馆，采用非对称的网格结构，尺寸为128m×106m（图10）；2000年悉尼奥运会澳大利亚体育馆，采用悬挂式结构，实现了286m的超大跨度（图11）；2020年东京奥运会主场馆东京国立体育场采用钢木混合网格结构，最大悬挑长度达60m（图12）；2020年迪拜世博会阿尔瓦斯尔穹顶，结构高度为67.5m，直径130m（图13）。

图10　巴塞罗那圣乔尔迪体育馆

图11　澳大利亚体育馆

图12　东京国立体育场

图13　迪拜阿尔瓦斯尔穹顶

空间网格结构在中国起步较晚。建成于1964年的上海师范大学球类馆屋盖是我国第一个平板网架结构，结构尺寸为32m×41m。早期的网壳结构有：建成于1956年的跨度52m的天津体育馆，建成于1954年的跨度46m的重庆人民礼堂，以及建成于1967年的跨度64m的郑州体育馆。我国首个有影响力的大跨度网架结构是建成于1968年的首都体育馆（图14），采用正交斜放平面网架结构体系，使用角钢作为结构构件，整体尺寸为99m×112m。此后，我国空间网格结构开始逐步推广应用，其中比较具代表性的有建成于1973年的上海万人体育馆（图15），结构平面几何形状为圆形，采用三向网架结构，净跨达110m。20世纪80年代开始，我国空间网格结构进入快速发展期。蓝天教授[9]在2002年的回顾中总结了网格结构的发展："包括网架与网壳的空间构架，近3年的生产已达到平稳状态，每年可以达到约250万 m²的面积、7万 t耗钢量和1500座工程，网壳结构在其中约占13％的份额，使中国无愧于'网架大国'的称号。"刘锡良教授[10]在2013年的回顾中总结："30年来，虽然不断出现新的结构体系，但作为最早采用的网架及网壳结构，仍然是应用范围最广（工业厂房、航站楼、体育场馆、干煤棚等）、面积最大的空间结构形式。"

图 14　首都体育馆　　　　　　　　　　　图 15　上海万人体育馆

　　发展至今，空间网格结构的面积和跨度记录不断刷新，建筑造型逐渐丰富，功能趋于多样。大量的理论研究和工程实践表明，传统的空间网格结构技术已经趋于成熟。在当今智慧建造、低碳节能背景下，空间网格结构的设计优化、体系创新、应用拓展等方面仍存在值得研究的方向。本文主要回顾空间网格结构的发展过程，并在此基础之上展望空间网格结构的未来研究内容，旨在进一步推动这类结构的创新与发展。

2. 中国空间网格结构 40 年（1982—2022 年）

2.1　发展背景

　　改革开放以来，中国经济腾飞。一方面，社会的发展对大面积、大跨度的建筑空间提出了要求，另一方面，社会生产力水平逐渐满足了大跨度空间结构的发展需求。刘锡良[11]统计了我国网架结构企业的发展情况，1992 年以前，我国已有超过 50 家专门或部分生产网架结构的企业。蓝天等[9]统计了中国网架结构的年用钢量，结果如图 16 所示，在1987 年之后的 10 年里，我国空间网架结构的年用钢量提高了近 10 倍。

　　在 20 世纪 80～90 年代，空间网格结构的相关技术迅速积累，为其发展提供了技术基

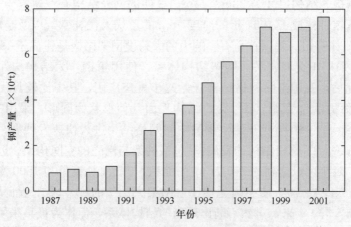

图 16　1987—2001 年中国网架结构用钢量[11]

础，主要体现在：设计规范的成熟、计算理论的发展、设计软件的推出和试验技术的进步。从 1980 年第一本网架结构设计规范出版以来，各种网格结构相关规范相继问世，内容涵盖了网格结构的设计、施工、验收及节点构造等，规范的推广应用为网格结构的发展提供了有效的技术指导。空间网格结构的计算理论不断发展，从连续化的简化计算发展为离散化的精确分析，从简单静力分析发展为复杂动态过程仿真。最早的拟夹层板法将网格结构假定为连续的板壳，得到板壳内力和变形的解析解，用于估算网架内力、挠度及其分布规律[12-13]；有限单元法的发展为结构的非线性分析、稳定性分析、动力分析和施工过程分析提供了有效的手段。随着计算机技术的发展，以 MSTCAD 为代表的多种空间网格结构辅助设计软件得到推广应用[14]，为空间网格结构设计提供了方便快捷的工具，大大降低了结构的设计难度。空间网格结构的试验技术，包括节点试验、构件试验、整体模型试验和风洞试验等的发展，为采用复杂构件、复杂节点或复杂外形的网格结构设计提供了支撑，如浙江大学空间节点多方位加载装置（图 17）为复杂受力情况下的节点试验提供了有效的设备。

图 17　大型结构空间节点
多方位加载装置

1992 年北京亚运会场馆建设集中体现了我国空间网格结构的技术储备和初期应用，13 个新建大型场馆中有 11 个采用了空间网格结构[15]，部分网格结构场馆如图 18 所示。

(a) 北郊游泳馆

(b) 北京大学生体育馆

(c) 北京体育学院体育馆

(d) 石景山体育馆

图 18　北京亚运会部分网格结构场馆

2.2　空间网格结构的应用

2.2.1　工业厂房

制造业、冶金工业、造船业等行业的发展推动了工业厂房的快速建设。工业厂房大多为单层平面结构，几何形状大多为规则的矩形，建筑面积大。空间网格结构在工业厂房中的应用形式大多为柱网支撑的中小跨度、大面积网架屋盖。

建成于 1992 年的天津无缝钢管加工车间（图 19）是国内首个大型多层连续式螺栓球四角锥钢管网架，面积约 6.2 万 m²，与传统的平面钢桁架结构方案相比，节省了约 43% 的用钢量[16]。建成于 1991 年的第一汽车制造厂高尔夫轿车安装车间面积约 8 万 m²，建成时是世界上面积最大的平板网架结构[17]，采用正交正放焊接球节点网架结构，柱网间距为 21m × 12m。建成于 2009 年的西飞公司 369 总装厂房采用了三层焊接球斜放四角锥网架，尺寸为 78m×260m[10]。建成于 2021 年的上海特斯拉超级工厂采用了螺栓球和焊接球节点的正放四角锥网架结构，面积达到 15.7 万 m²。

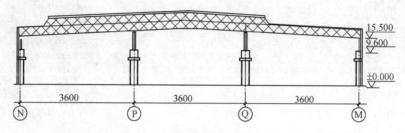

图 19　天津无缝钢管加工车间[16]

2.2.2　储煤结构

煤是工业的主要动力来源之一，为避免室外堆放造成的损耗和环境污染，我国建造了大量的储煤结构。随着电厂规模和堆煤量的不断扩大，储煤结构的尺寸和跨度也不断增加。为保证储煤结构中长臂堆煤、挖煤机械的正常工作，储煤结构还需满足一定的净空要求。因此，储煤结构的一般特点为大跨度、大面积、大空间。

空间网格结构是储煤结构的主要形式。罗尧治[18]对 2006 年前的国内储煤结构进行了统计，其中较具代表性的有：建成于 1994 年的嘉兴电厂干煤棚，采用三心圆柱面网壳结构，尺寸为 104m × 80m；建成于 1998 年的福建漳州后石电厂煤棚，采用直径 126m 的球面网壳；建成于 2003 年的新乡电厂煤棚（图 20），采用预应力柱面网壳结构，尺寸为 88m×104m；建成于 2006 年的河南鸭口干煤棚，采用柱面网壳结构，尺寸达到 108m×150m。近年来，储煤结构的尺寸和跨度进一步增加，建成于 2020 年的济宁梁山柱面网壳煤棚（图 21）尺寸达到 660m×206m；建成于 2021 年的国电宁夏方家庄电厂，采用预应力管桁架结构，跨度达到了 229m。

图 20　新乡电厂煤棚　　　　　　　　图 21　济宁梁山柱面网壳煤棚

2.2.3 机库

自 20 世纪 90 年代开始，我国各大城市加大了机场的建设力度，飞机机库作为机场设施的重要组成部分，迎来了快速发展的时期[19]。机库需要足够飞机停放的大跨度、大空间，也需要一定的承载能力来承受飞机维修过程中的设备。

由于大跨度、大承载能力的需求，网格结构成为机库中最常用的结构形式；为提高承载能力，机库网格结构的建设也伴随着对传统双层网架结构的改进和创新。建成于 1996 年的北京首都机场四机位机库（图 22），采用三层网架结构，尺寸为 306m×90m[20]；建成于 1999 年的厦门机场太古机库 101 工程，采用钢拱架和钢网架结构，尺寸分别为 155m×70m 和 152m×70m[21]；建成于 2020 年的北京大兴国际机场南航机库，采用 W 形桁架＋网格结构体系，尺寸为 405m×100m，跨度达到 222m[22]。

图 22　北京首都机场四机位机库

2.2.4 机场航站楼

机场航站楼是重要的交通枢纽，通常也是城市的地标性建筑和对外交流的窗口，在满足大跨度、大面域的建筑功能的同时，还常通过自由曲面构造丰富的建筑造型。

建成于 1991 年的深圳 T1 航站楼是我国首个采用空间网格结构的机场航站楼，采用了正放四角锥网架结构，建筑面积约为 4000m²。建成于 2007 年的乌鲁木齐国际机场 T3 航站楼（图 23），结构整体呈波浪形，采用斜交斜放的大跨度双向弯曲空间双层网壳结构，结构底部支撑柱围成的平面尺寸为 75m×205m，结构跨度为 75m[23]。建成 2021 年的杭州萧山国际机场 T3 航站楼，主楼屋面为波浪形造型（图 24），采用空间三角管钢桁架结构，尺寸为 72m×142m，最大跨度为 48m[24]。建成于 2008 年的北京首都国际机场 T3 航站楼（图 25），平面成"人"字形，屋盖面积近 18 万 m²，柱网间距为 41.6m，结构最大悬挑为 55m，采用变厚度的双曲面抽空三角锥网壳结构[25]。建成于 2019 年的北京大兴国际机场航站楼，是当时世界上规模最大、单体建筑尺寸最大的航站楼（图 26），上部屋盖由多个不规则自由曲面组合而成，采用球节点双向交叉桁架结构，最大跨度为 125m，总建筑面积达到 143 万 m²[26]。

图 23　乌鲁木齐国际机场 T3 航站楼

图 24　萧山国际机场主楼

图 25　北京首都国际机场 T3 航站楼

图 26　北京大兴国际机场航站楼

2.2.5　铁路站房

铁路站房建筑形式多样，体型体系复杂。为满足铁路站房的大量人员流动功能需求，铁路站房通常呈现出大跨度、大面积的特点[27]。

建成于 2009 年的武汉站是我国第一个高铁站房[28]，采用了拱-壳组合结构，屋面结构采用正交正放网架结构，屋面几何形状为自由曲面，最大跨度为 116m，屋盖面积约为 15 万 m²。建成于 2011 年的西安北站[29]，主体结构采用局部抽空三向交叉桁架构成的斜面及曲面空间网格结构，最大跨度为 67m，最大悬挑为 21m。建成于 2013 年的杭州东站[30]，采用空间钢桁架结构，平面尺寸为 215m×494m，最大跨度为 47m。建成于 2020 年的雄安高铁站是目前亚洲已建成的建筑规模最大的车站[31]（图 27），采用单层正交钢框架结构，站房平面尺寸为 355m×450m，最大跨度为 78m。建成于 2021 年，即将投入使用的杭州西站[32]（图 28），站房主体结构采用正放四角锥网架＋正交正放桁架组合结构，平面尺寸为 326m×245m，最大跨度为 78m。

图 27　雄安高铁站　　　　　　　　　　　　　　　图 28　杭州西站

2.2.6 体育场馆

自 1990 年北京亚运会以来，我国举办了大量有影响力的体育赛事和大型活动，这对大型场馆的建设提出了需求。大型体育场馆通常代表了国家的最高建筑水平，除了大跨度、大空间的建筑功能需求外，还以富有寓意的建筑造型、创新的结构体系为主要特征。

具有代表性的早期空间网格结构体育场馆建筑包括建成于 1991 年的广东省人民体育场（图 29）和建成于 1994 年的天津体育馆（图 30）等，分别采用了平面网架和球面网壳结构形式。2008 年北京奥运会场馆中，国家体育场（图 31）采用了"鸟巢"形网格结构，结构平面尺寸为 332m×296m[33]；国家游泳中心"水立方"采用了新型多面体空间钢架结构体系，结构外形为 177m×177m×29m 的立方体，采用 ETFE 膜材作为维护结构，实现了轻盈通透的外观效果[34]。建成于 2010 年的深圳大运会体育场（图 32）采用了内设张拉膜的单层折面空间网格结构，平面尺寸为 285m×270m，最大悬挑为 68.4m[35]。建成于 2011 年的深圳湾体育中心采用单层网壳＋双层曲面网架结构，几何形状为自由曲面（图 33），构件采用弯扭箱形截面，平面尺寸为 533m×240m[36]。建成于 2016 年的杭州奥体中心体育场采用空间管桁架＋弦支单层网壳钢结构体系，呈现出莲花造型（图 34），结构平面尺寸为 333m×285m，悬挑长度为 52.5m[37]。

图 29　广东省人民体育场

图 30　天津体育馆

图 31　国家体育场"鸟巢"

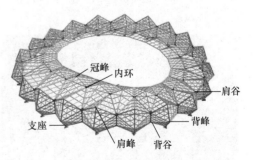

图 32　深圳大运会体育场网格结构[35]

图 33　深圳湾体育中心

图 34　杭州奥体中心体育场网格结构[37]

体育场馆有时需满足"晴天室外、雨天室内"的需求，可开启的空间网格结构在大型体育场馆中得到了一定的发展。我国最早的大跨度开启屋盖结构是建成于 2005 年的杭州黄龙中心网球馆（图35），采用单层肋环形网壳＋张弦梁杂交体系，屋盖平面尺寸为直径 86m 的圆形，开启部分的最大投影尺寸为 21m×36m[38]。发展至今，比较有影响力的开合网格结构有：建成于 2005 年的上海旗忠森体育场、建成于 2006 年的南通市体育场、建成于 2008 年的鄂尔多斯东胜体育场（图36）、建成于 2010 年的国家网球中心（图37）、建成于 2014 年的绍兴体育场、建成于 2017 年的杭州奥体中心网球馆（图38）和建成于 2021 年的嘉兴文化艺术中心。

图 35　杭州黄龙中心网球馆

图 36　鄂尔多斯东胜体育场

图 37　国家网球中心

图 38　杭州奥体中心网球馆

2.3　空间网格结构体系发展

传统的空间网格结构主要包括网架、网壳和空间桁架体系[39]。结构体系的创新一直是空间网格结构发展的趋势，随着空间网格结构的大规模应用，其结构体系也在不断丰富。

采用铝合金材料的网格结构能发挥材料比强度高、耐腐蚀性强的优点[40]。我国最早的铝合金空间网格结构是建成于1996年的平津战役纪念馆，采用球面网壳，直径为49m。我国跨度最大的铝合金网格结构是建成于2015年的牛首山佛顶宫，采用自由曲面网壳结构，最大跨度为130m，最大悬挑为53m。2021年建成的上海G60科创云廊（图39）采用了铝合金网壳结构，尺寸为1500m×118m。

图39　上海G60科创云廊

预应力网格结构可通过预应力拉索平衡抵消网格结构的一部分荷载，达到改善结构受力状态的效果。根据施加预应力方式的不同，这类结构包括预应力网格结构（如2003年建成的河南新乡电厂储煤结构）、斜拉网格结构（如建成于2000年的浙江黄龙体育中心体育场）、张弦桁架结构（如建成于2009年的北京北站雨棚）和弦支穹顶结构（如建成于2022年的温州奥体中心体育场）等。

为满足造型要求，一系列具有特殊形式的网格结构得到发展和应用，如国家体育场采用的"鸟巢"形平面桁架组成的微弯网架结构；国家游泳馆"水立方"采用的多面体空间网格结构；杭州奥体中心体育场采用的莲花形网格结构等。此外，网格结构也被用来建造超高层建筑，如建成于2009年的广州塔双曲面超高层网格结构。

目前还有一些处于理论和试验研究阶段、具有一定应用潜力的新型空间网格结构，如：基于装配化思想的再分式板片组合空间网壳结构[41]和六杆四面体网壳结构[42]，基于互承受力理念的互承式网壳结构[43]，基于张力空间结构思想的张拉整体网格结构[44]等。

3. 空间网格结构发展展望

（1）空间网格结构设计技术的提升。空间网格结构的设计已经相对成熟，但仍有可以进一步思考的方向。第一，基于过程的设计理念。空间结构从施工到运营过程中的结构状态不断变化，在设计过程中考虑结构全过程的状态。第二，基于多尺度精细化的设计理念。目前空间网格结构的设计大多不考虑节点和单元的尺度效应，通过对结构的多尺度精细化模拟，可以实现更加精准的节点和构件选型。第三，基于结构健康监测的设计理念。

健康监测技术目前已被大量应用于空间网格结构，在此期间积累的大量实测数据，对网格结构的状态变化和荷载效应有了更加精准的把控，可以作为结构设计的依据。第四，基于逆向工程的设计理念。自然之美是人类用之不竭的财富，对大自然中已有的结构形态进行逆向建模，可得到形态美观、受力合理的结构形式。

（2）新结构体系的研究。现有的空间网格结构体系已经较为丰富，还可以进一步思考的有：通过空间网格结构与其他结构体系的交叉构造更加高效的结构体系；采用下料、运输更加方便的构件单元研发适合装配化施工的结构体系。

（3）空间网格结构复杂行为分析。网格结构在极端荷载作用下展现出复杂的力学行为，如大变形、动力失稳、构件破坏、连续倒塌，水下网格结构流固耦合效应等。后续研究可以考虑对空间网格结构的复杂力学行为进行模拟，开发通用的结构复杂行为仿真模拟软件。

（4）空间网格结构生产、施工和运维的智能化。网格结构的配件（如锥头、套筒等）的生产仍未形成统一的标准，各厂家的产品存在差异，需要制定相关标准，形成统一的产品系列。目前网格结构的加工和安装大多仍依赖人工，还需提高自动化和智能化加工水平。空间网格结构在长期运维期间存在较大不确定性，针对结构的智能化运维，仍需进行大量的研究工作，包括研发各类性能感知传感器，建立适用于大面积、大空间的数据采集系统，研究结构状态的识别、预测和评估技术，建立结构安全风险的预警、决策和反馈机制。

（5）发展绿色低碳的生态穹顶。融合绿色和低碳的发展理念，结合能源设计和结构设计，形成大面域、大空间的区域小环境，构造独立、舒适的人类生活空间。

4. 结论

空间网格结构经过了百余年的发展，几代人的不断努力，已经被"广为认可"，得到了"广泛应用"。

中国空间网格结构经历了四十年的快速发展，形成了比较完整的科研、设计、施工、应用和人才培养体系，已经成为"大国"，正在向"空间网格结构强国"迈进。

参考文献

[1] CLAYTON H H. Professor Alexander Graham Bell on Kite-construction [J]. Science 1903，18（450）：204-208.

[2] 刘锡良. 西德网架结构及其节点的应用和发展 [C]// 第二届空间结构学术交流会. 太原，1984：125-134

[3] CHILTON J. Space grid structures [M]. London：Routledge，2000.

[4] MARKS R W. The dymaxion world of Buckminster Fuller [M]. Garden City：Doubleday Anchor Books，1973.

[5] TSUBIO Y，KAWAGUCHI M. The space frame for the Symbol Zone of Expo 70 [C]// IASS Pacific Symposium Part II on Tensioning Structures and Space Frames. Tokyo，1971.

[6] 冯远，龙卫国，欧加加，等. 大跨度胶合木结构设计探索 [J]. 建筑结构，2021，51(17)：43-49.

[7] KNEBEL B K，SANCHEZ-ALVAREZ J，ZIMMERMANN S. The structural making of the Eden

Project Domes in space structures 5 [M]. London: Thomas Telford Services Ltd. , 2002.

[8]   MAKOWSKI Z S. Space Structures—A review of the developments within the last decade [C]// The annual symposium of the International Association for Shell and Spatial Structures. London, 1993.

[9]   蓝天, 刘枫. 中国空间结构的二十年 [C]//第十届空间结构学术会议. 北京. 2002: 11-22.

[10] 刘锡良. 中国空间网格结构三十年的发展 [J]. 工业建筑, 2013, 43(5): 103-107.

[11] 刘锡良. 我国平板网架结构的发展现状 [J]. 钢结构, 1994, 9(23): 13-20.

[12] 董石麟, 高博青. 组合网架结构的拟夹层板分析法 [C]// 第四届空间结构学术交流会. 成都, 1988: 55-60.

[13] 董石麟, 夏亨熹. 两向正交斜放网架拟夹层板法的两类简支解答及其对比 [J]. 土木工程学报, 1988, 21(1): 1-16.

[14] 罗尧治, 董石麟. 空间网格结构微机设计软件 MSTCAD 的开发 [J]. 空间结构, 1995, 1(3): 53-59+64.

[15] 董石麟. 北京亚运会体育场馆屋盖的结构形式与特点 [C]// 1990 年亚运会体育建筑设计、施工管理经验研讨会. 北京, 1990.

[16] 李青芳, 李云. 天津无缝钢管厂管加工车间网架设计 [J]. 钢结构, 1994, 9(2): 88-93.

[17] 沈世钊. 大跨空间结构的发展——回顾与展望 [J]. 土木工程学报, 1998, 31(3): 5-14.

[18] 罗尧治. 大跨度储煤结构: 设计与施工 [M]. 北京: 中国电力出版社, 2007.

[19] 丁芸孙, 朱坊云. 十年来大跨度机库网架结构的应用与发展 [C]// 第六届空间结构学术会议. 北京, 1996: 73-80.

[20] 刘树屯. 首都机场(153m+153m)机库屋盖结构设计 [C]// 第七届空间结构学术会议. 山东, 1994: 520-527.

[21] 金虎根, 蔡力, 刘金荣, 等. 厦门太古飞机维修基地 101 机库 151.5m 跨网架和 155m 跨拱架施工 [J]. 钢结构, 1998, 13(1): 11-16.

[22] 赵伯友, 韦恒, 胡妤. 北京大兴国际机场南航机库屋盖创新设计 [J]. 建筑施工, 2020, 42(4): 471-473.

[23] 严伟忠, 周观根, 严永忠, 等. 乌鲁木齐国际机场 T3 航站主楼钢屋盖深化设计与施工 [C]// 全国现代结构工程学术研讨会. 上海, 2010: 652-658.

[24] 丁浩, 沈建平, 唐立华. 杭州萧山国际机场国际航站楼结构设计 [J]. 建筑结构, 2012, 42(8): 19-22.

[25] 王春华, 王国庆, 朱忠义, 等. 首都国际机场 T3 号航站楼结构设计 [J]. 建筑结构, 2008, 38(1): 16-24.

[26] 张爱林, 王小青, 刘学春, 等. 北京大兴国际机场航站楼大跨度钢结构整体缩尺模型振动台试验研究 [J]. 建筑结构学报, 2021, 42(3): 1-13.

[27] 郑健. 空间结构在大型铁路客站中的应用 [J]. 空间结构, 2009, 15(3): 52-65.

[28] 赵鹏飞, 宋涛, 潘国华, 等. 武汉火车站复杂大型钢结构体系研究 [J]. 建筑结构, 2009, 39(1): 1-4.

[29] 陈兴, 李霆, 周佳冲, 等. 西安北站主站房结构设计与分析 [J]. 建筑结构, 2011, 41(7): 31-39.

[30] 周德良, 谭赟, 赵福令, 等. 杭州东站站房主体结构设计与分析 [J]. 建筑结构, 2011, 41(7): 74-83+105.

[31] 范重, 张宇, 朱丹, 等. 雄安站大跨度钢结构设计与研究 [J]. 建筑结构, 2021, 51(24): 1-12.

[32] 张翔宇, 崔强, 朱文康, 等. 杭州西站站房钢结构屋盖施工技术 [J]. 施工技术, 2022, 51(6): 139-142+46.

[33] 范重, 刘先明, 范学伟, 等. 国家体育场大跨度钢结构设计与研究 [J]. 建筑结构学报, 2007, 28

(2)：1-16.

[34] 傅学怡，顾磊，杨先桥，等．国家游泳中心"水立方"结构设计优化 [J]．建筑结构学报，2005，26
(6)：13-19+26.

[35] 刘琼祥，张建军，郭满良，等．深圳大运中心体育场钢屋盖结构设计 [C]// 第十三届空间结构学
术会议．深圳，2010：22-28.

[36] 郭宇飞，陈彬磊．深圳湾体育中心钢结构设计创新 [J]．建筑结构，2013，43(17)：68-70+84.

[37] 罗尧治，张泽宇，许贤．杭州奥体中心体育场钢结构工程监测方案研究 [C]// 第十五届空间结构
学术会议，上海，2014：741-745.

[38] 关富玲，杨治，程媛，等．杭州黄龙体育中心网球馆开合屋面设计 [J]．工程设计学报，2005，12
(2)：118-123.

[39] 沈世钊．大跨空间结构的理论研究和工程实践 [J]．中国工程科学，2001，3(3)：34-41.

[40] 张泽宇，岳清瑞，罗尧治，等．新型材料大跨空间结构的研究与应用——铝合金空间结构 [J]．空
间结构，2020，26(4)：3-14.

[41] 葛荟斌，郑延丰，魏越，等．再分式板片组合空间网壳结构体系基本构件力学性能研究 [C]// 第
十七届空间结构学术会议．西安．2018：7-8.

[42] 董石麟，苗峰，陈伟刚，等．新型六杆四面体柱面网壳的构形、静力和稳定性分析 [J]．浙江大学
学报(工学版)，2017，51(3)：508-513+61.

[43] SU Y, OHSAKI M, WU Y, et al. A numerical method for form finding and shape optimization of
reciprocal structures [J]. Eng Struct, 2019, 198: 109510.

[44] LI S L, XU X, TU J Q, et al. Research on a new class of planar tensegrity trusses consisting of re-
petitive units [J]. International Journal of Steel Structures, 2020, 20(5): 1582-1595.

Industry-Academia Forum on Advances in Structural Engineering（2022）

第十届结构工程新进展论坛简介

本届论坛主题：空间结构的创新与发展

会议时间：2022 年 12 月

会议地点：中国　杭州

主办单位

 中国建筑工业出版社

 同济大学《建筑钢结构进展》编辑部

 香港理工大学《结构工程进展》编委会

《空间结构》编委会

联合主办

中国建筑科学研究院有限公司

中国工程建设标准化协会空间结构专业委员会

中国土木工程学会桥梁及结构工程分会

承办单位

浙江大学建筑工程学院

《空间结构》编委会

☞ 关于论坛

"结构工程新进展论坛"自 2006 年首次举办以来，十余年来已打造成为行业内颇有影响的交流平台。论坛旨在促进我国结构工程界对学术成果总结及交流，汇集国内外结构工程各方面的最新科研信息，提高专业学术水平，推动我国建筑行业科技发展；同时，论坛面向工程领域，面向结构工程师，针对工程技术人员当前最关心、最有争议的技术难点，积极探索，相互切磋，寻求更好的解决方案和措施，以服务于更广泛的工程领域和更多的工程技术人员。

论坛原则上以两年一个主题的形式轮流呈现，历届论坛主题分别为：

- **新型结构材料与体系**（第一届，2006，北京）
- **结构防灾、监测与控制**（第二届，2008，大连）
- **钢结构研究和应用的新进展**（第三届，2009，上海）
- **混凝土结构与材料新进展**（第四届，2010，南京）
- **钢结构**（第五届，2012，深圳）
- **结构抗震、减震技术与设计方法**（第六届，2014，合肥）
- **工业建筑及特种结构**（第七届，2016，西安）
- **可持续结构与材料**（第八届，2018，上海）
- **韧性结构与结构减隔震技术**（第九届，2020，广州）

☞ **本届论坛组织机构**

指导委员会：

顾　问：董石麟　周福霖

主　任：咸大庆　滕锦光　李国强

委　员：韩林海　李宏男　吴智深　徐正安　任伟新　苏三庆
　　　　史庆轩　肖建庄　周　云　罗尧治　赵梦梅　刘婷婷

组织委员会：

主　任：罗尧治

委　员：高博青　赵　阳　邓　华　袁行飞　许　贤　马　明
　　　　张高明　张　强

秘书长：许　贤